JN333854

■正五角形用紙の切り出し方

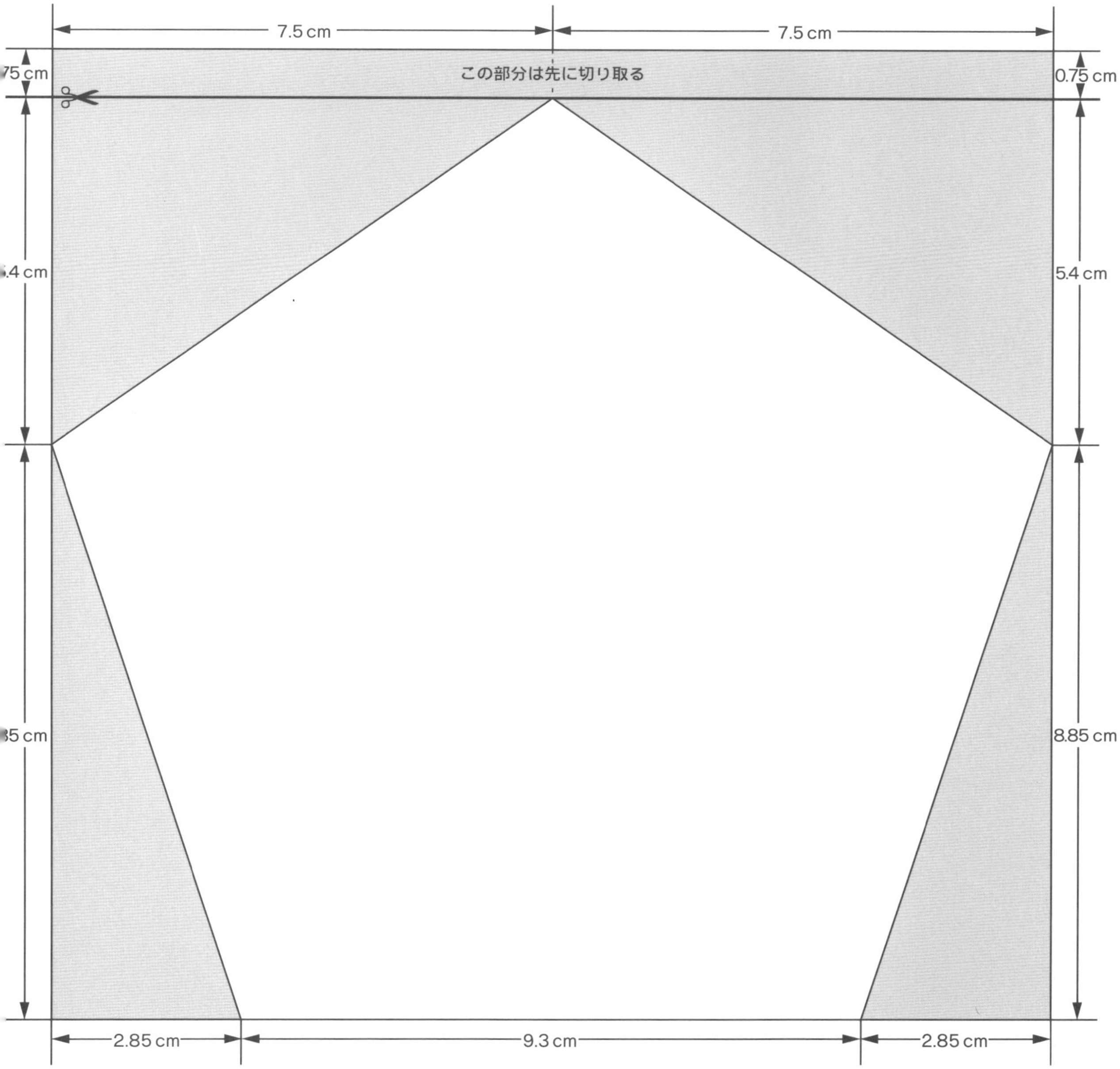
7.5 cm
7.5 cm
この部分は先に切り取る
0.75 cm
5.4 cm
8.85 cm
2.85 cm
9.3 cm
2.85 cm

すごいぞ折り紙2

折り紙の発想で幾何を楽しむ

阿部 恒

日本評論社

著者が作った見本の図（これらはp.60「蓋つき箱」で作られています）

まえがき

みなさんは幼いころに折り紙を折ったことがあるでしょう。

みなさんもよく知っている鶴や風船の折り方は、図形をあつかう幾何の基本的な知識を知っているだけで、より豊かな作品を作り出すことができます。さらに、この本の副題にあるように、折り紙の発想を幾何(初等幾何)に活かすこともできるのです。

この本は、すでに世に出ている拙著『すごいぞ折り紙』と『すごいぞ折り紙 入門編』の2冊を受けて作られました。そのため、前著2冊に掲載した作品についても、それをさらに発展させて入れています。

わたしの作品の多くは、できあがった作品に合わせた用紙の形を作ることからスタートしています。そこに隠れた数学がはたらいていて、その結果できた作品は、折りの工程がスムーズでとても簡潔になっています。

折り紙には、一点一点作り上げる楽しさもありますが、少しずつ折りすじの位置を変えながら作品を連続的に作り上げていくやり方もあります。わたしの作品にはそうしたものもありますので、この本でその変化と驚きを楽しんでください。

折り紙のもつ日本の伝統文化を感じながら、折り紙と幾何がもつ魅力と威力を味わっていただければ、これにまさる喜びはありません。

2015年　4月

阿部　恒

CONTENTS

“折り”の種類と表記

■折り図の線の種類と表記

谷折り線
山折り線
折りすじをつける
折りすじ線
切り離し線
裏返す
向きを変える
拡大する
印をつける

■点と点を合わせて折る

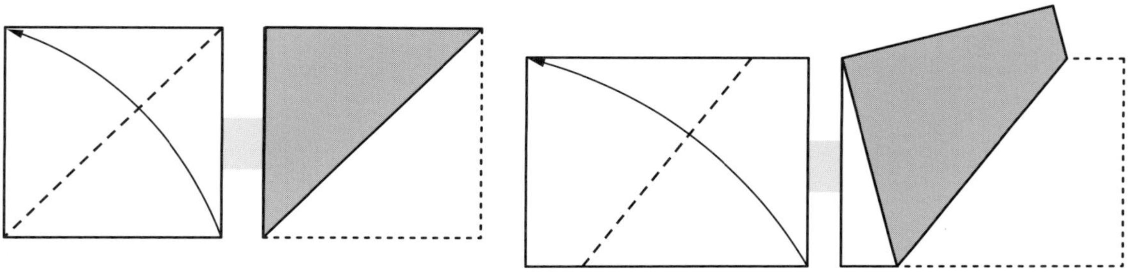

■辺と辺を合わせて折る

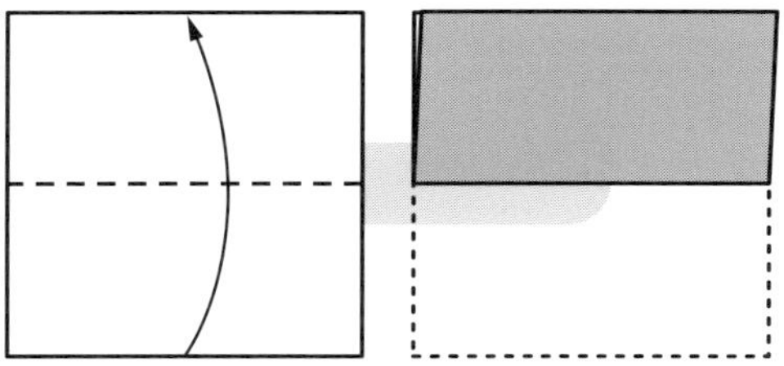

■菱形の辺の合わせ方

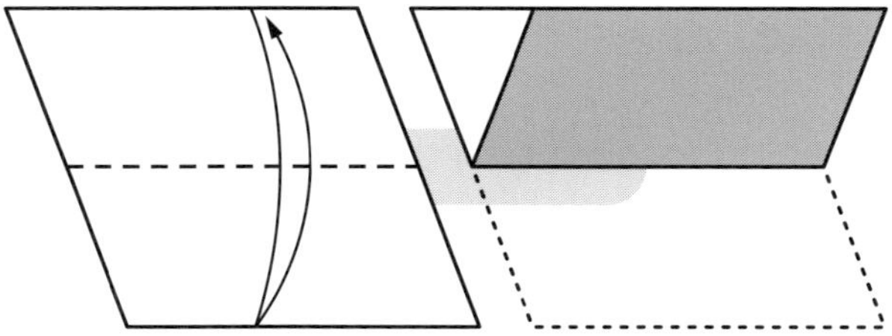

■２点を結ぶ線で折る

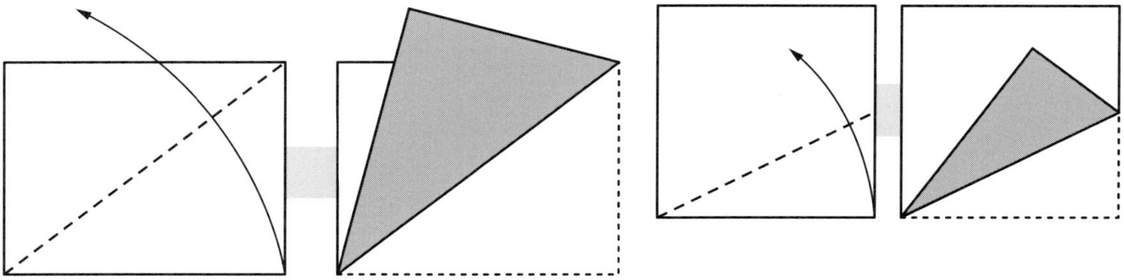

■山折り

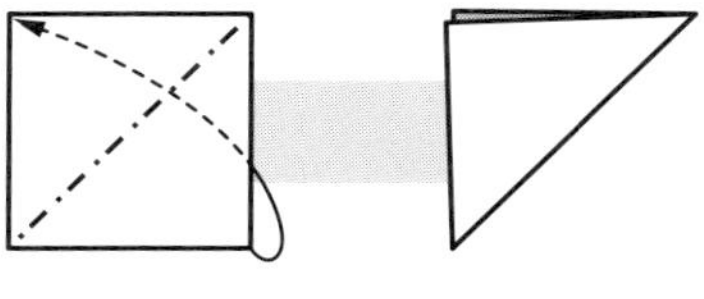

■中わり折り

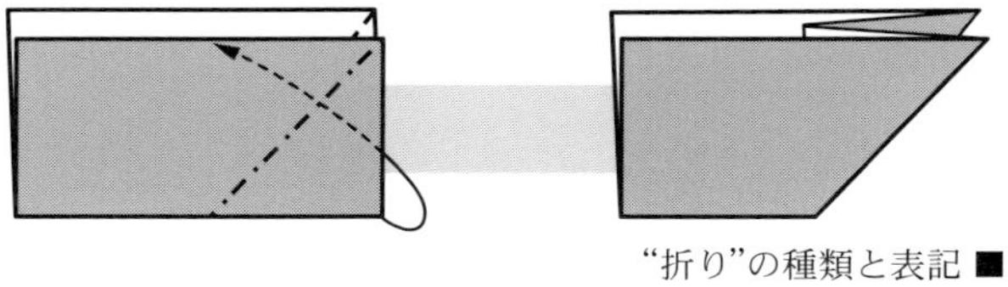

正多角形用紙を折って作る

この本の中で使用する用紙の作り方を説明します。折り紙用紙（正方形用紙）を使って作ることができます。

■正三角形用紙の作り方

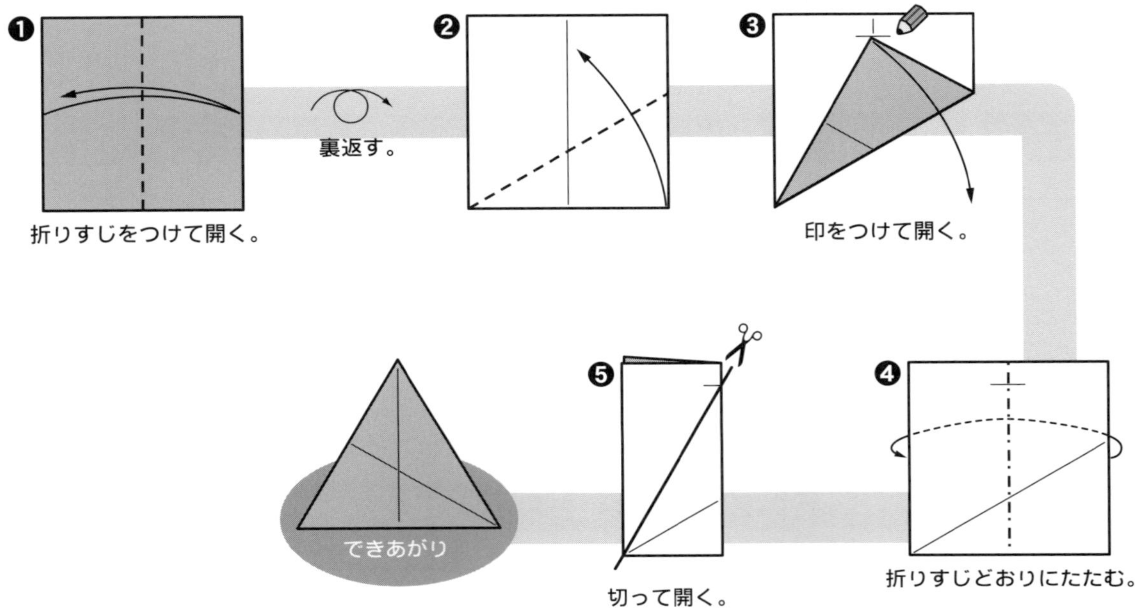

❶
折りすじをつけて開く。
裏返す。
❷
❸
印をつけて開く。
❹
折りすじどおりにたたむ。
❺
切って開く。
できあがり

■正五角形用紙の作り方

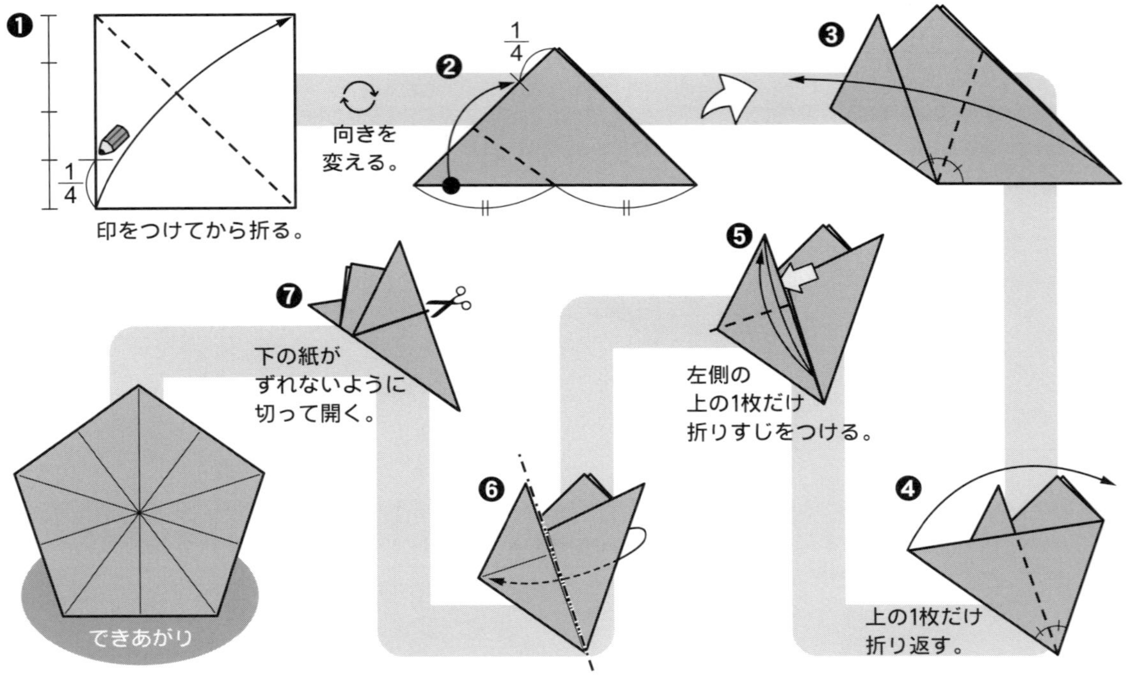

❶
1/4
印をつけてから折る。
向きを
変える。
❷
1/4
❸
❹
上の1枚だけ
折り返す。
❺
左側の
上の1枚だけ
折りすじをつける。
❻
❼
下の紙が
ずれないように
切って開く。
できあがり

■正六角形用紙の作り方

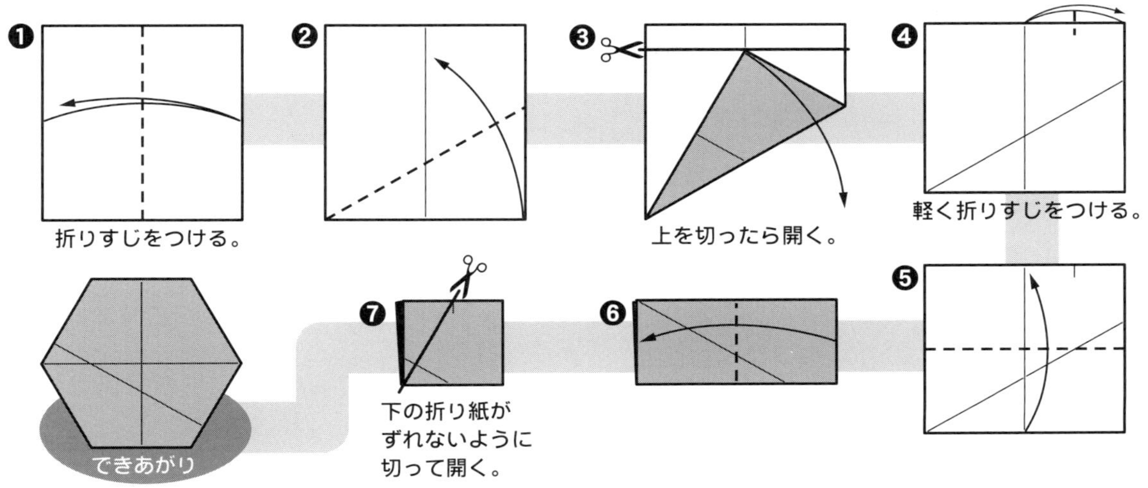
❶
折りすじをつける。
❷
❸
上を切ったら開く。
❹
軽く折りすじをつける。
❺
❻
❼
下の折り紙が
ずれないように
切って開く。
できあがり

■正八角形用紙の作り方

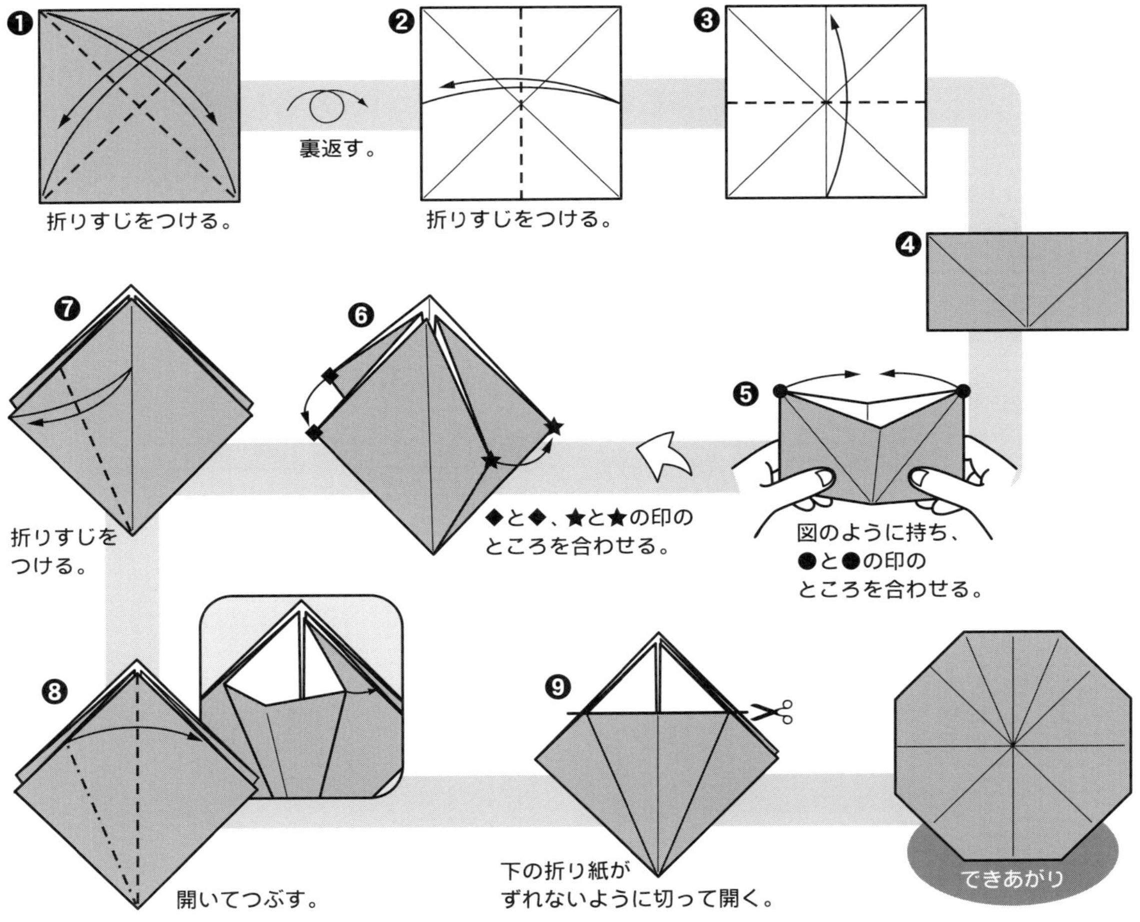
❶
折りすじをつける。
裏返す。
❷
折りすじをつける。
❸
❹
❺
図のように持ち、
●と●の印の
ところを合わせる。
❻
◆と◆、★と★の印の
ところを合わせる。
❼
折りすじを
つける。
❽
開いてつぶす。
❾
下の折り紙が
ずれないように切って開く。
できあがり

コラム　多角形の内角の和

凹凸のある多角形でも内角の和を求めることができます。

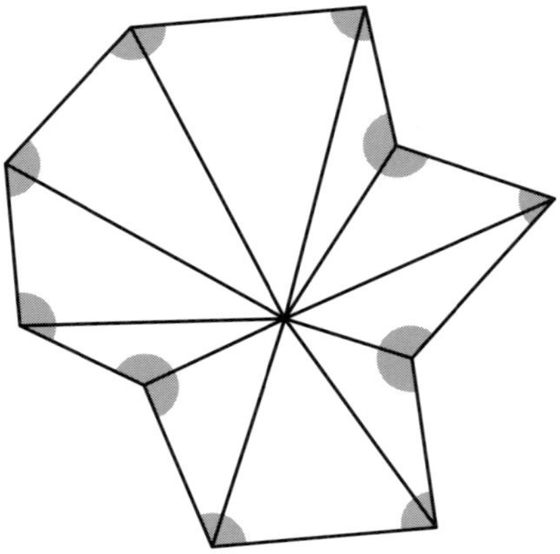

n角形の内部に１点をとり、頂点と結ぶとn個の三角形で埋め尽くされます。

これらの三角形の内角の和は、

$180^\circ \times n$

内部の１点のまわりの角は360°だから、

多角形の内角の和は、

$(180 \times n - 360)^\circ$

したがって、p.4–5の正多角形の１つの内角を求めることができます。

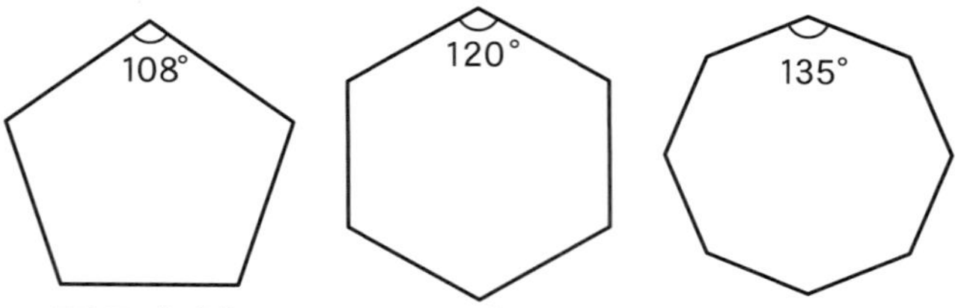

正五角形　　正六角形　　正八角形

折り紙を使って一辺を3等分する

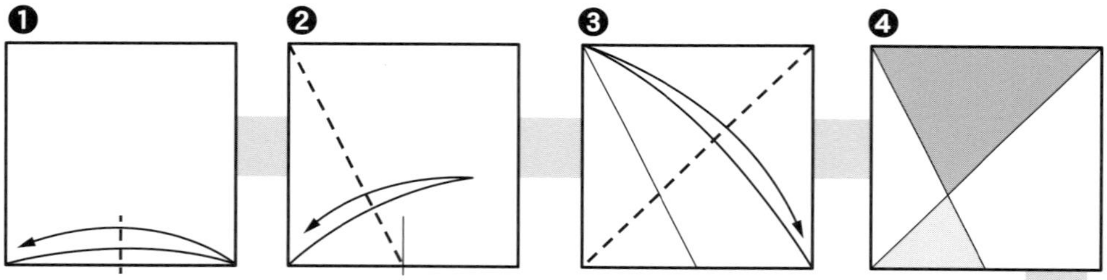

この考え方は長方形にも使えます。
この３等分の求め方はp.47、p.65やp.78でも使うことができます。

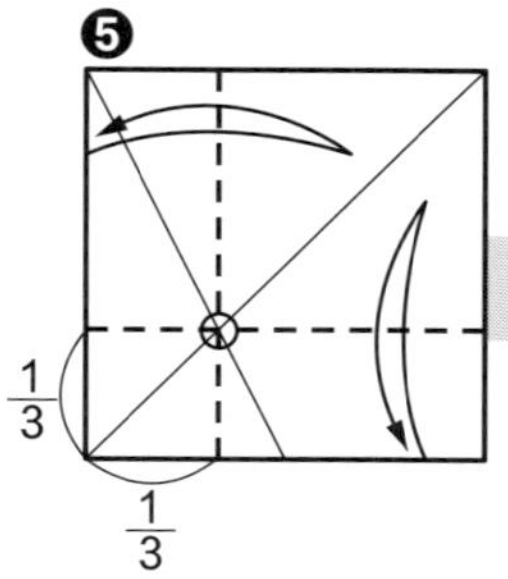

左図で○を通って辺に平行な折りすじをつけると辺が3等分されます。

どうして３等分になるか考えてみてください。

（ヒント）図❹で図形の相似を使います。５等分も考えてみましょう。

CHAPTER 1

展開図から考えて折って作る箱

箱を手作りするときは、一般に設計図どおりに形を切ったり、のり付けしたりして作ります。
しかし、折り紙を使えば、のり付けや切り込みなどしないで箱を折り出すことができます。

解説図&折り方

展開図どおり折って作る箱

左図は長方形の底面を持つ箱の展開図です。右図は、この箱を折って作る折り方です。

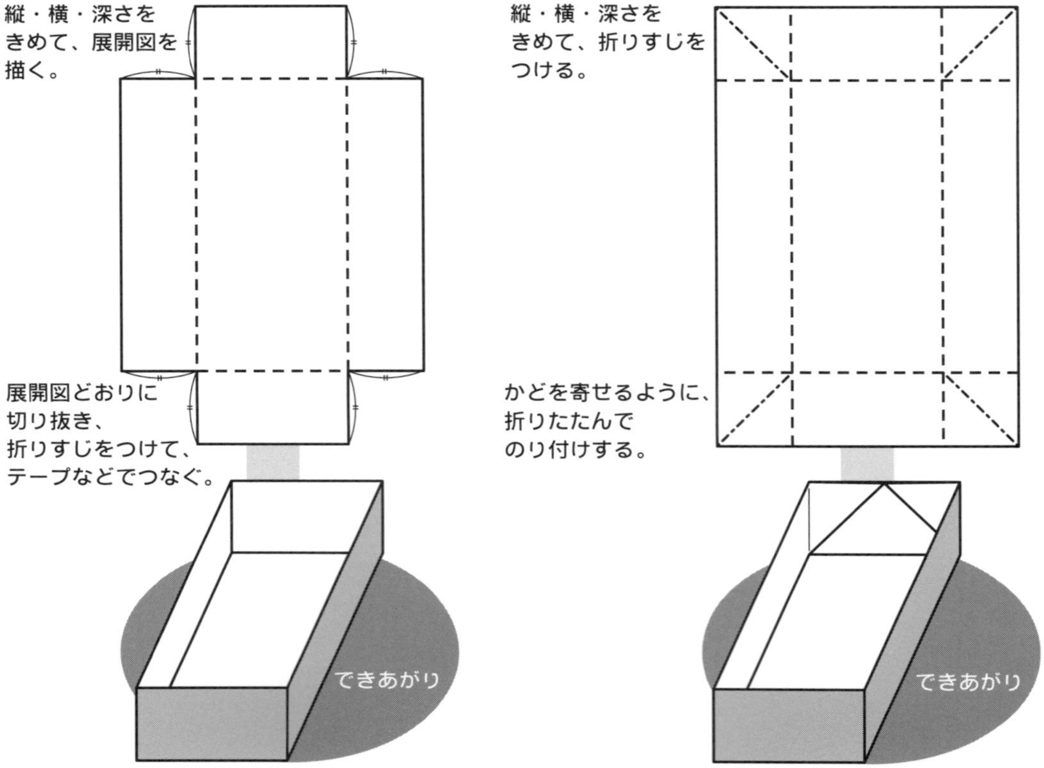
縦・横・深さをきめて、展開図を描く。
展開図どおりに切り抜き、折りすじをつけて、テープなどでつなぐ。
できあがり
縦・横・深さをきめて、折りすじをつける。
かどを寄せるように、折りたたんでのり付けする。
できあがり

上の右図では「のり付け」をしましたが、次は「折る」だけで作る箱です。

折って作る基本の箱（正方形用紙を使う）

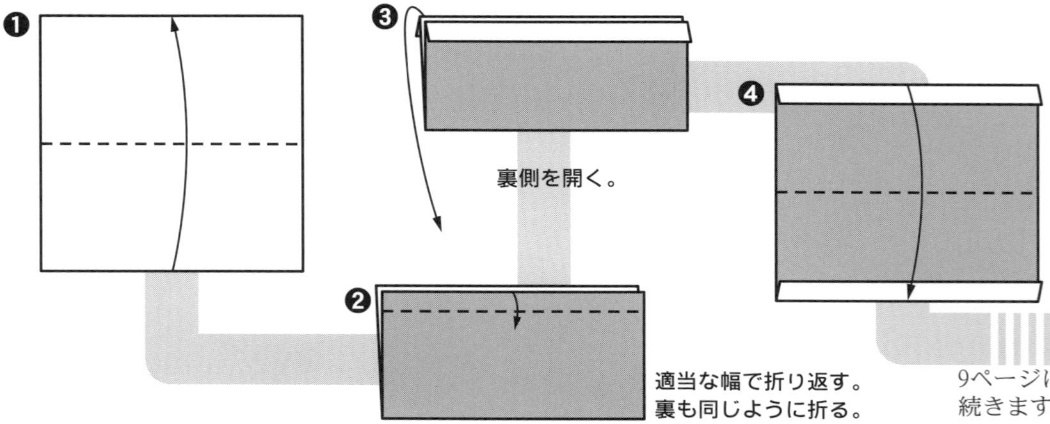
❶
❷
適当な幅で折り返す。裏も同じように折る。
❸
裏側を開く。
❹

9ページに続きます。

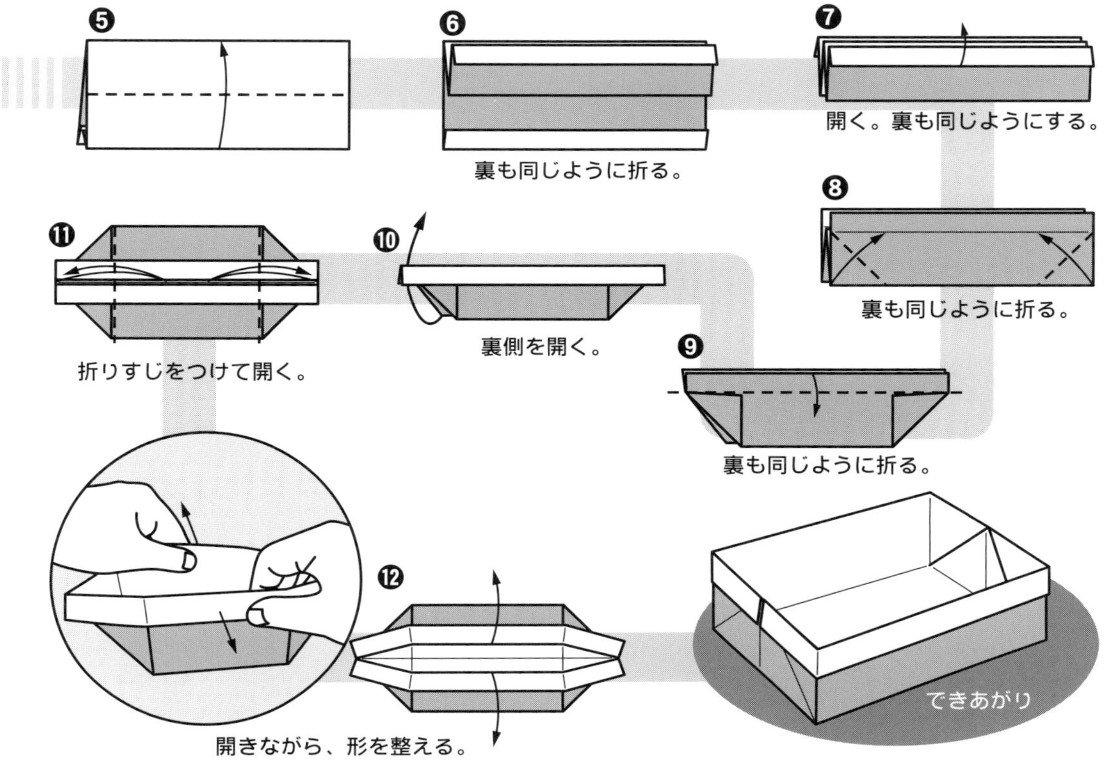
❺
❻
裏も同じように折る。
❼
開く。裏も同じようにする。
❽
裏も同じように折る。
❾
裏も同じように折る。
❿
裏側を開く。
⓫
折りすじをつけて開く。
⓬
開きながら、形を整える。
できあがり

のり付けしないで箱が完成しましたが、この方法は図❷のとり幅によって、箱の「縦・横・深さ」がきまってきます。

縦・横をきめて作る箱

用紙を長方形にかえて、「折って作る基本の箱」と同じような考え方で折ってみると…

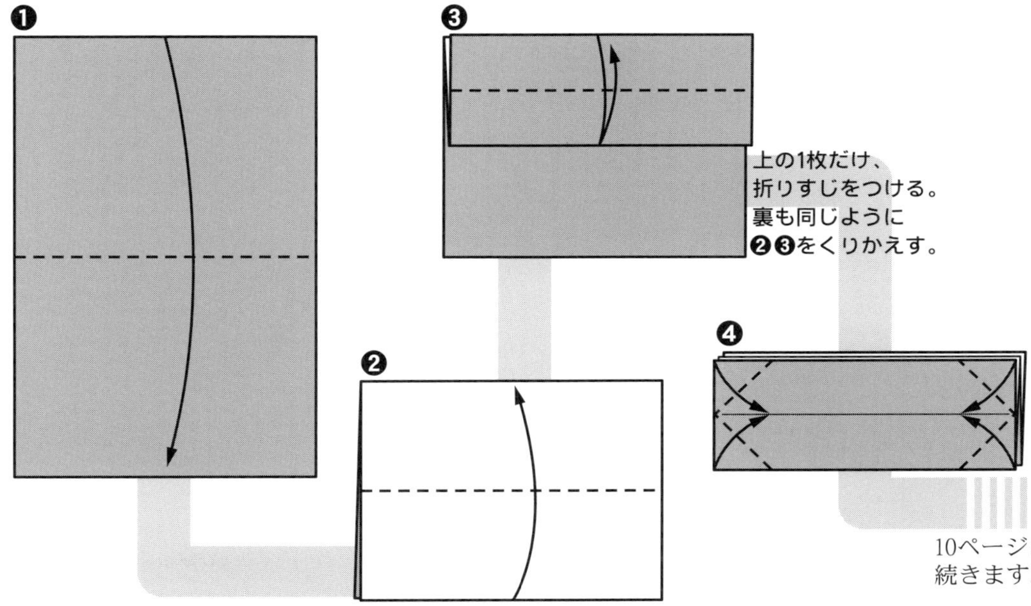
❶
❷
❸
上の1枚だけ、
折りすじをつける。
裏も同じように
❷❸をくりかえす。
❹

10ページに
続きます。

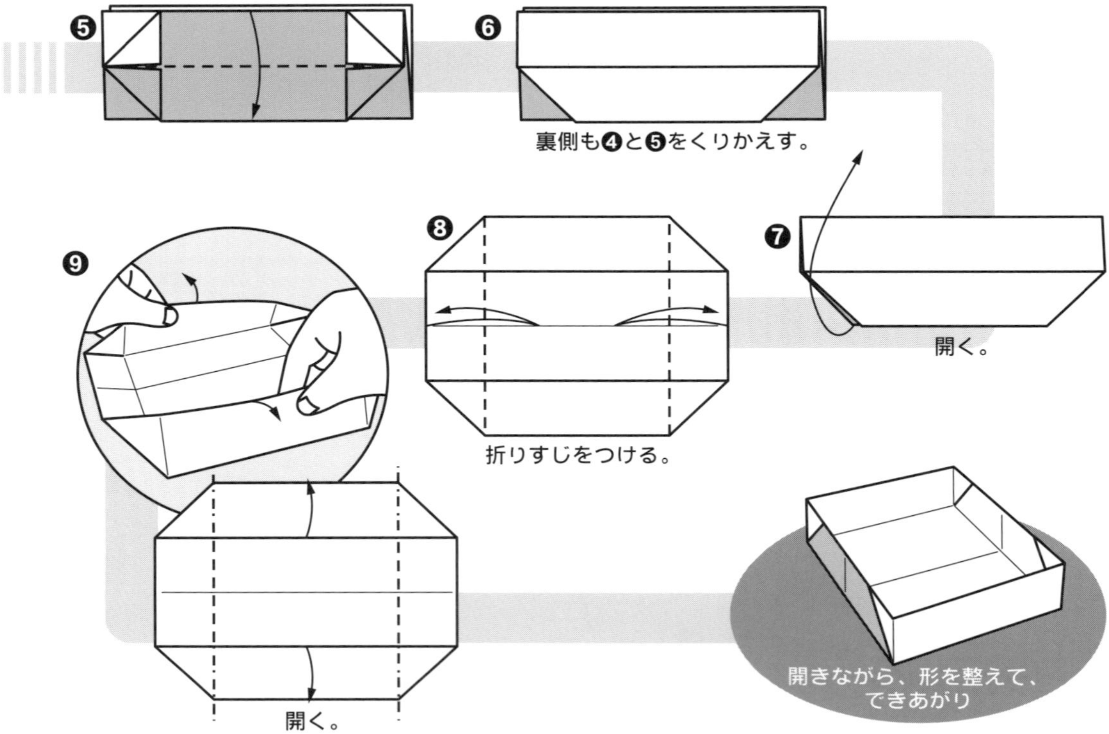
❺
❻
裏側も❹と❺をくりかえす。
❼
開く。
❽
折りすじをつける。
❾
開く。
開きながら、形を整えて、
できあがり

縦・横をきめて作る箱のまとめ

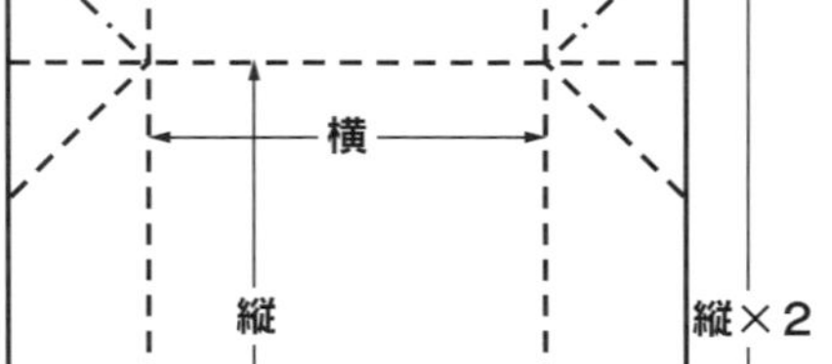
横
縦
縦×2
横＋縦×$\frac{1}{2}$

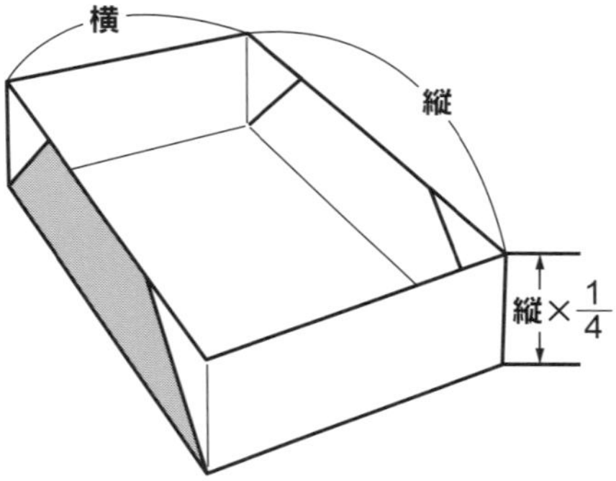
横
縦
縦×$\frac{1}{4}$

この箱の深さは、縦の長さの$\frac{1}{4}$になります。

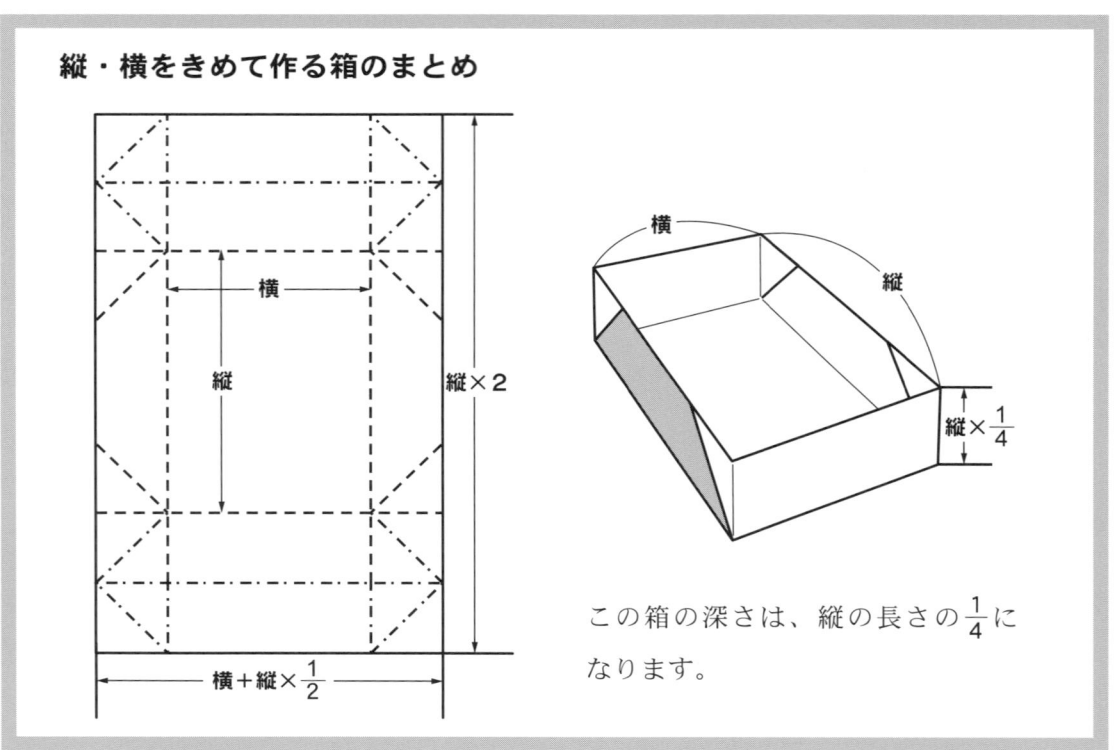

縦・横・深さをきめて作る箱

縦・横・深さを決めたら下図にしたがって必要な用紙を作ります。

縦・横・深さをきめて作る箱の用紙と展開図

※深さは縦の$\frac{1}{2}$以下にします。※折り返し幅は深さより小さくとります。→p.12参照。

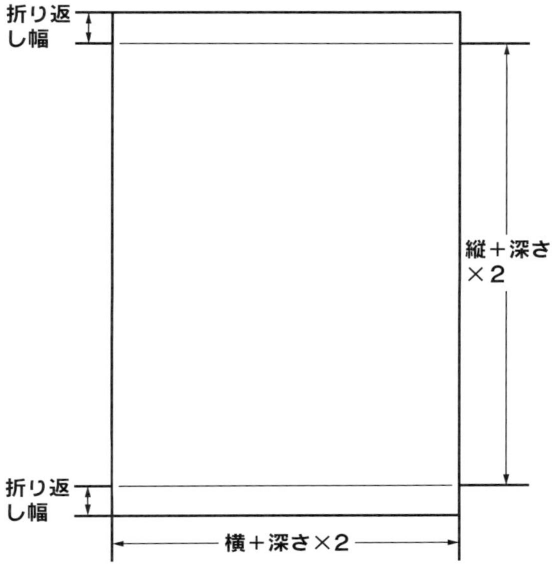

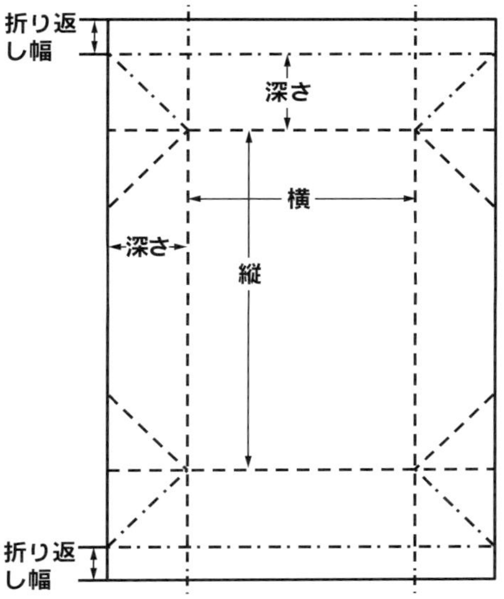

❶

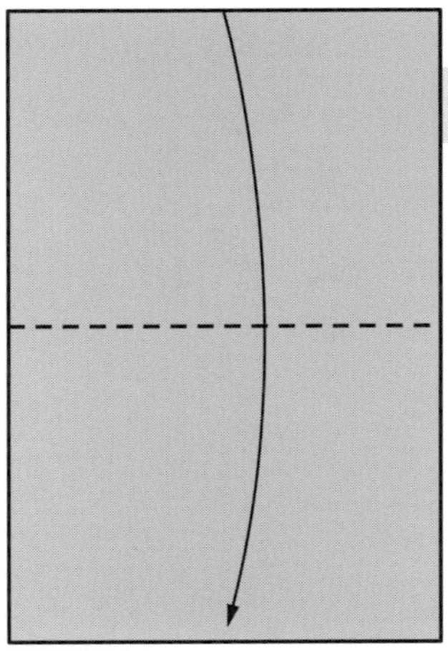

深さのとり方によって工程が❷または❷′になります。

❷

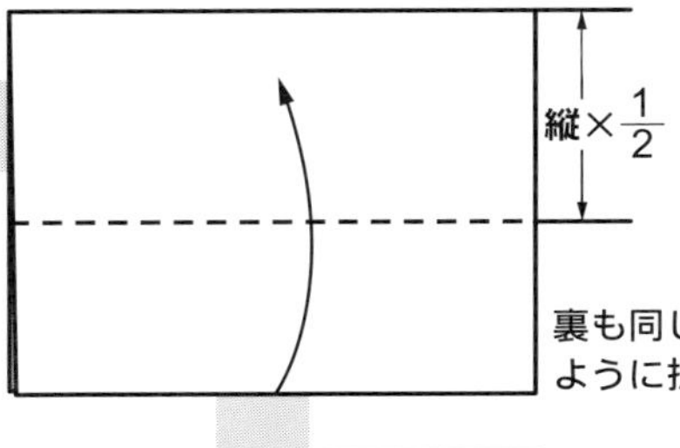

裏も同じように折る。

❸

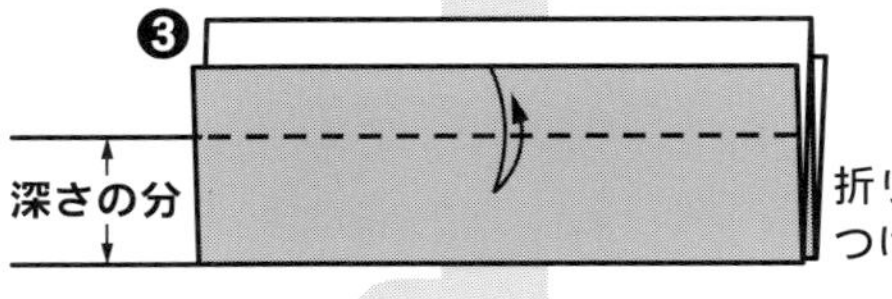

折りすじをつける。

❷′

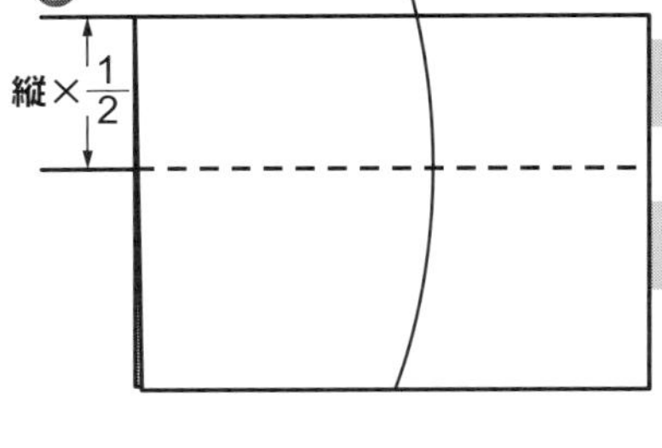

裏も同じように折る。

❹

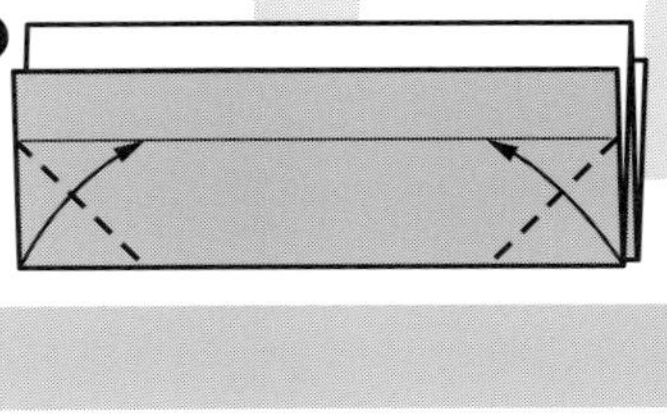

12ページ❺に続きます。

12ページ❸′に続きます。

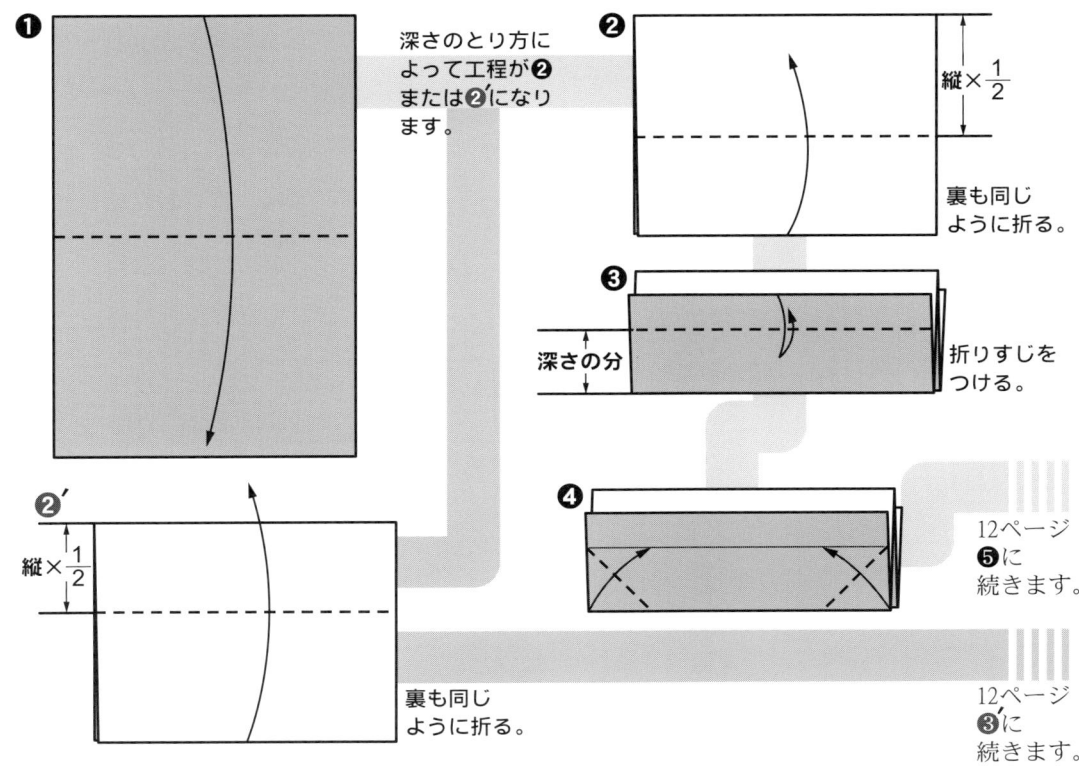

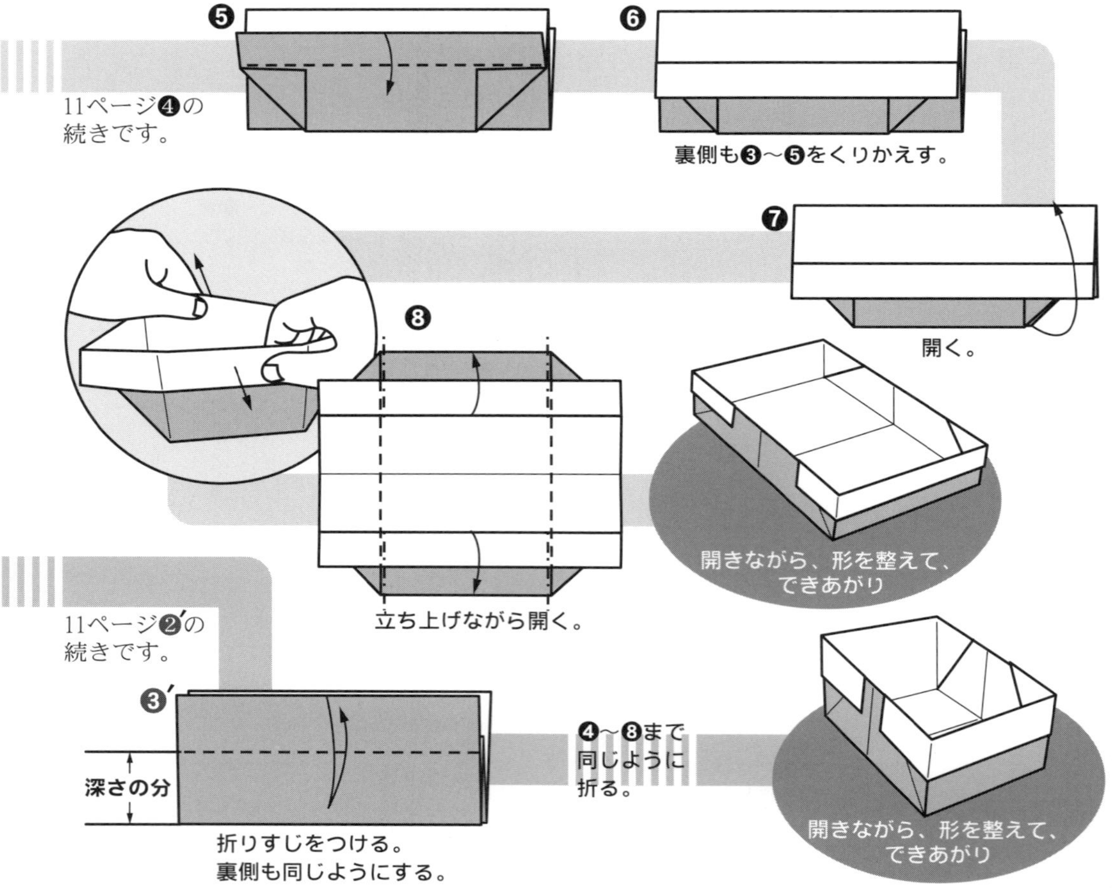
❺
11ページ❹の
続きです。
❻
裏側も❸〜❺をくりかえす。
❼
開く。
❽
立ち上げながら開く。
開きながら、形を整えて、
できあがり
11ページ❷′の
続きです。
❸′
深さの分
折りすじをつける。
裏側も同じようにする。
❹〜❽まで
同じように
折る。
開きながら、形を整えて、
できあがり

※「深さは縦の$\frac{1}{2}$以下、折り返し幅は深さより小さく」は、深さ、折り返し幅を変えた箱をいくつか作って確かめてみましょう。

こんなこともやってみましょう

p.8の「折って作る基本の箱」は正方形で折りましたが、長方形を使って折ってみましょう。長方形用紙を2枚用意して、最初の折りを下図のようにしてみると…

できあがりの違いを楽しんでください。

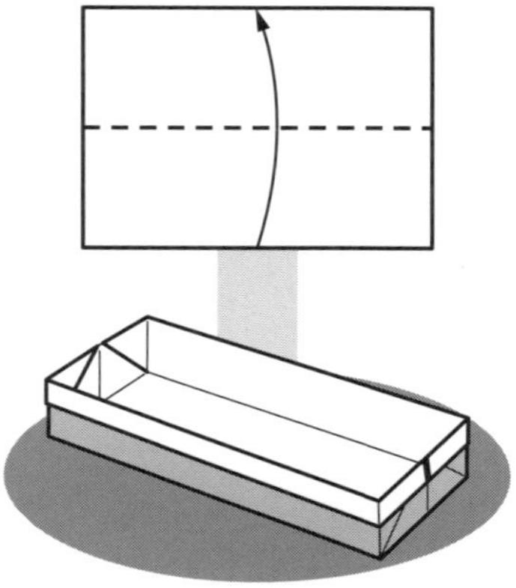

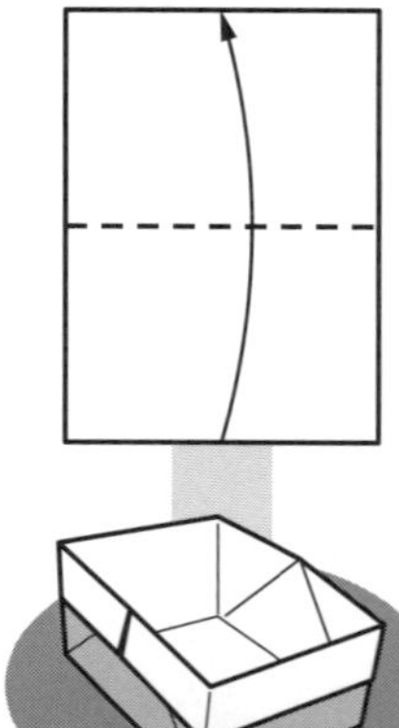

CHAPTER 2

とことん三角形

「三角形の内角の和は180°になります」や「三角形の面積は底辺×高さ÷2」は、よく知られていますが、誰にでもわかるように、折り紙を使ってとことん示してみましょう。

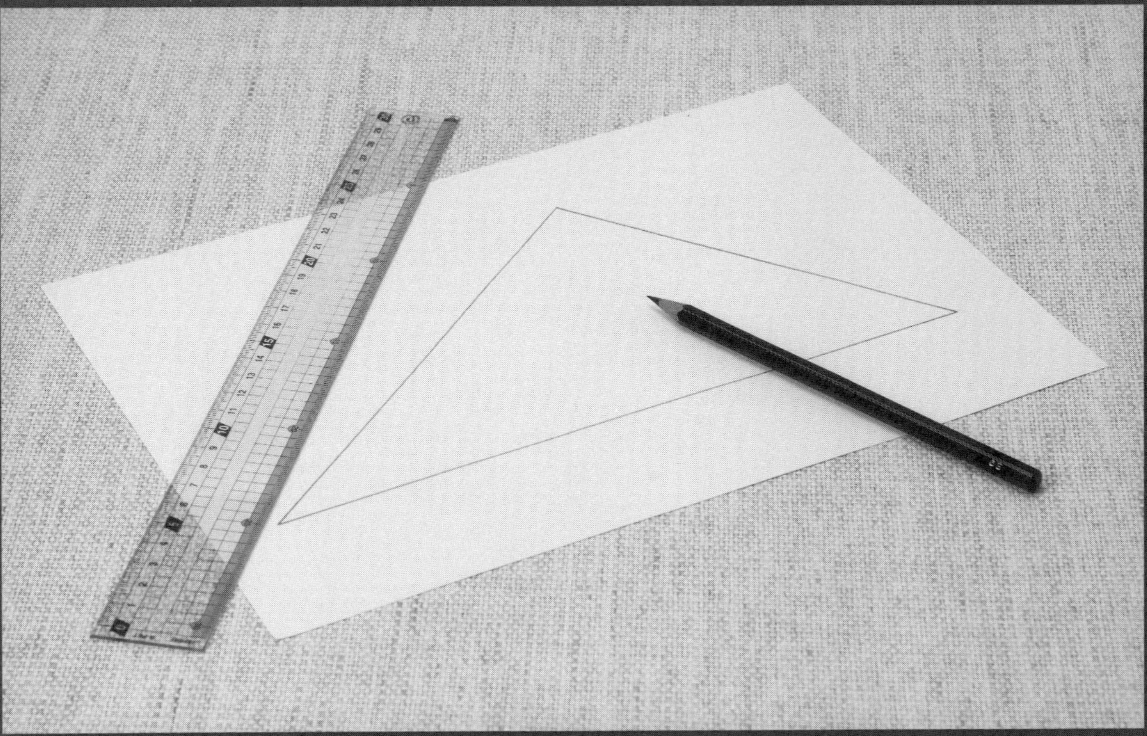

解説図&折り方　内角の和を折り紙で

三角形の内角の和について、2001年度の検定教科書の中に「3つの角を1か所に集めると直線になります」というのがありました。これには多くの批判があったようです。現在では小学五年の算数の教科書に次のような記述で示されています。

「図のように3つの角を1つの点に集めるとどうなりますか」と問いかけがあり、3つの角を切り取った図を載せ、「角は180°になります」と少しごまかした表現になっています。いずれの説明にしろ、集めた3つの角が一直線上にあることをきちんと示さなければ、和が180°になるとはいえません。

折り紙を使うと、少しのごまかしもなく、小学生でもわかる説明ができます。

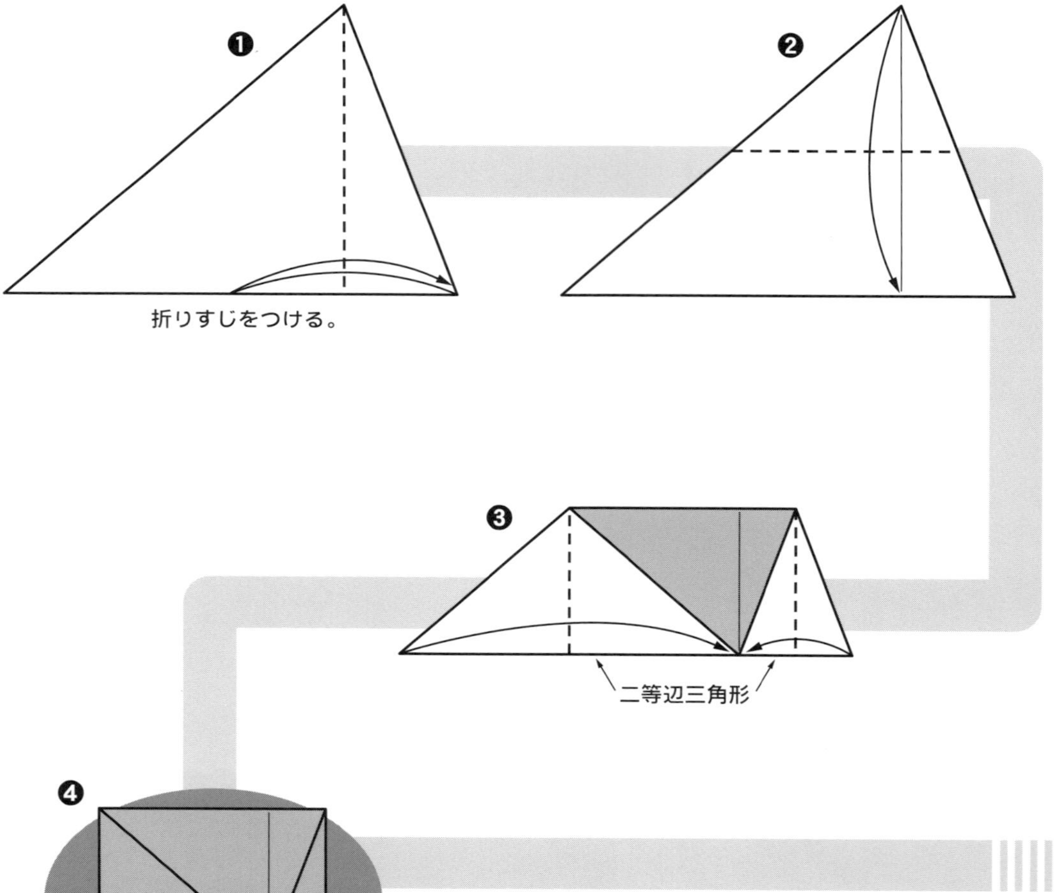
❶
折りすじをつける。
❷
❸
二等辺三角形

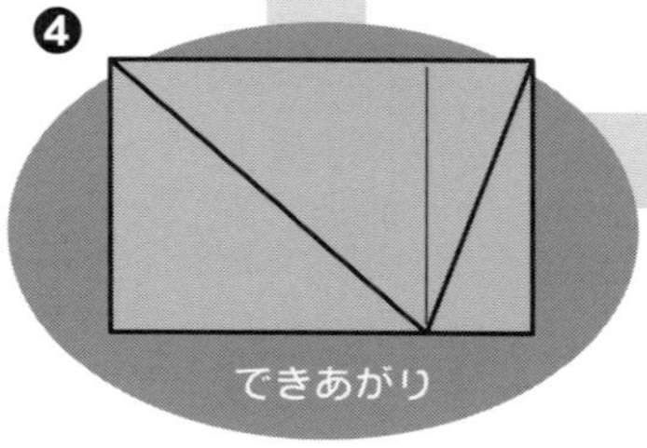
❹
できあがり

三角形の3つの内角が底辺上にすきまなく集められていることがわかるので、内角の和が180°であるといえます。

15ページに続きます。

解説図&折り方

三角形の面積を折り紙で A

三角形の面積の公式も折り紙を使うと簡単に説明できます。

内角の和の説明の図の❹を全部開くと、❺のような折りすじがついています。❻と❻′の２通りの指示のように切り、移動させると、高さはそのままで底辺が$\frac{1}{2}$の長方形❼と、底辺がそのままで高さが$\frac{1}{2}$の長方形❼′になりました。

❺

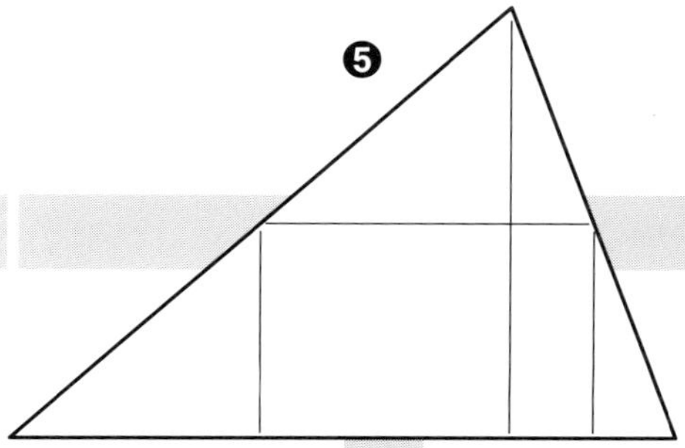

❹を開くと、このような折りすじがつく。

❻

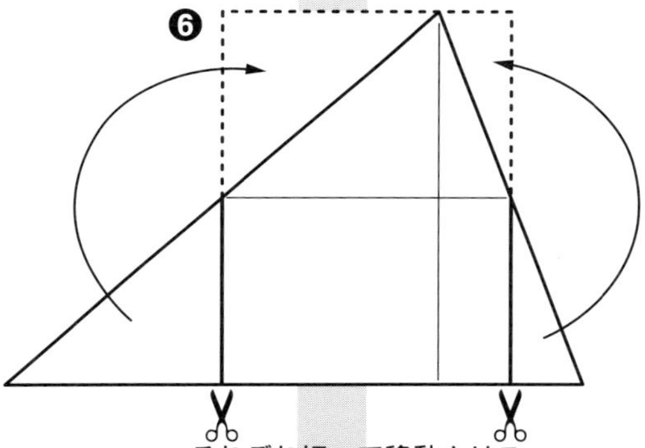

それぞれ切って移動させる。

❻′

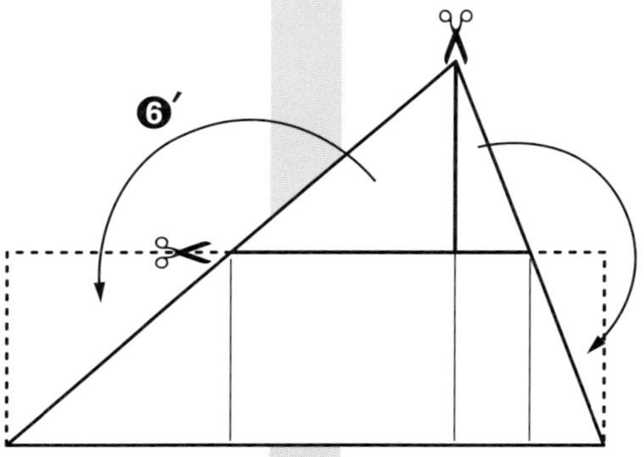

それぞれ切って移動させる。

❼

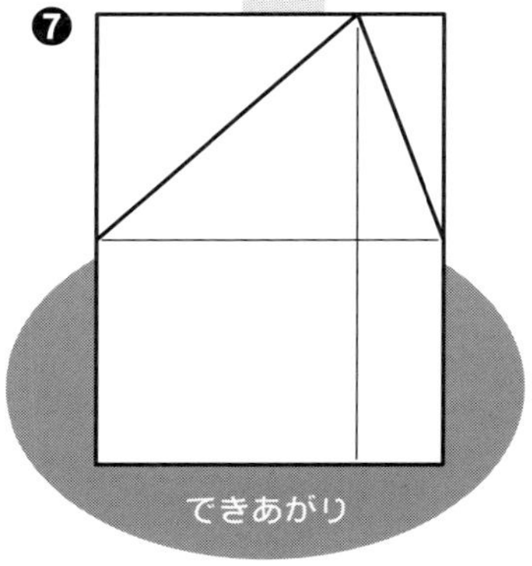
できあがり

❼′

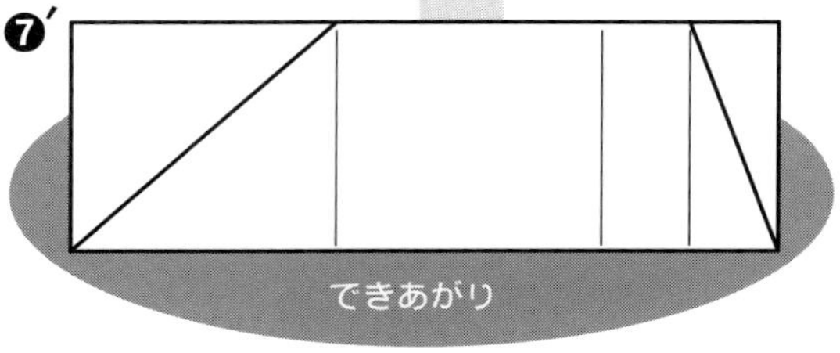
できあがり

解説図&折り方　三角形の面積を折り紙で B

前ページのような説明は、いくつかの教科書に載っています。ここでは、どの教科書や数学関係の本にも載っていない、折り紙を使うからこそできる説明を紹介します。

まず平行四辺形の面積の求め方を復習します

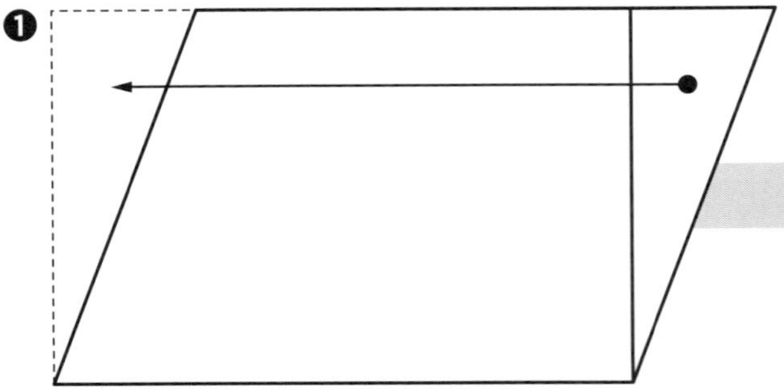

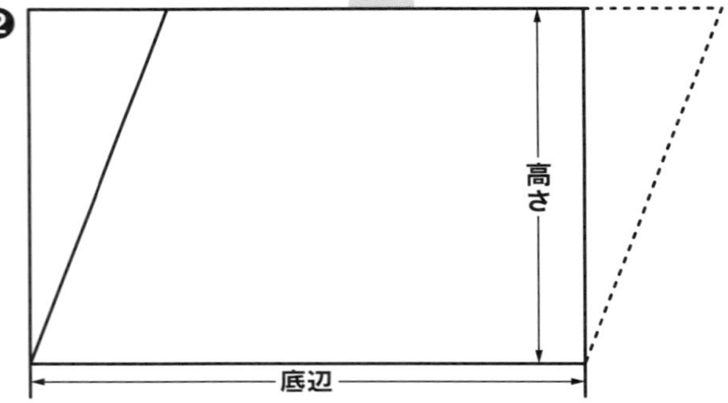

平行四辺形は図のように長方形に置き換えることができるので、面積は底辺×高さになります。

以上をふまえて三角形の面積を平行四辺形を使って求めてみましょう。

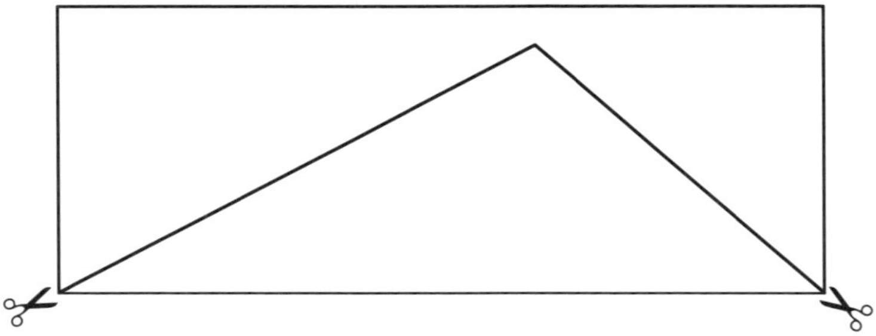

面積を求めたい三角形とまったく同じ大きさ、形の三角形（合同な三角形）を用紙から切りとって、もう１つ作ります。この２つの三角形の同じ辺どうしをぴったりつき合わせると、平行四辺形ができます。

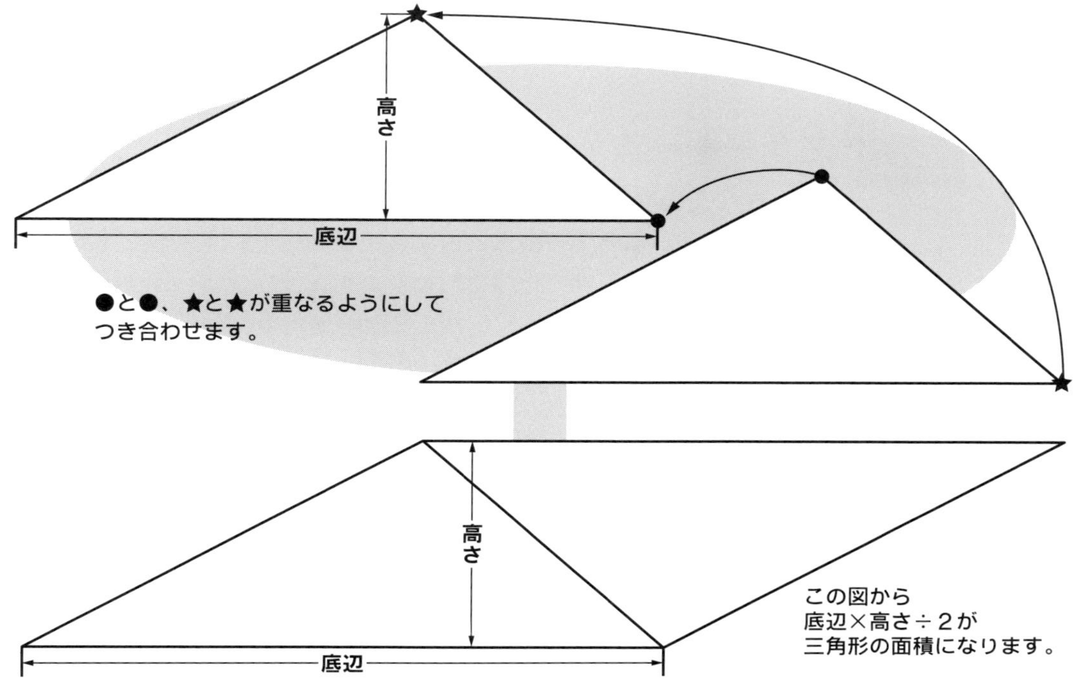
高さ
底辺
●と●、★と★が重なるようにして
つき合わせます。
高さ
底辺
この図から
底辺×高さ÷２が
三角形の面積になります。

つき合わせる辺を変えてみましょう。

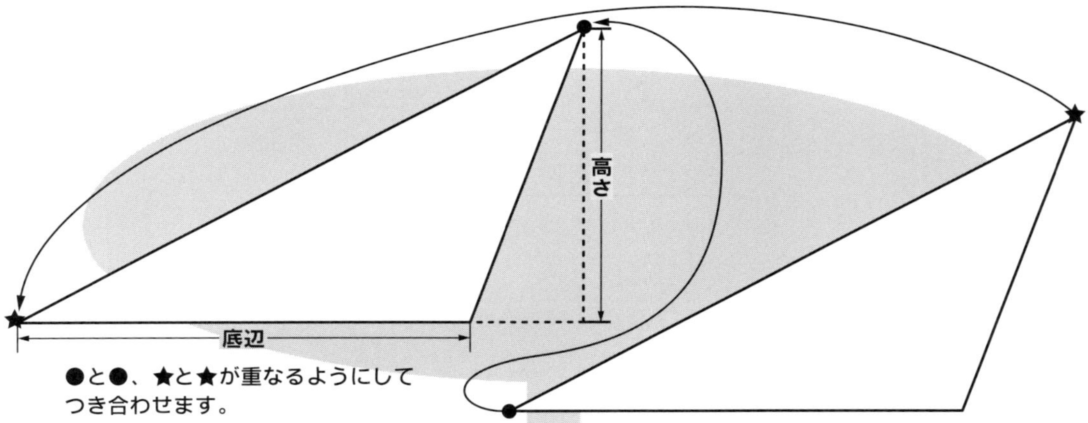
高さ
底辺
●と●、★と★が重なるようにして
つき合わせます。

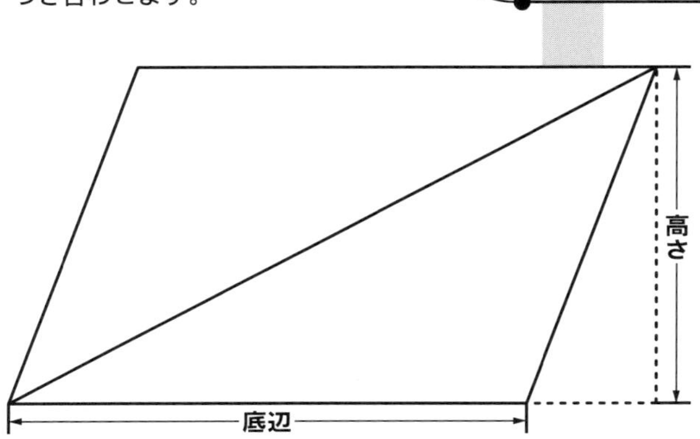
高さ
底辺
この図から、三角形の面積は　底辺×高さ÷２　となります。

平行四辺形の面積を求めるときは、底辺と高さという用語を使います。ところが、長方形のときだけ底辺と高さと呼ばないで、縦と横といいます。おかしいと思いませんか？

コラム 三角形を一点で支える

やじろべえの折り方

一般の三角形の各辺の中点と頂点を結ぶ折りすじは３本できます。この３本は、三角形内で一点で交わります。この交点が三角形の重心です。ペンの先を重心にあてると三角形を支えることができます。いろいろな形の三角形で試してみてください。

❶

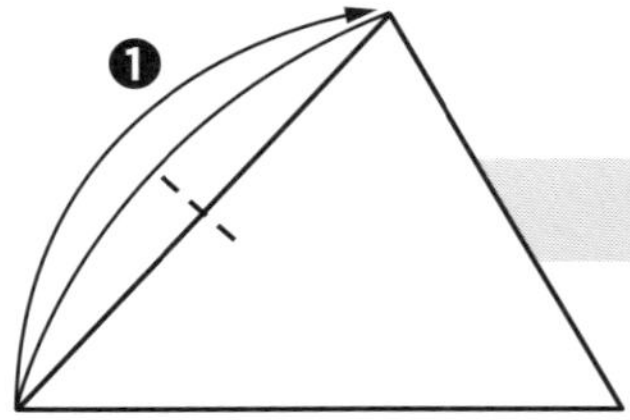

辺の中点に折りすじを軽くつける。

❷

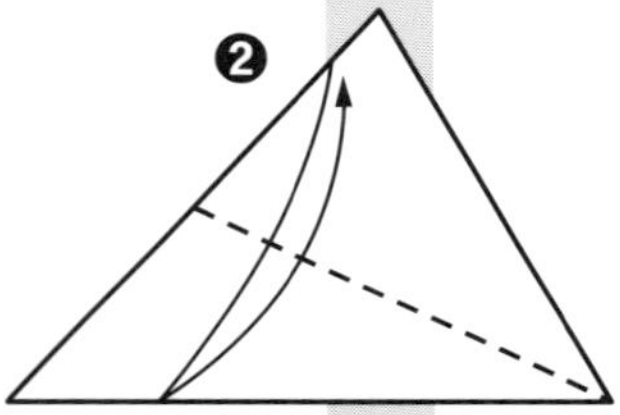

中点と頂点を通る折りすじをつける。

❸

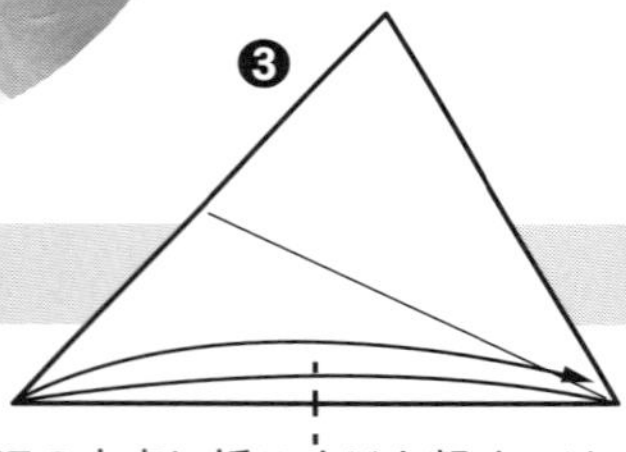

辺の中点に折りすじを軽くつける。

❹

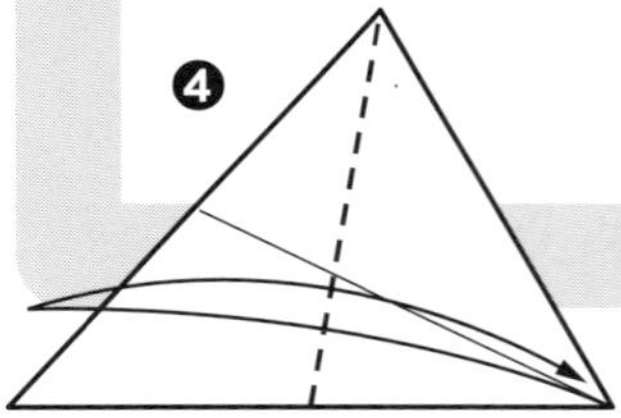

中点と頂点を通る折りすじをつける。

❺

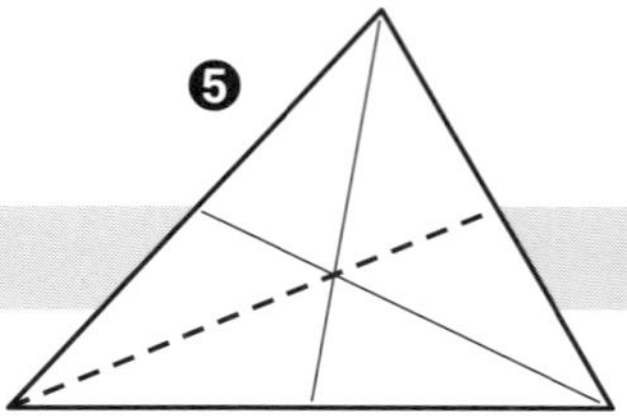

同じように３本目の折りすじをつける。

できあがり
この一点を
「重心」という。

❻

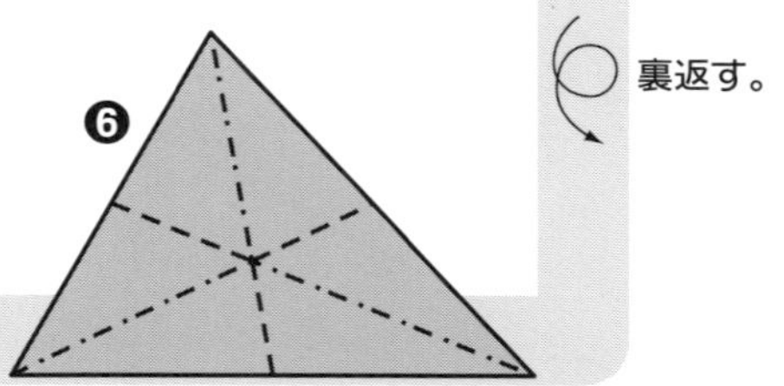
裏返す。

折りすじどおりに折りすじをつける。
鉛筆などの先端にのせ、バランスを整える。

CHAPTER 3

風船の基礎折りから

風船を作るときのスタートの折りは、たくさんの折り紙作品の基礎折りとして使われます。この基礎折りは、折り紙の世界では正方形用紙を使うことが多いのです。しかし、長方形や正多角形用紙でも使えるのです。この章では、基礎折りがいろいろな形の用紙に拡張できることを示します。

解説図 & 折り方

風船の基礎折りの定義（脱正方形折り紙）

風船の基礎折りの定義

1.紙の裏を上にして、中心と用紙の頂点を結ぶ線を谷折りにする。

2.中心と用紙の辺の中点を結ぶ線を山折りにする。

3.折りすじをしっかりつけてから折りすじどおりにたたむ。

以上の手順をふまえて折りましょう。

正方形を定義にしたがって折る

定義にしたがって折りすじをしっかりつけて折ってみましょう。

Aタイプ

❶

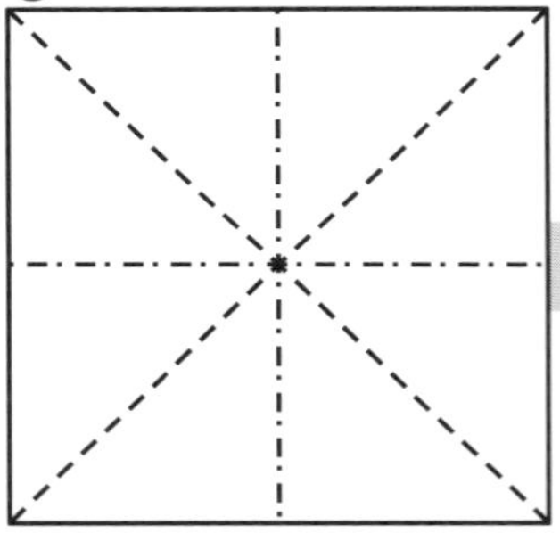

❷

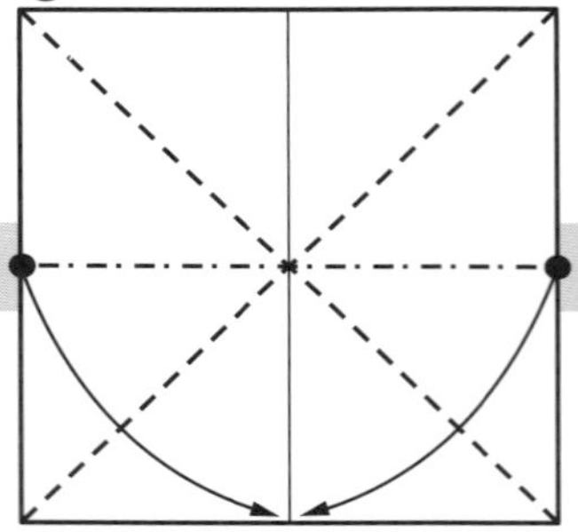

●と●を近づけながら中心をくぼませるように折りたたむと…

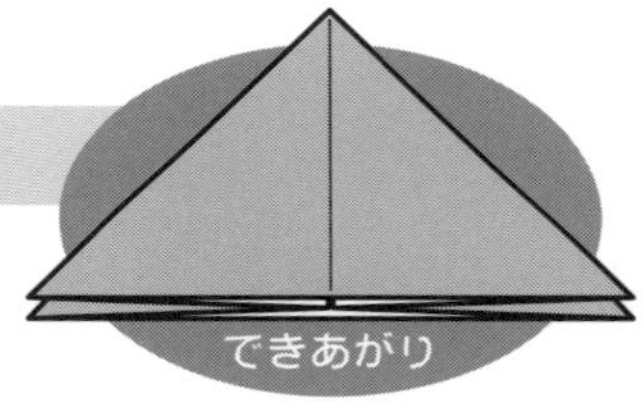

図❷の縦の中心線はできあがりに使わないので折りすじとして残します。

Bタイプ

❶

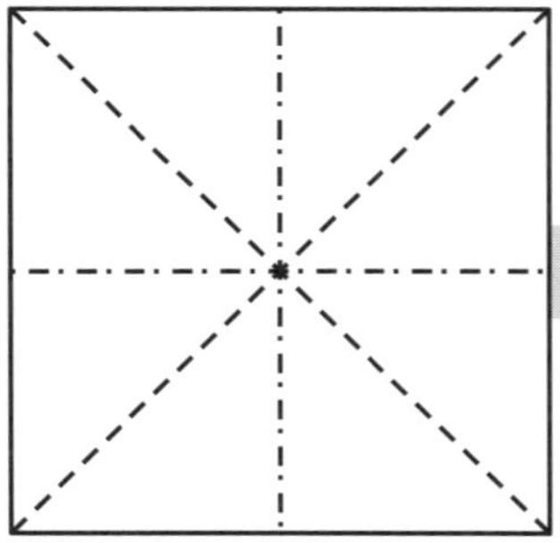

❷

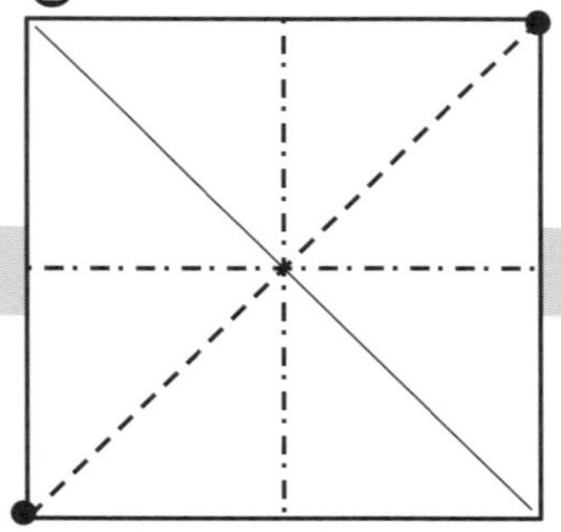

中心が凸になるようにして●と●を裏側で近づけるように折りたたむと…

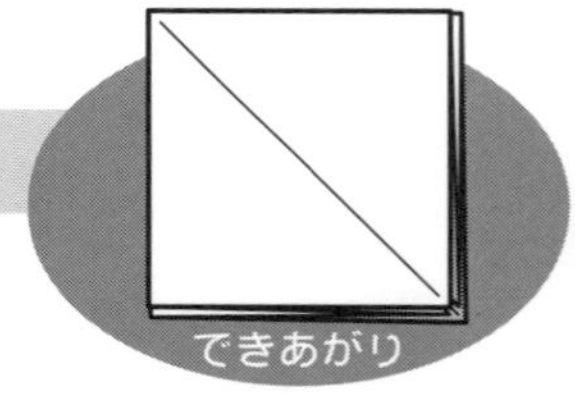

図❷の右肩下がりの対角線はできあがりに使わないので折りすじとして残します。

AもBも定義にしたがって同じ折りすじをつけました。中心をくぼませるか、凸にさせるかでできあがりは２通りの形になります。Aは風船など、Bは鶴などを折るときに使われます。

Bタイプと Aタイプは、裏表の関係です。

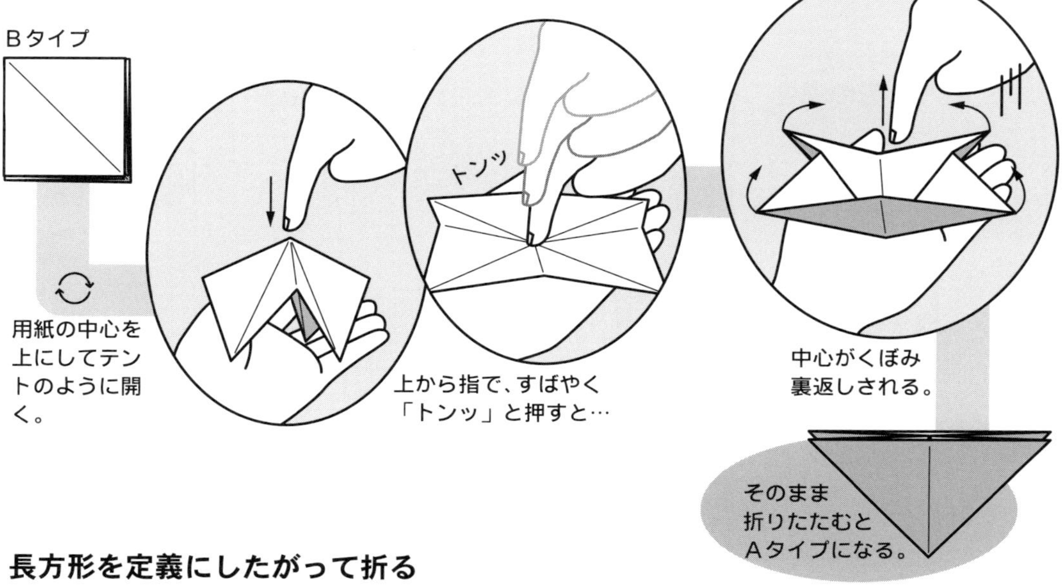
Bタイプ
用紙の中心を上にしてテントのように開く。
トンッ
上から指で、すばやく「トンッ」と押すと…
中心がくぼみ裏返しされる。
そのまま折りたたむとAタイプになる。

長方形を定義にしたがって折る

A_1タイプ

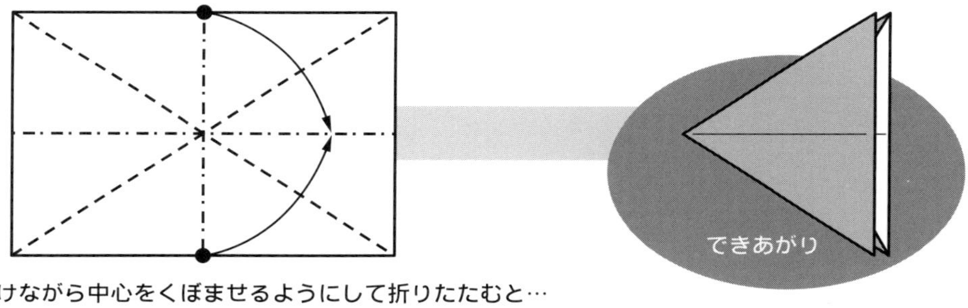
できあがり

●と●を近づけながら中心をくぼませるようにして折りたたむと…

A_2タイプ

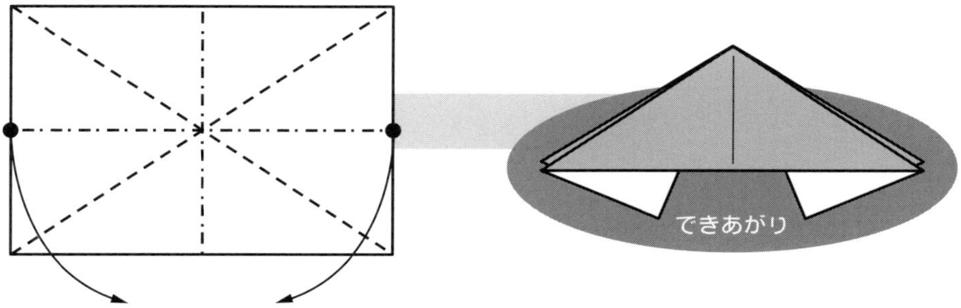
できあがり

●と●を近づけながら中心をくぼませるようにして折りたたむと…

Bタイプ

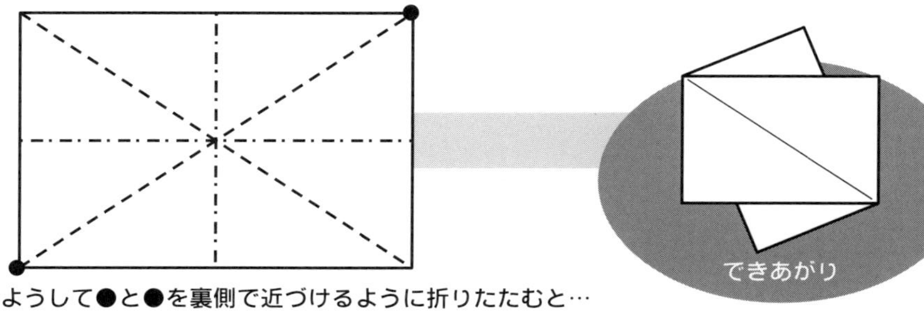
できあがり

中心が凸になるようして●と●を裏側で近づけるように折りたたむと…

正六角形の場合

Aタイプ

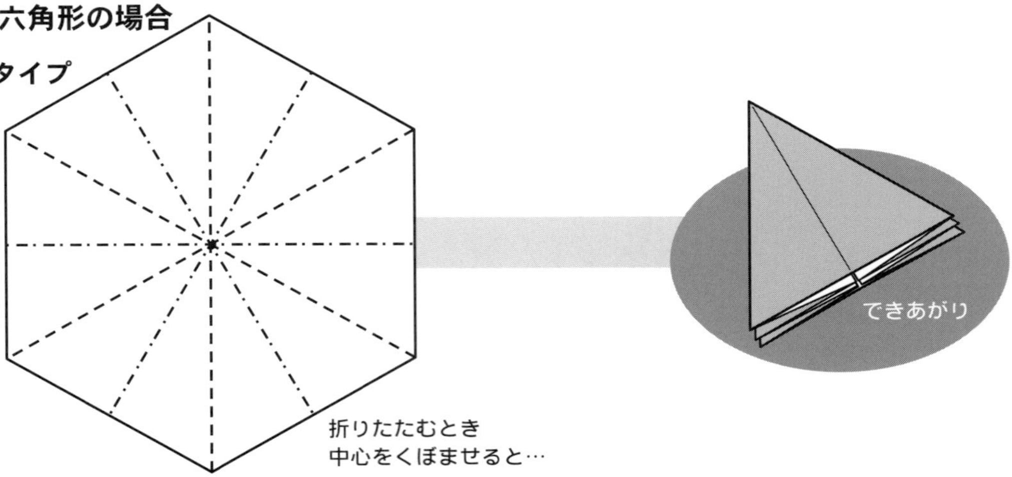
できあがり
折りたたむとき
中心をくぼませると…

Bタイプ

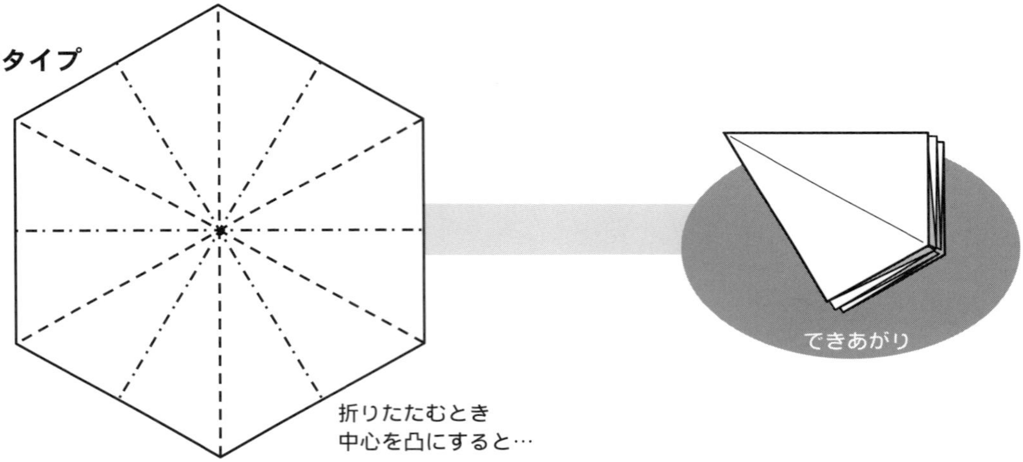
できあがり
折りたたむとき
中心を凸にすると…

正五角形の場合

正五角形では中心を通る１本の線が中心を境に山折りと谷折りが逆転します。

Aタイプ

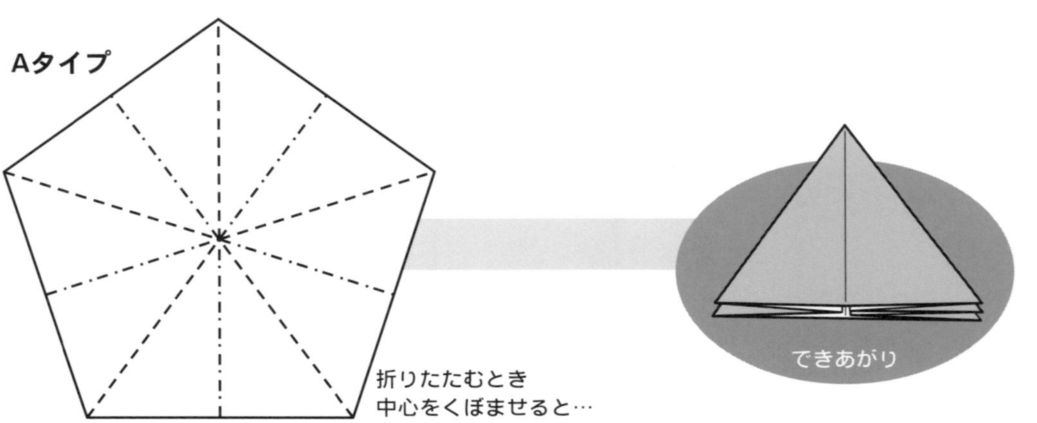
できあがり
折りたたむとき
中心をくぼませると…

Bタイプ

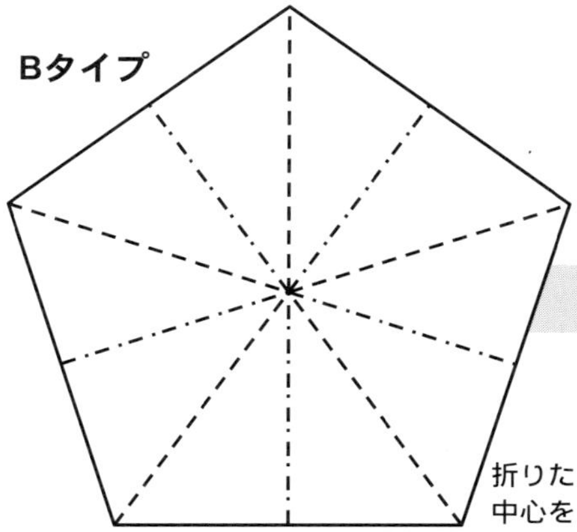

折りたたむとき
中心を凸にすると…

以上のようにAタイプ、Bタイプの２通りの折りたたみ方ができます。この基礎折りを使って皆さんがあたらしい作品を考えてください。ここでは風船の基礎折りを使った作品（p.23～32）をいくつか紹介します。参考にしてください。

風船の基礎折りを実際に折るときは下図のような手順で折ります

山折り線を折るには…

谷折り線をつければ、よいことになります。

この手順でまずは、伝承の風船を折ってみましょう。

伝承の風船の折り方

❶

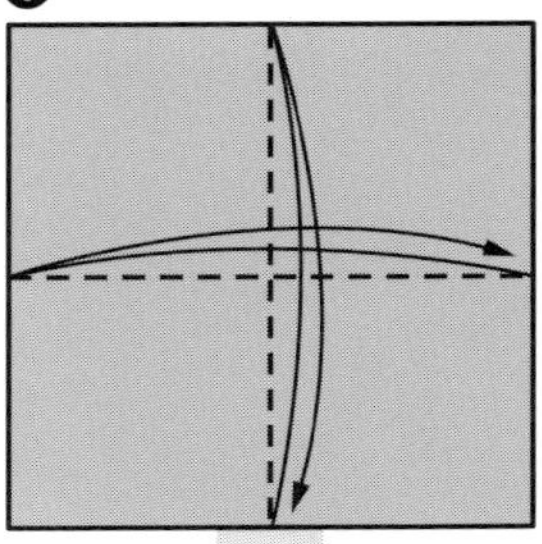

折りすじをつける。

❷

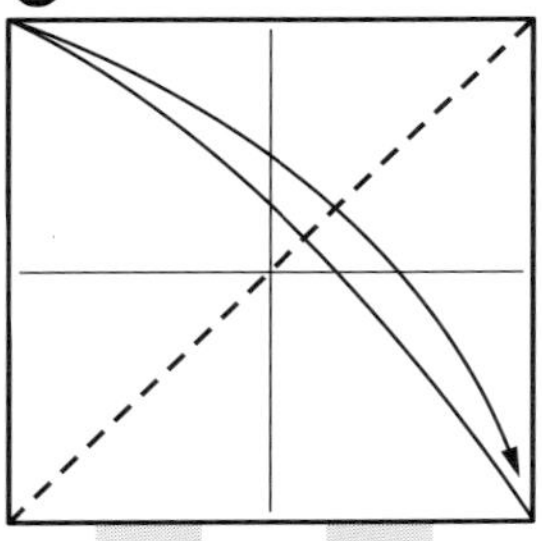

折りすじをつける。

裏返す。

24ページに
続きます。

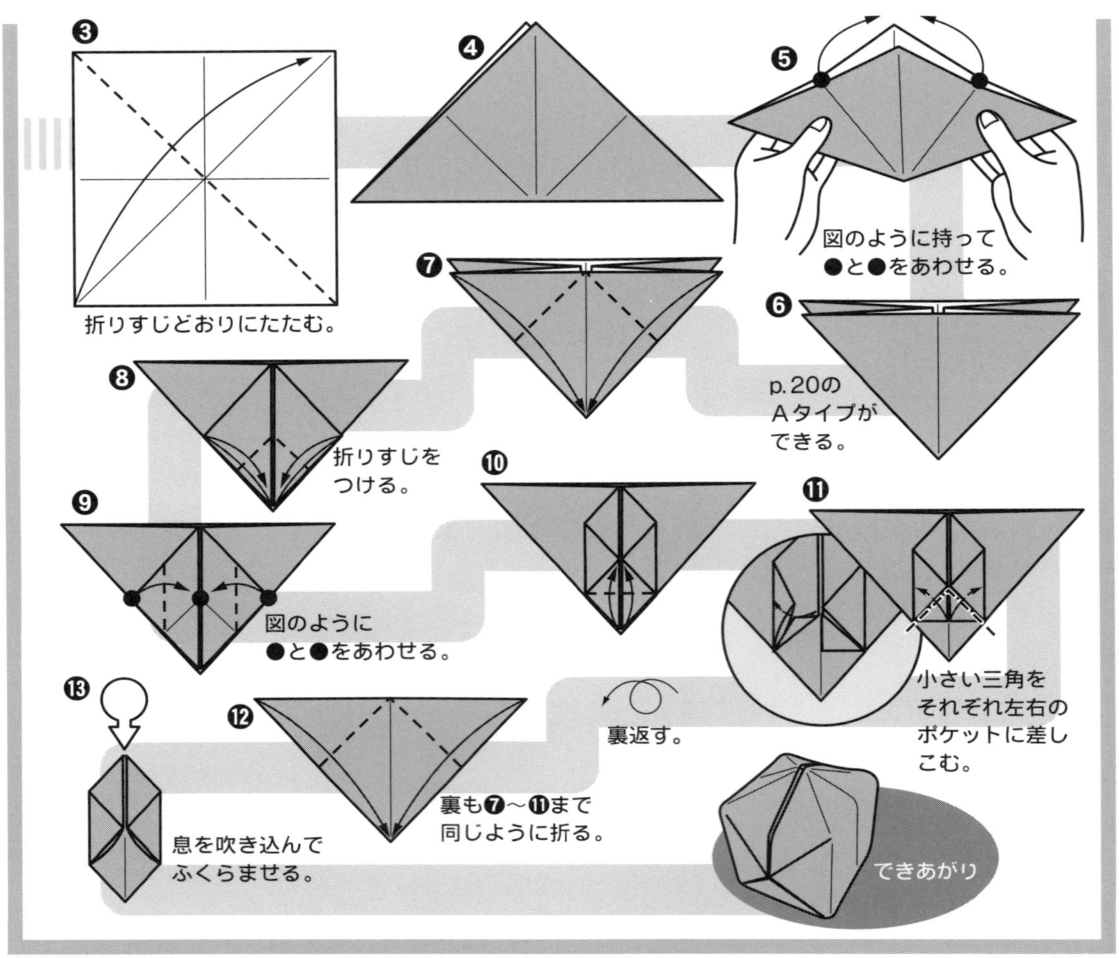
❸
折りすじどおりにたたむ。
❹
❺
図のように持って
●と●をあわせる。
❻
p.20の
Aタイプが
できる。
❼
❽
折りすじを
つける。
❾
図のように
●と●をあわせる。
❿
⓫
小さい三角を
それぞれ左右の
ポケットに差し
こむ。
裏返す。
⓬
裏も❼〜⓫まで
同じように折る。
⓭
息を吹き込んで
ふくらませる。
できあがり

解説図&折り方

伝承作品の風船を一折りずらして作る壺

伝承作品の風船を一折りずらして折る壺を折ります。

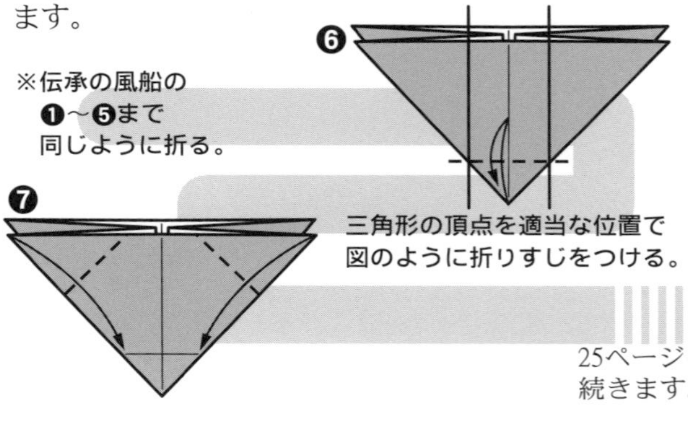
※伝承の風船の
❶〜❺まで
同じように折る。
❻
三角形の頂点を適当な位置で
図のように折りすじをつける。
❼

25ページに
続きます。

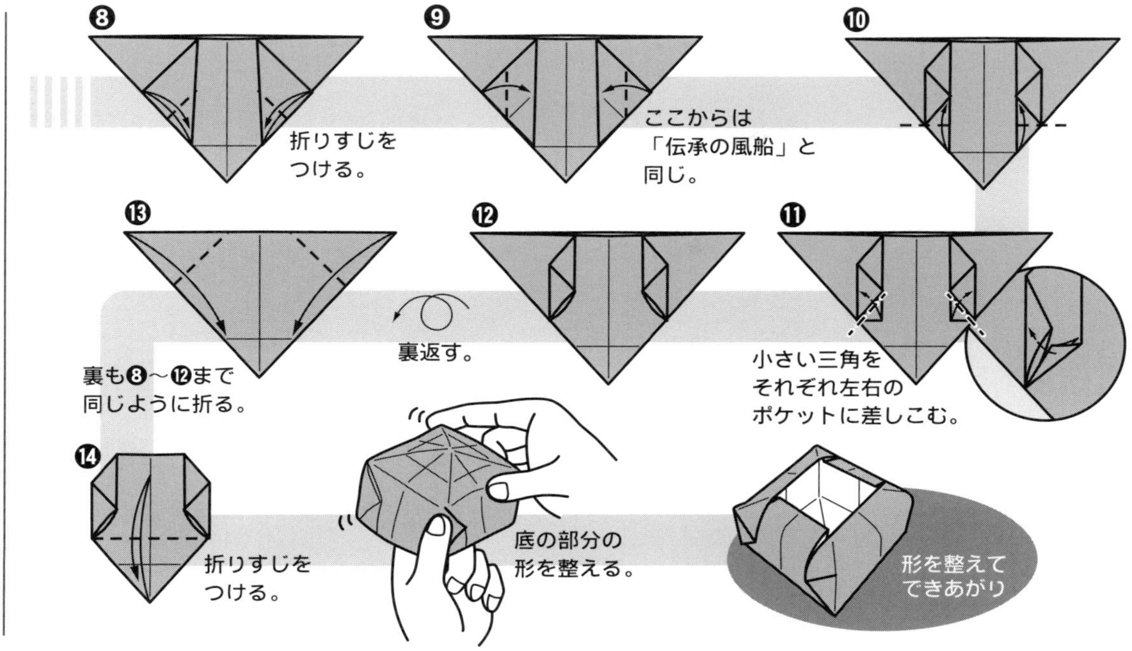

解説図&折り方 正多角形用紙で折るー正五角形ボックス

正五角形ボックスの折り方

正五角形用紙の折り出し方は p.4 参照。

基本は風船と同じ折り方です。

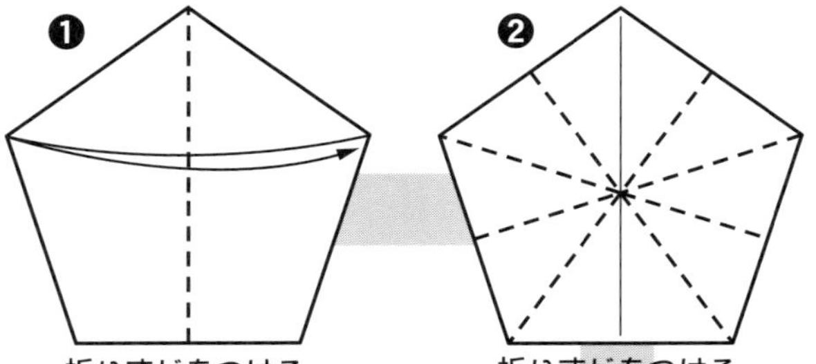

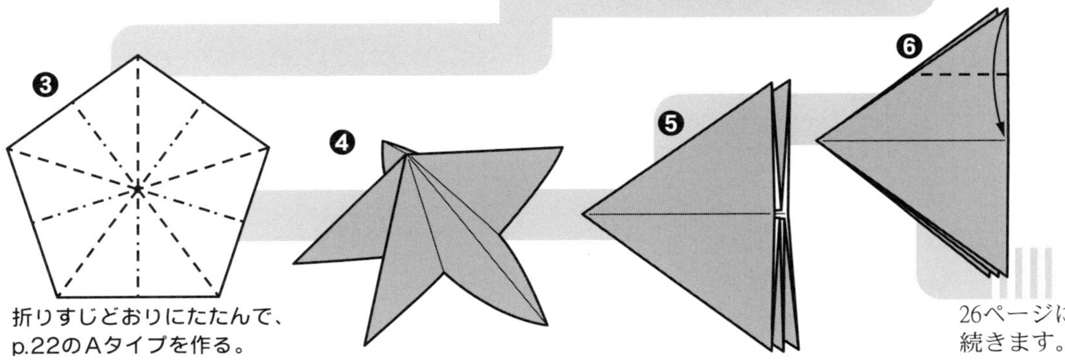

26ページに続きます。

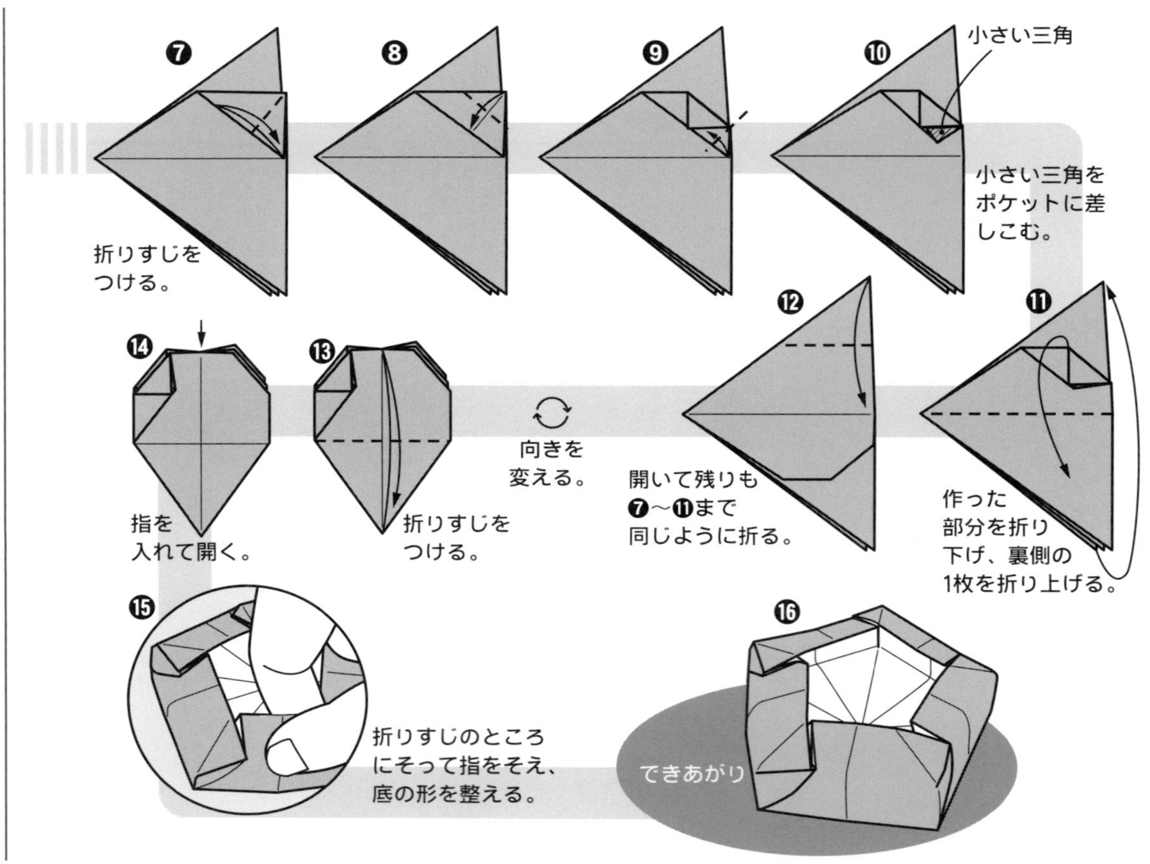
❼
折りすじをつける。
❽
❾
❿
小さい三角
小さい三角をポケットに差しこむ。
⓫
作った部分を折り下げ、裏側の1枚を折り上げる。
⓬
開いて残りも❼〜⓫まで同じように折る。
向きを変える。
⓭
折りすじをつける。
⓮
指を入れて開く。
⓯
折りすじのところにそって指をそえ、底の形を整える。
⓰
できあがり

解説図&折り方 正多角形用紙で折るー正六角形ボックス

正六角形ボックスの折り方

正六角形用紙の折り出し方は p.5 参照。
基本は風船と同じ折り方です。

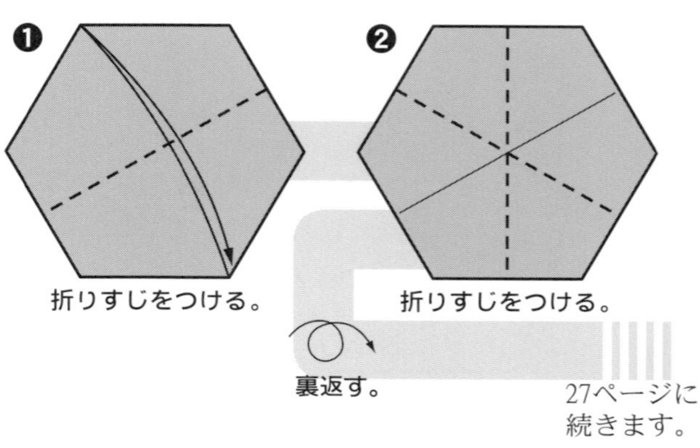
❶
折りすじをつける。
❷
折りすじをつける。
裏返す。

27ページに続きます。

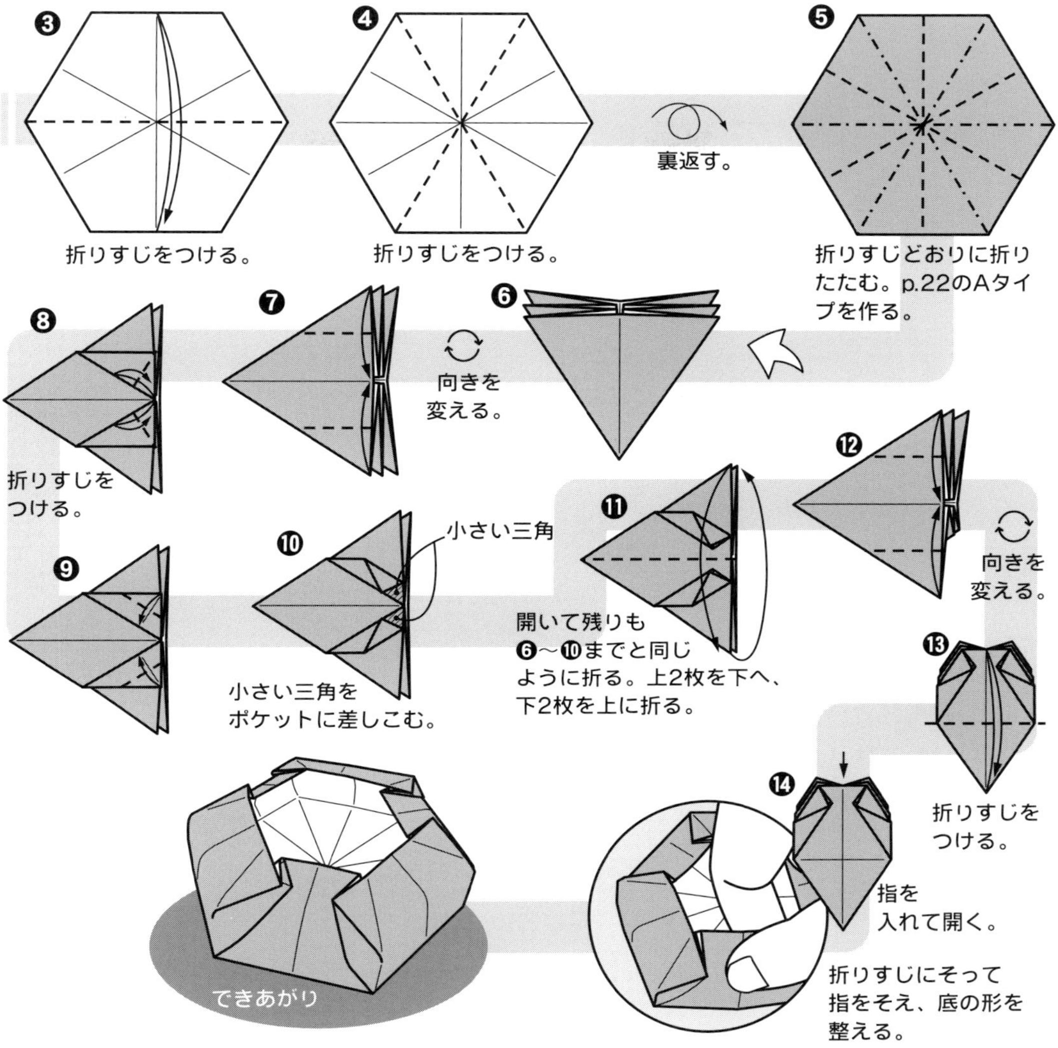
❸
折りすじをつける。
❹
折りすじをつける。
裏返す。
❺
折りすじどおりに折りたたむ。p.22のAタイプを作る。
❻
❼
向きを変える。
❽
折りすじをつける。
❾
❿
小さい三角
小さい三角をポケットに差しこむ。
⓫
開いて残りも❻〜❿までと同じように折る。上2枚を下へ、下2枚を上に折る。
⓬
向きを変える。
⓭
折りすじをつける。
⓮
指を入れて開く。
折りすじにそって指をそえ、底の形を整える。
できあがり

解説図&折り方 正方形用紙を組んで作る一正方形プレート

正方形プレートのユニット用紙の折り方

正方形の折り紙を4枚、2色を2枚ずつ使います。

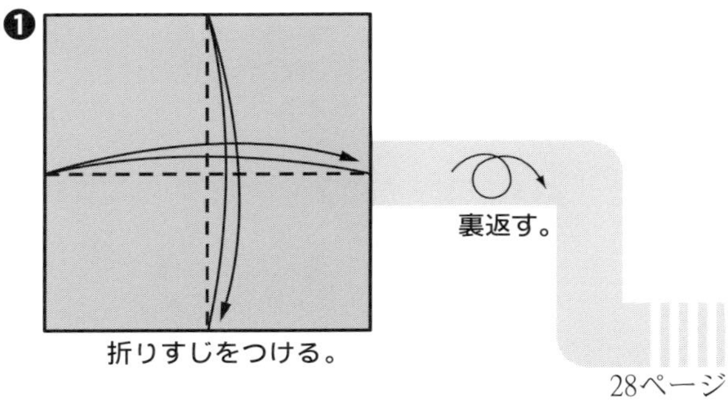
❶
折りすじをつける。
裏返す。

28ページに続きます。

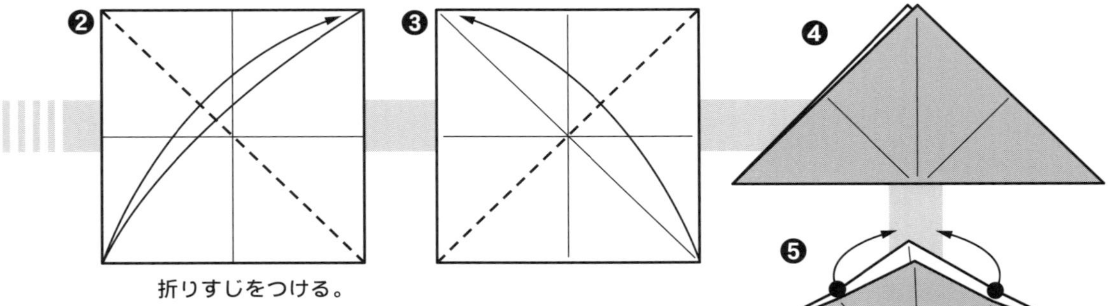

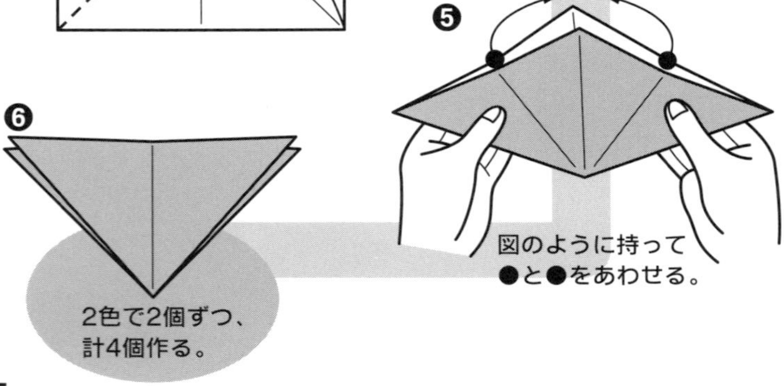

正方形プレートの
ユニットの組み合わせ方

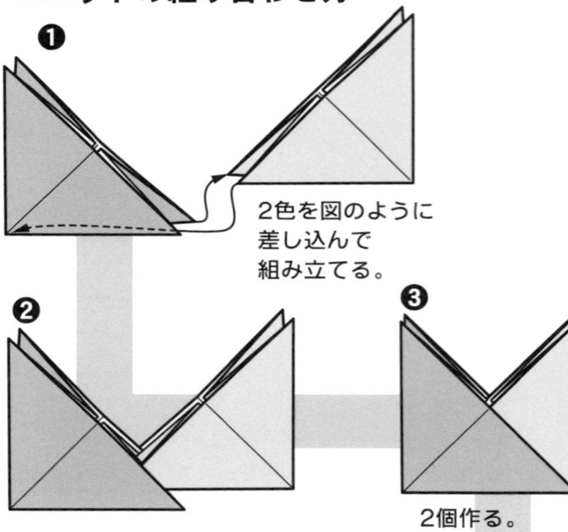

組み合わせ方の基本

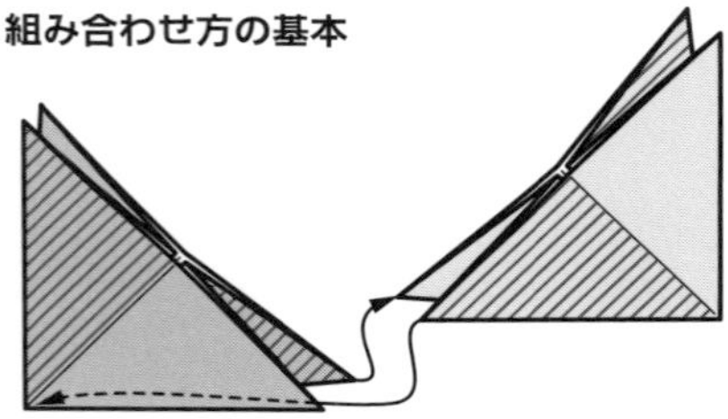

斜線三角部分が手、斜線なし三角部分をポケットと考えて、手を必ずポケットに奥までさしこむ。

しっかり組まれたプレートができます。コースターなどに使えます。

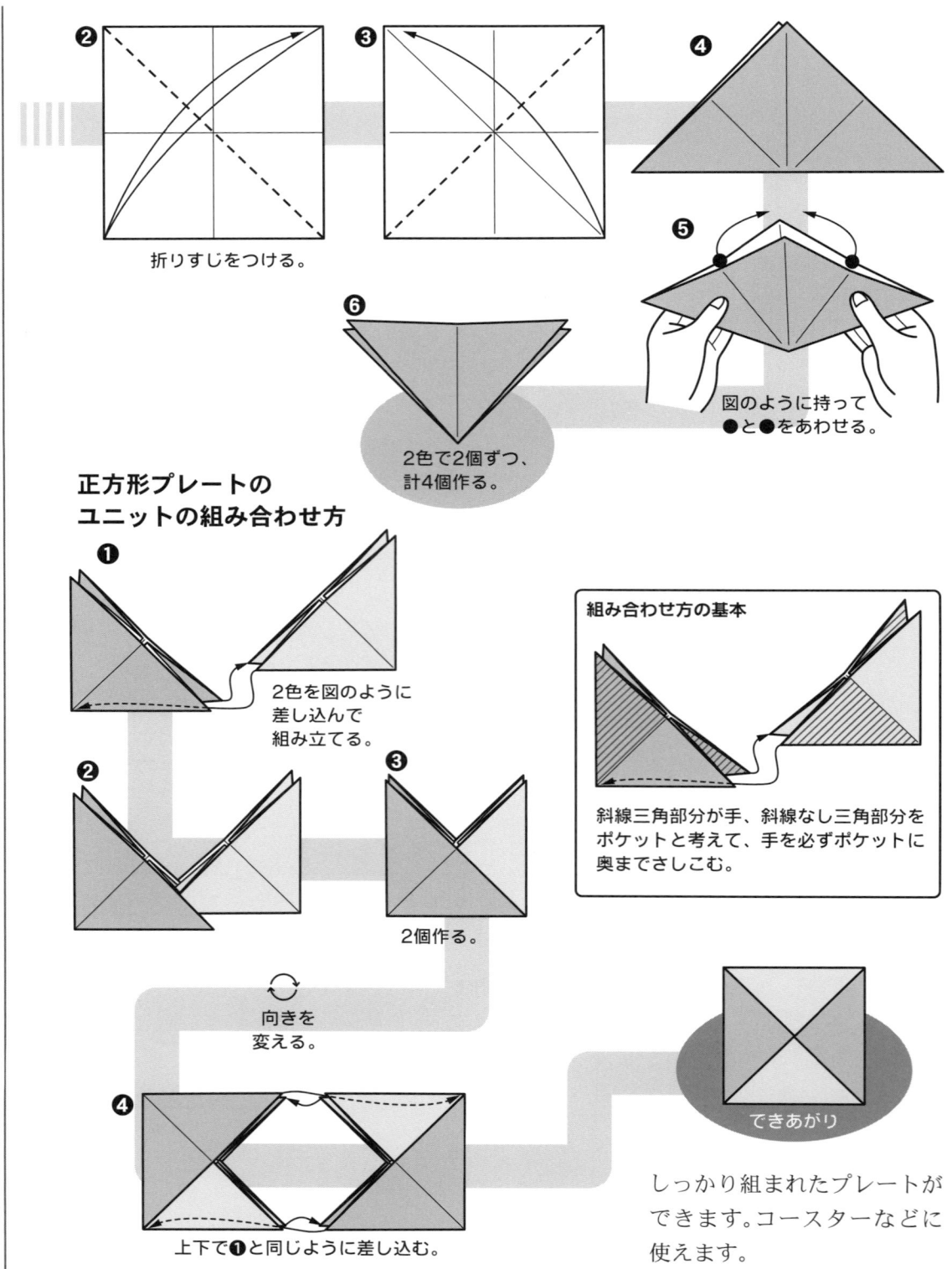

解説図&折り方

長方形用紙を組んで作る－正三角形プレート

正三角形プレートのユニット用紙の作り方

❶

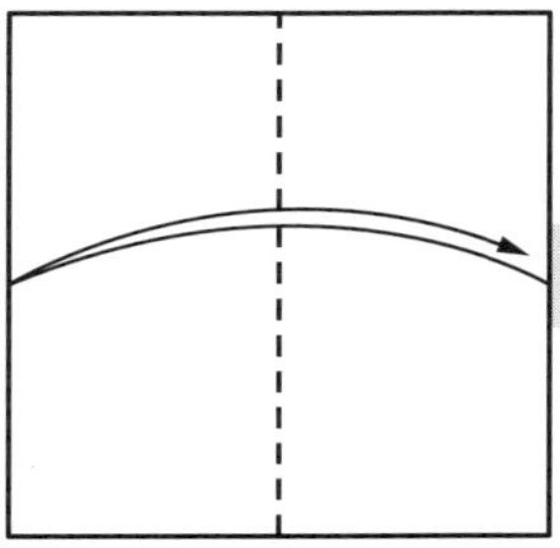

折りすじをつける。

❷

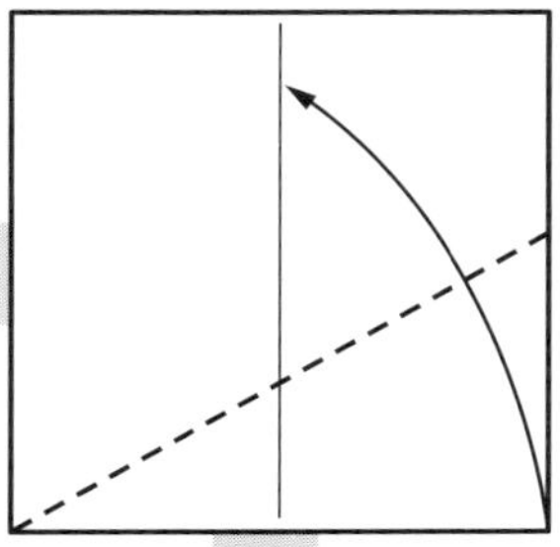

❸

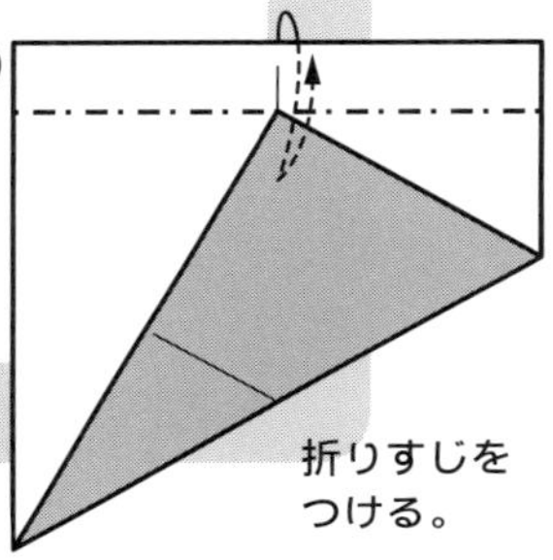

折りすじをつける。

❶～❸の折り方はp.4の正三角形を作るときと同じです。

❹

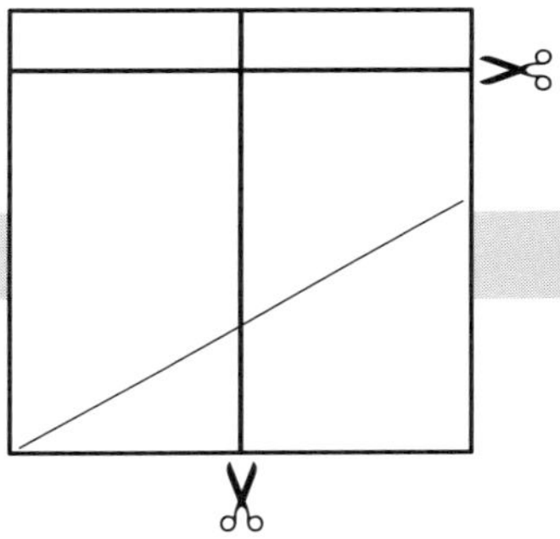

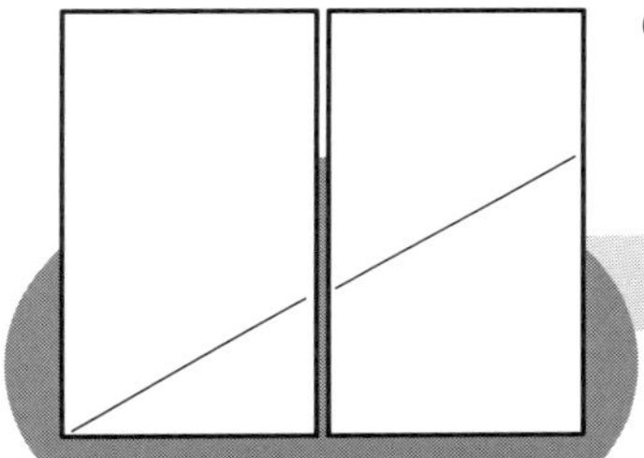

できあがり。
2枚できます。

ユニットの折り方

正三角形プレートは、ユニット用紙を3枚使います。

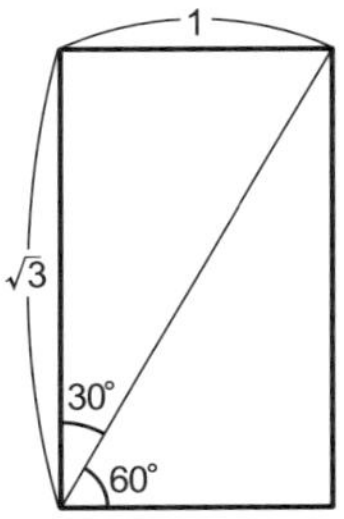

この用紙は、辺の比が$1:\sqrt{3}$で対角線で60°、30°に分けられる長方形です。

❶

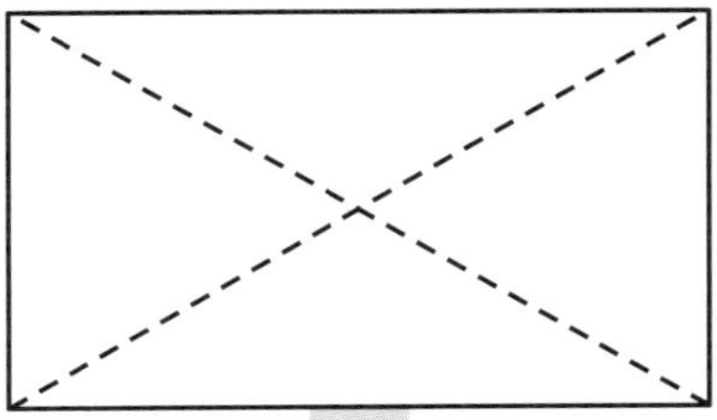

対角線の折りすじをつける。

裏返す。

❷

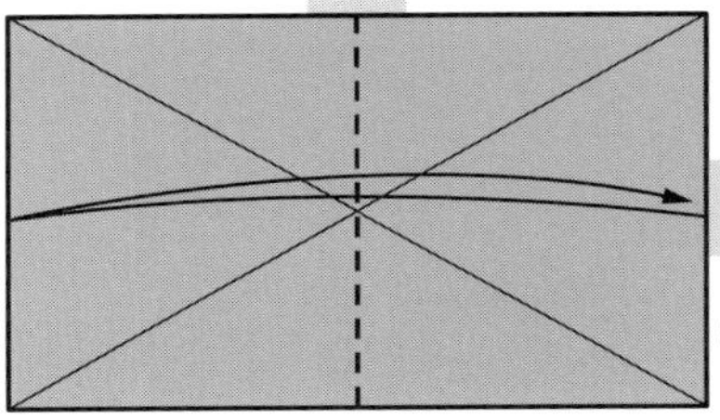

折りすじをつける。

❸

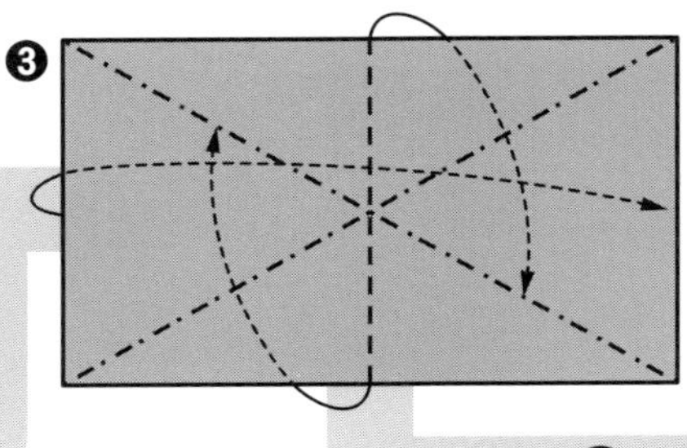

中心を凸にして折りたたむ。これを裏返すとp.21のA1タイプの形になる。

向きを変える。

30ページに続きます。

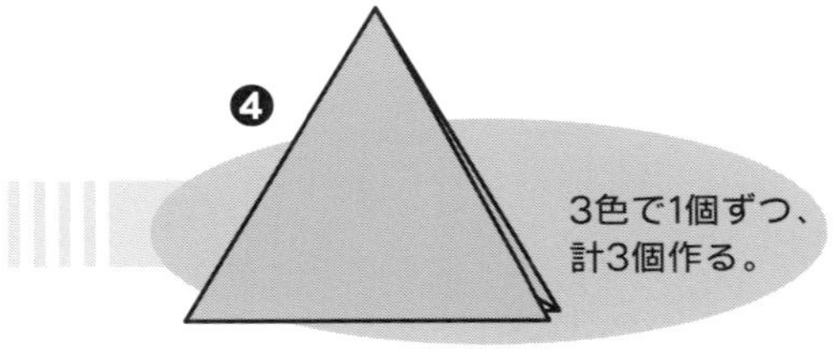
④
3色で1個ずつ、
計3個作る。

正三角形の組み方

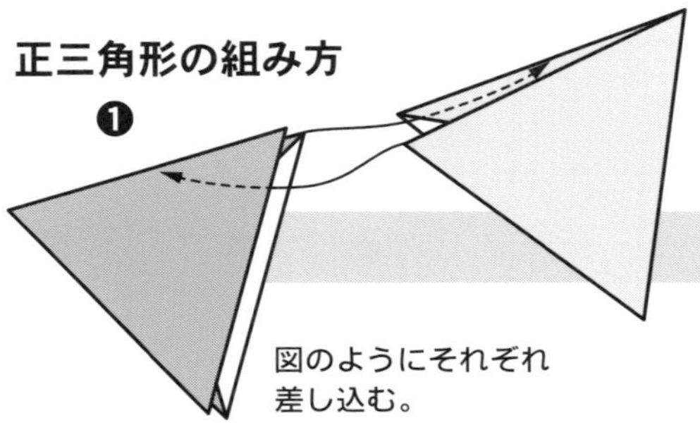
❶
図のようにそれぞれ
差し込む。

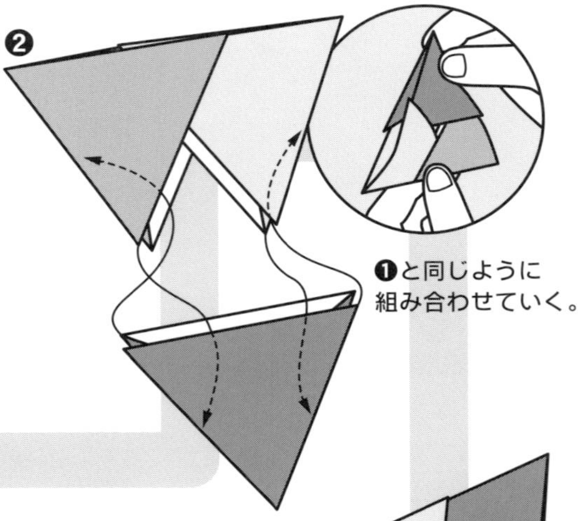
②
❶と同じように
組み合わせていく。

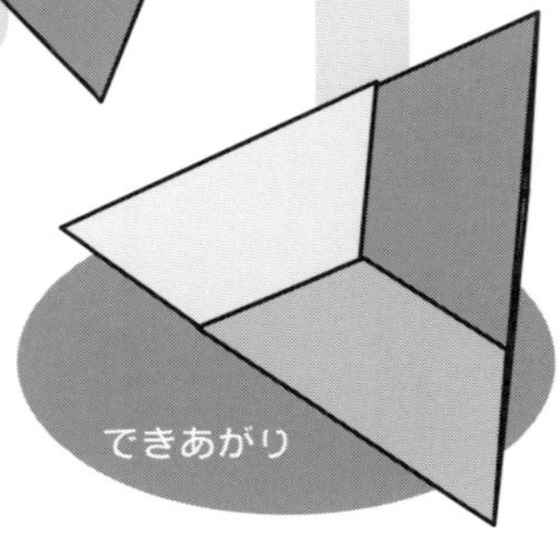
できあがり

正三角形のしっかりしたプレートができました。中心にマッチ棒などを差して固定するとコマになります。

解説図 & 折り方

長方形用紙を組んで作る－正五角形リング

正五角形リングのユニット用紙の作り方

ここで使う長方形は正三角形プレート用の長方形とは異なります。正五角形のひとつの内角が108°(p.6 参照)なので、

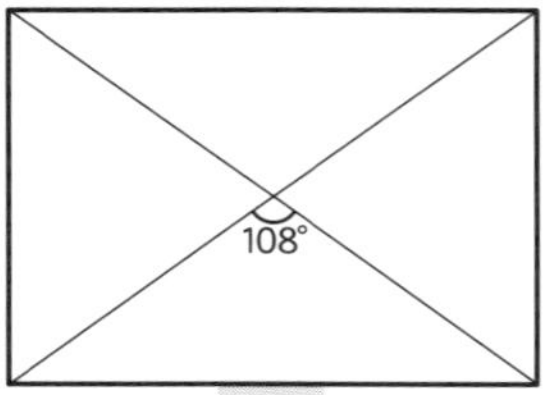
108°

左図のような長方形を使います。

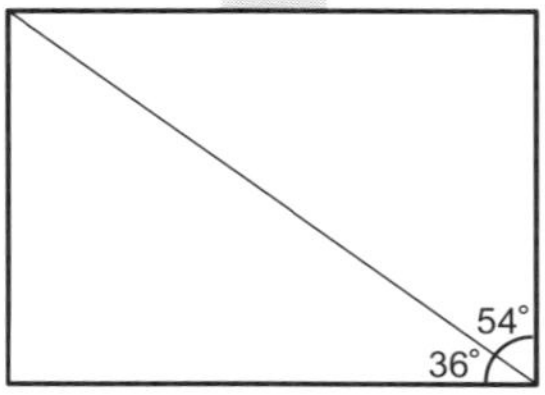
54°
36°

言い換えると対角線で36°と54°に分けることができる長方形になります。

このとき、この長方形は次のような辺の比になっています。

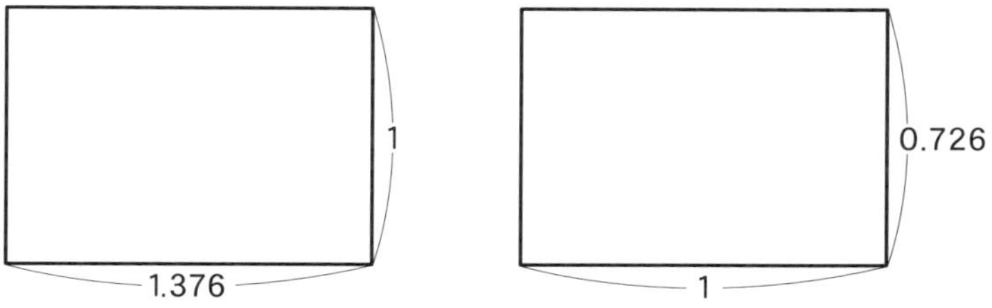
1
1.376
0.726
1

このような作り方もあります。

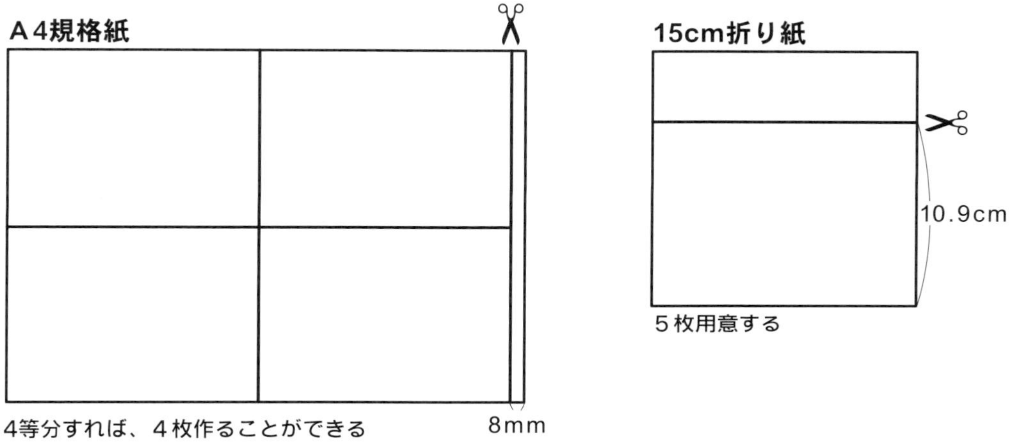
A4規格紙
4等分すれば、4枚作ることができる
8mm
15cm折り紙
10.9cm
5枚用意する

どちらも辺の比は、「1:1.376」になっています。

ユニットの折り方

正五角形リングは、ユニット用紙を
5枚使います。

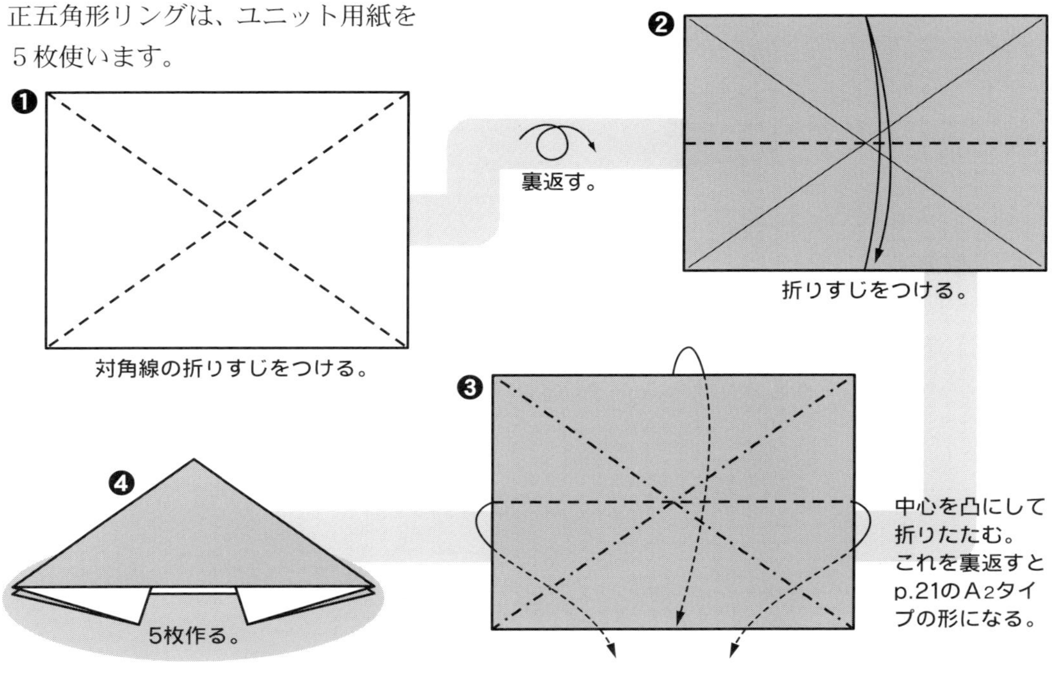
❶
対角線の折りすじをつける。
裏返す。
❷
折りすじをつける。
❸
中心を凸にして
折りたたむ。
これを裏返すと
p.21のA2タイ
プの形になる。
❹
5枚作る。

正五角形リングの組み方

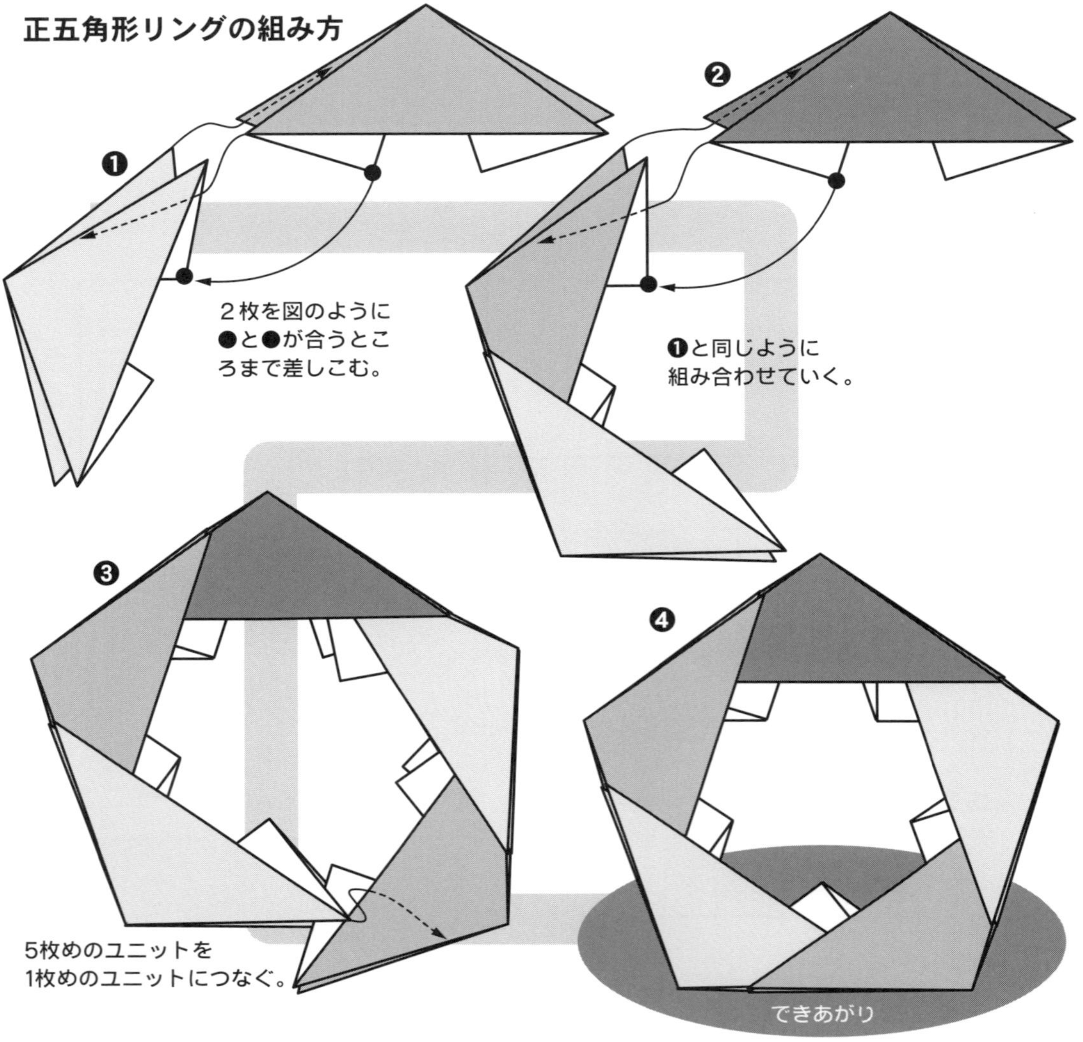
❶
2枚を図のように
●と●が合うところまで差しこむ。
❷
❶と同じように
組み合わせていく。
❸
5枚めのユニットを
1枚めのユニットにつなぐ。
❹
できあがり

参考

p.29の正三角形プレートは長方形用紙A1タイプで作りましたが、用紙をA2タイプの折り方にすると正五角形リングと同じような正六角形リングを作ることができます。

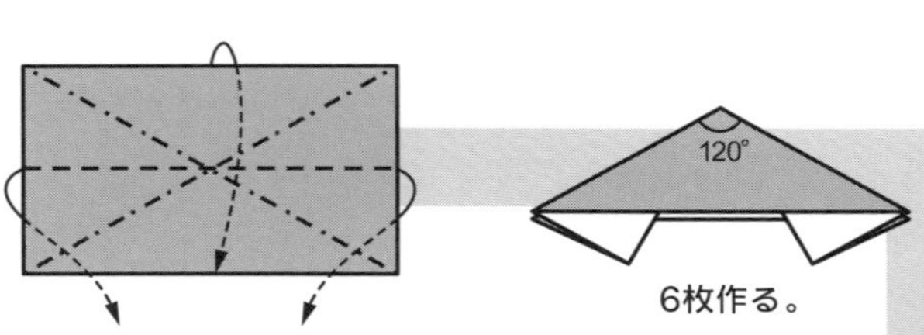
120°
6枚作る。

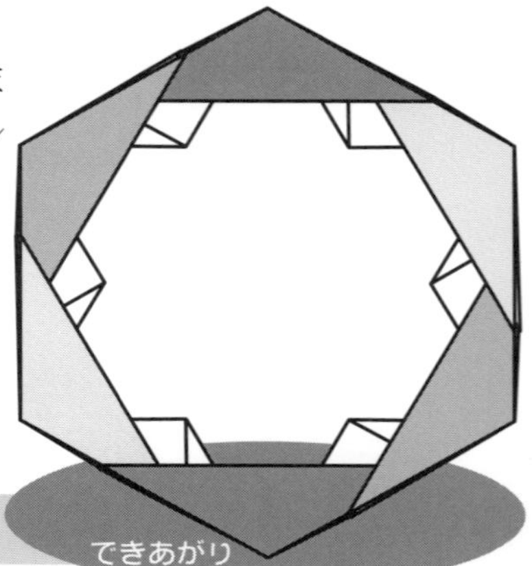
できあがり

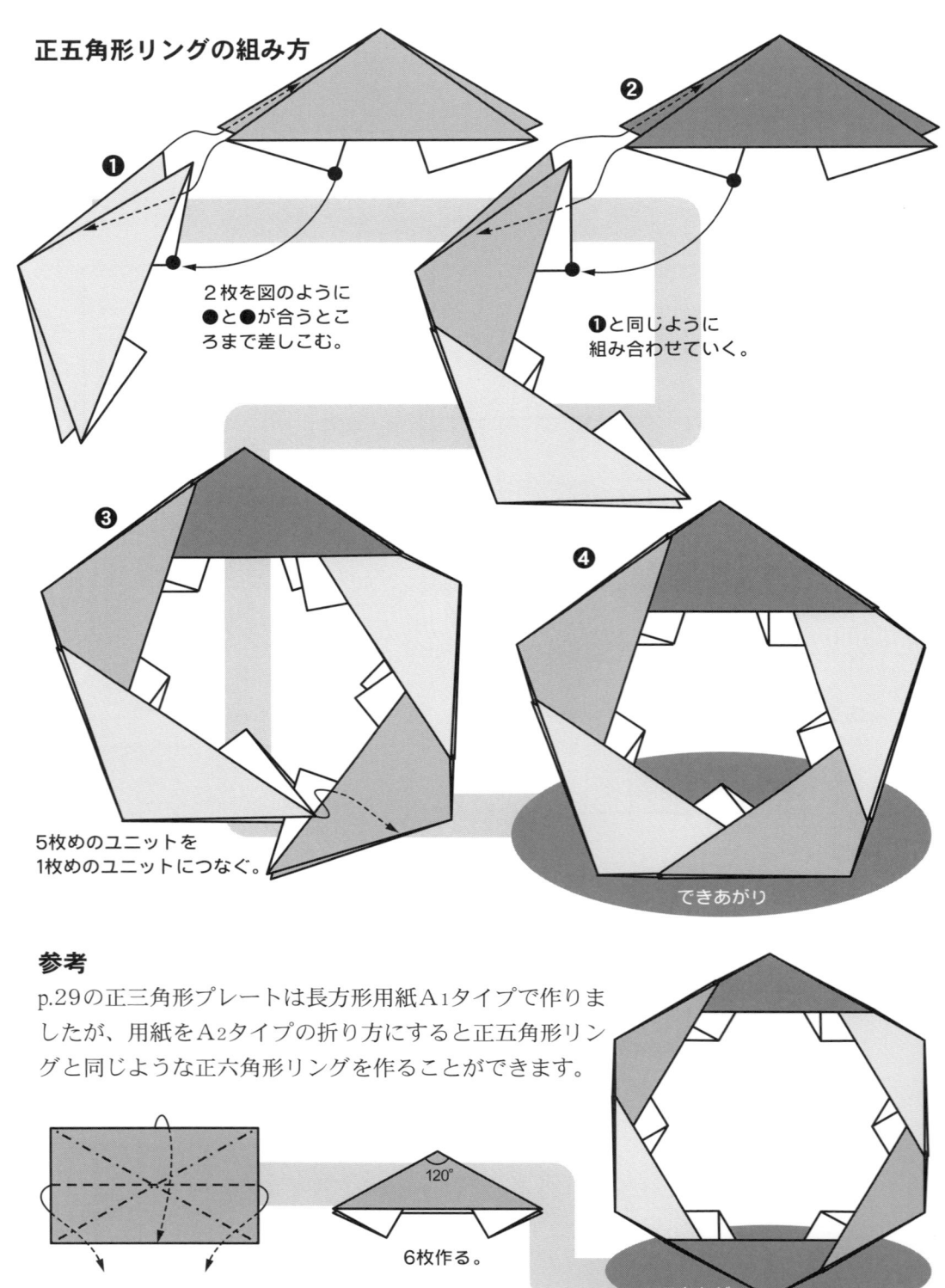

コラム 正五角形リングのユニット用紙の折り出し方

p.31では計算して用紙を切り取る説明をしましたが、「折る」ことでこの用紙を作ることができます。

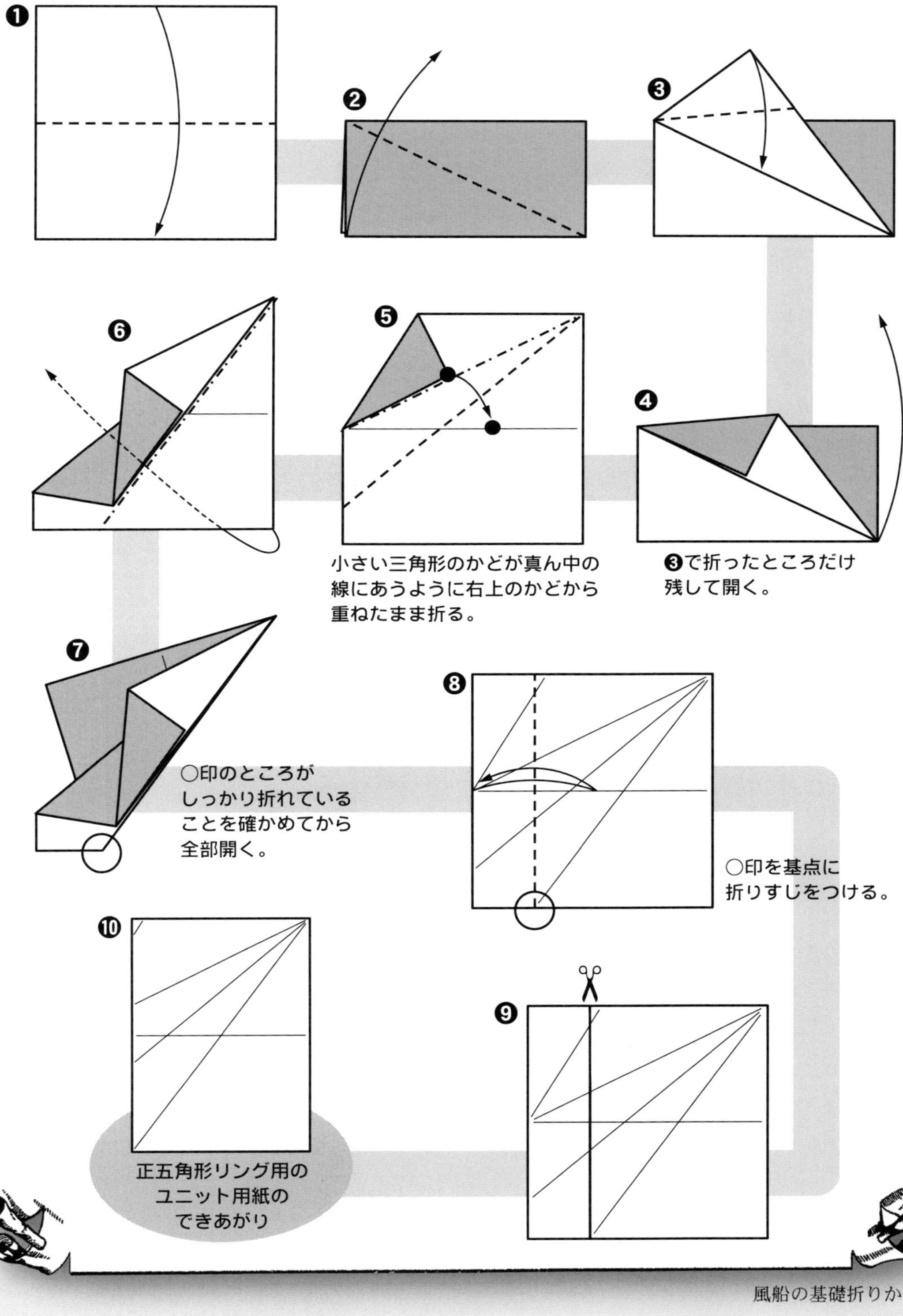

小さい三角形のかどが真ん中の線にあうように右上のかどから重ねたまま折る。
❸で折ったところだけ残して開く。
○印のところがしっかり折れていることを確かめてから全部開く。
○印を基点に折りすじをつける。
正五角形リング用のユニット用紙のできあがり

コラム　1:$\sqrt{3}$の比を持つ用紙から作る立体作品群

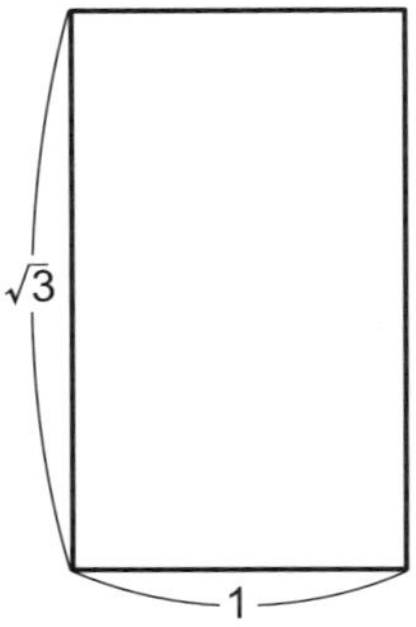

p.29の正三角形プレートやp.90の六角形コースターはこの用紙をユニットとして使用しますが、実はこの用紙でできる作品はたくさんあります。特に、正三角形の面をもつ立体群を折り出すときにその威力を発揮します。この用紙をユニットとして使うと組みのとてもしっかりした立体作品を作ることができます。また一枚折りで正四面体や正二十面体を作ることもできます。用紙を切り出す手間が少しかかりますが、ぜひ挑戦してみてください。

1:$\sqrt{3}$用紙をユニットとして使う場合

正四面体
『すごいぞ折り紙』p.52
『すごいぞ折り紙 入門編』p.73

正八面体
『すごいぞ折り紙』p.53
『すごいぞ折り紙 入門編』p.74

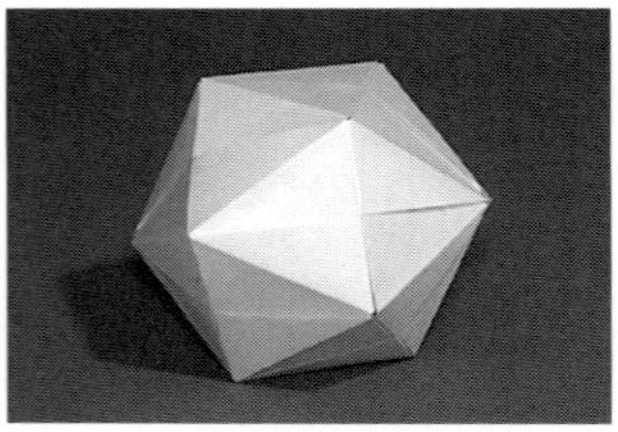

正二十面体
『すごいぞ折り紙』p.54
『すごいぞ折り紙 入門編』p.75

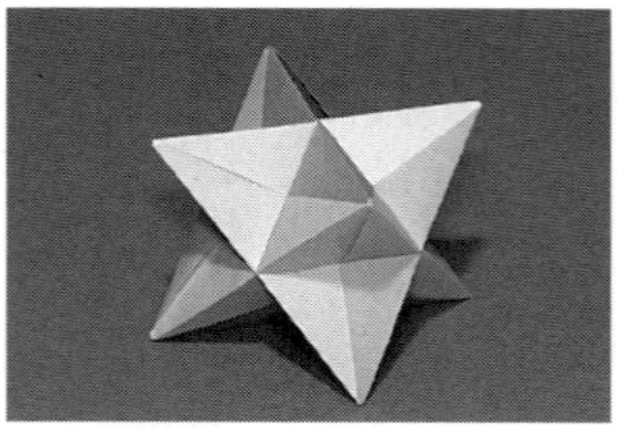

正八面体の こんぺいとう
『すごいぞ折り紙』p.60
『すごいぞ折り紙 入門編』p.77

正二十面体の こんぺいとう
『すごいぞ折り紙』p.68
『すごいぞ折り紙 入門編』p.78

1:$\sqrt{3}$用紙を一枚折りとして使う場合

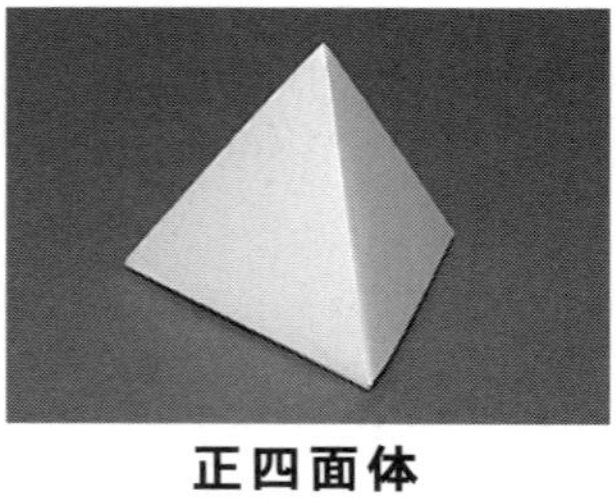

正四面体
『すごいぞ折り紙』p.43
『すごいぞ折り紙 入門編』p.59

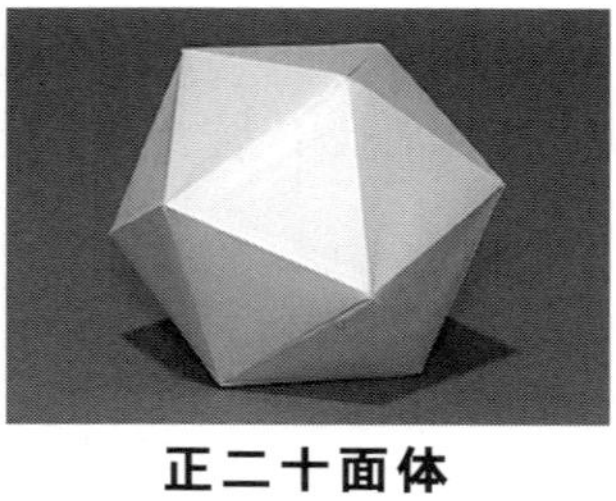

正二十面体
『すごいぞ折り紙』p.40
『すごいぞ折り紙 入門編』p.65

CHAPTER 4

風車《かざぐるま》の基礎折りから

正方形用紙から「かざぐるま」を作ることはよく知られています。これを風車（かざぐるま）の基礎折りと名付けます。この手順を整理すると、正六角形用紙で折った「吹きゴマ」も正八角形用紙で作った「たとう」もこの定義にもとづいていることがわかります。正方形用紙作品の折り手順と思われていたものが、正多角形用紙にも拡張できるのです。

CHAPTER 3の風船の基礎折りと同じように折り紙の世界を単純、明快に分類することができます。

解説図&折り方

風車の基礎折りの定義

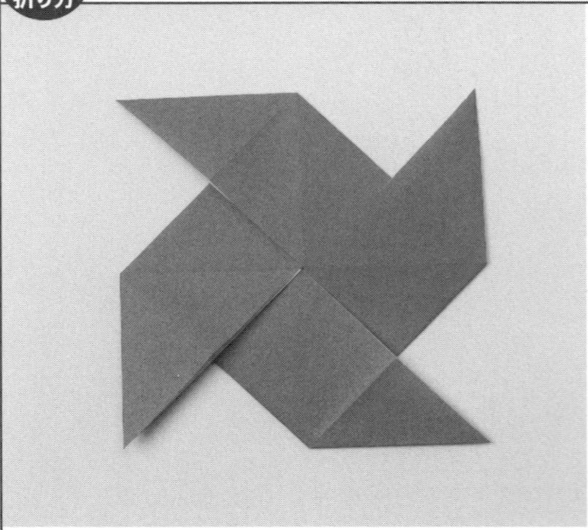

はじめに中心と各頂点を結ぶ谷折りすじをつけます。次に各辺を中心に合わせて折りすじをつけたら図のようにまとめます。これを風車の基礎折りと定義するとあらゆる正多角形に通用します。

正多角形の風車の折り方

❶
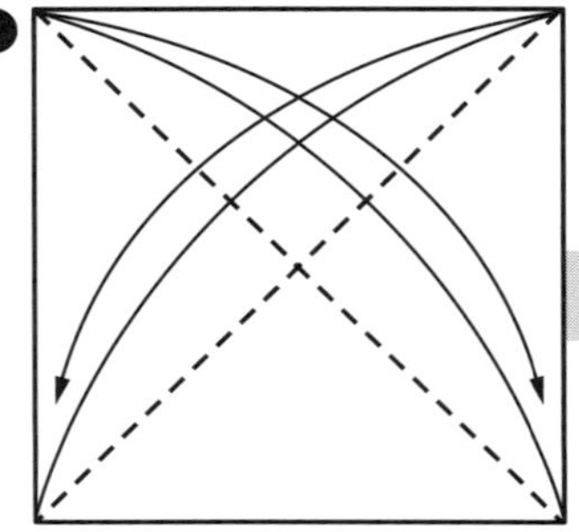
それぞれ折りすじをつける。

❷
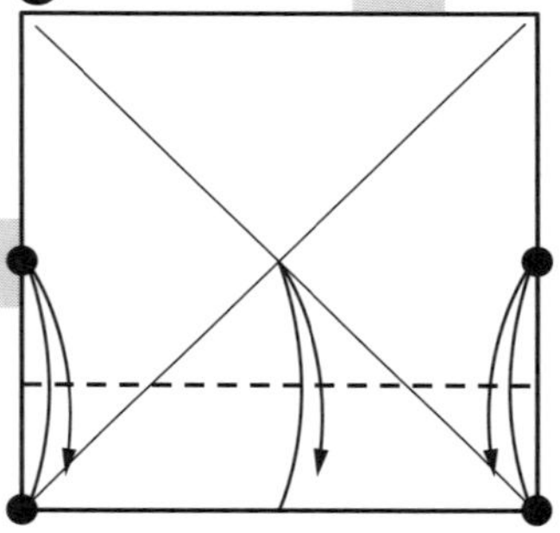
辺を中心に合わせる。両端がそろうようにして、折りすじをつける。

❸
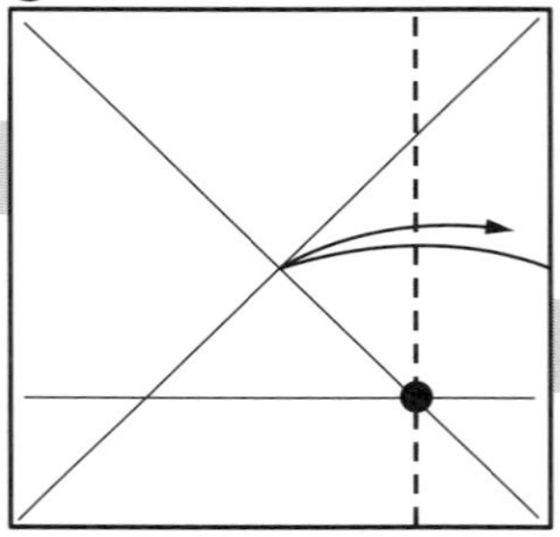
●を通る折りすじをつける。反対側も同じようにする。

❹
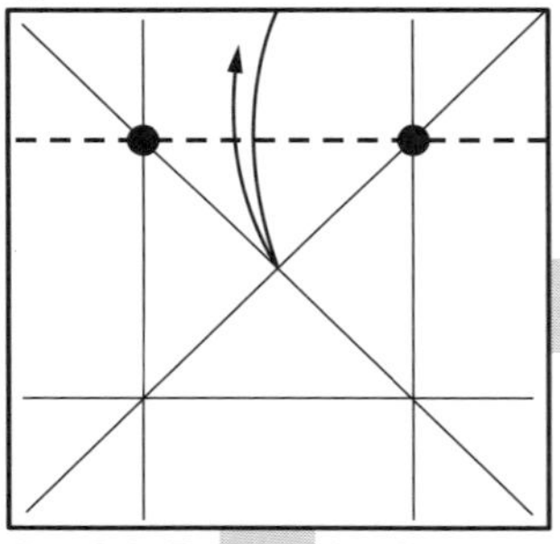
●と●を通る折りすじをつける。

❺
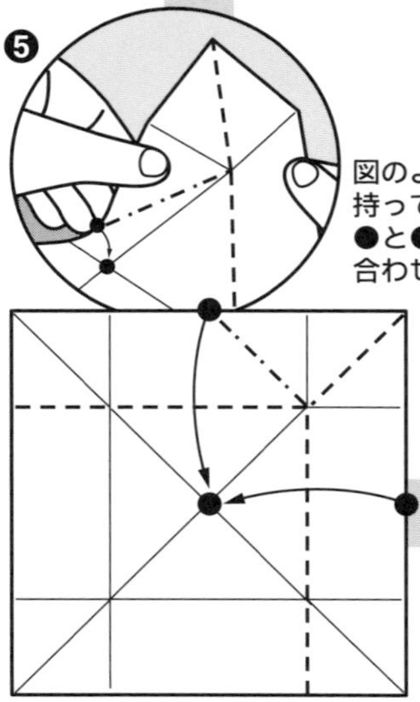
図のように持って●と●を合わせる。

●と●をそれぞれ合わせてたたむ。

❻
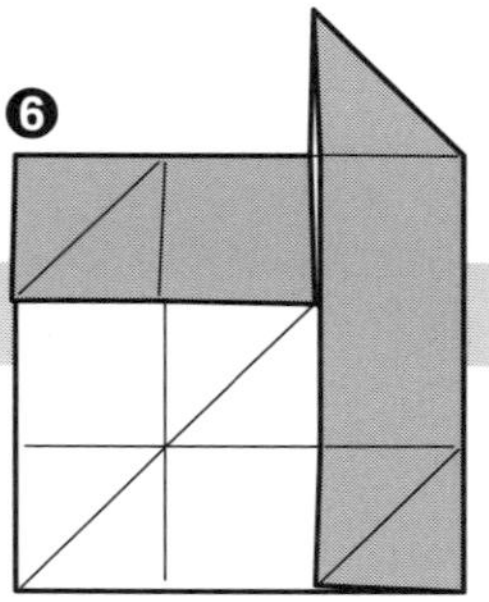
開く。

❼
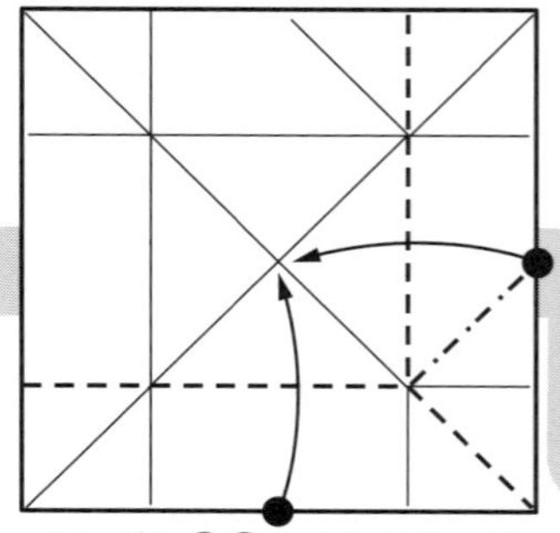
それぞれ❺❻をくりかえして、折りすじをつける。

37ページに続きます。

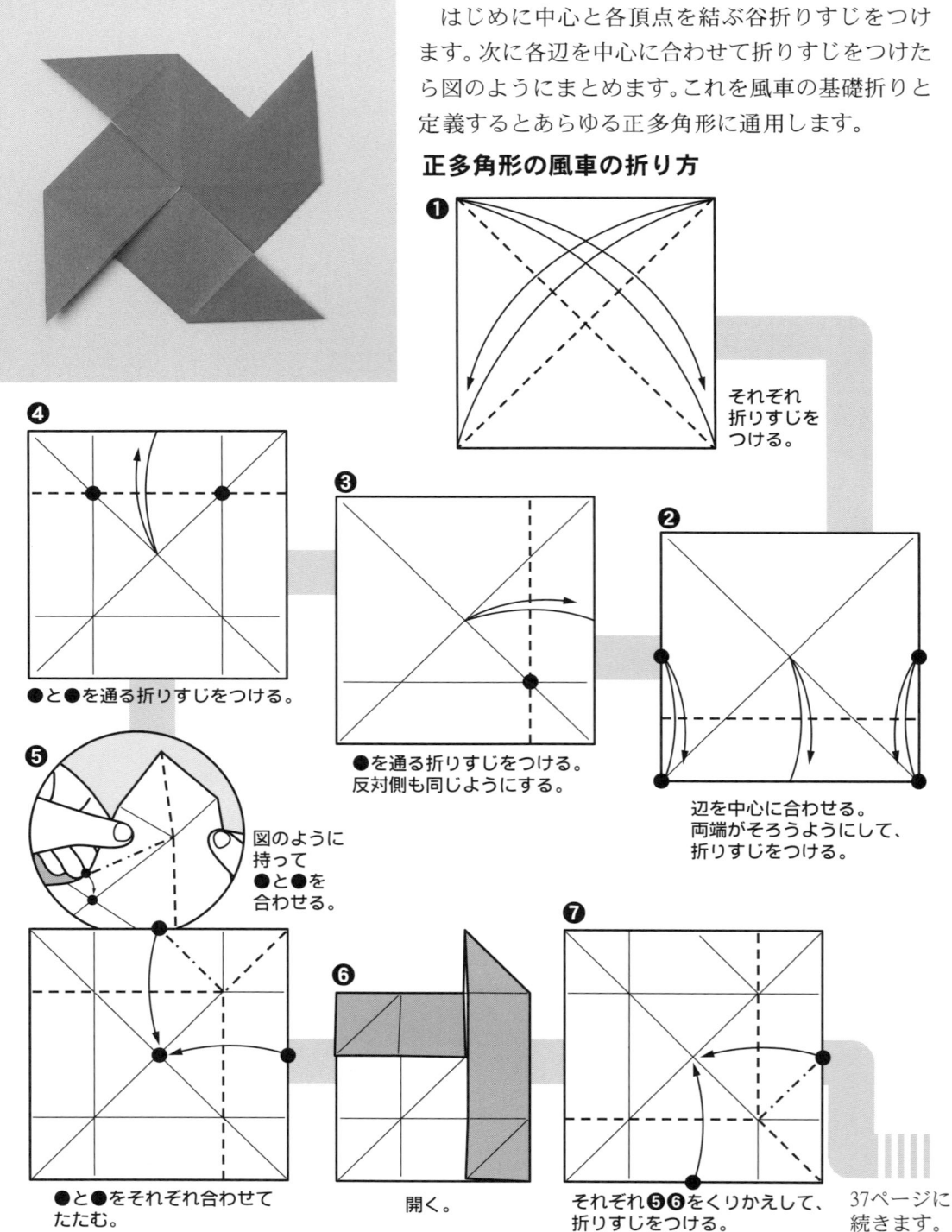

❽

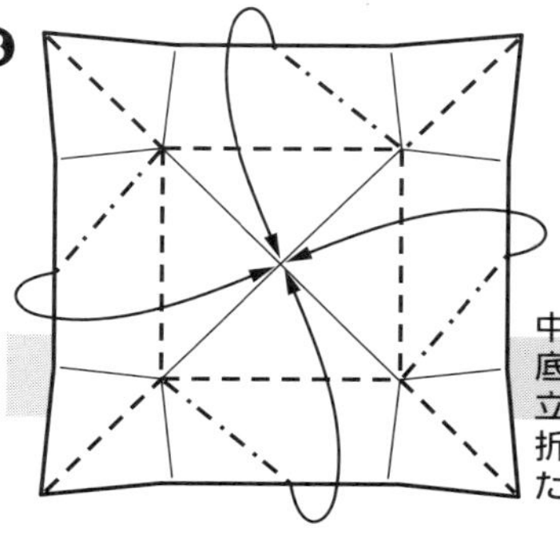

中央の正方形を底にして周囲を立ち上がらせ、折りすじどおりにたたむ。

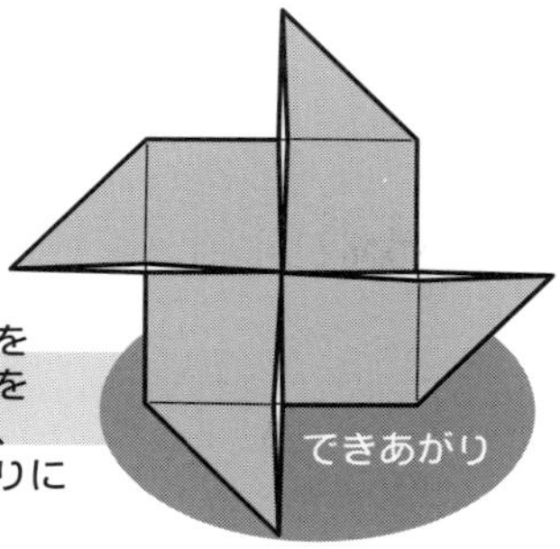

次に、正多角形用紙を使って風車の基礎折りをやってみましょう。

解説図&折り方 正多角形用紙で風車を折る

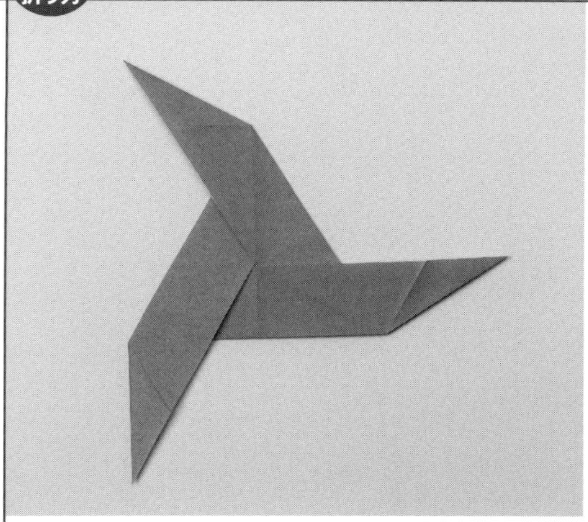

正三角形用紙からの風車

正三角形用紙の折り出し方はp.4参照。

❶

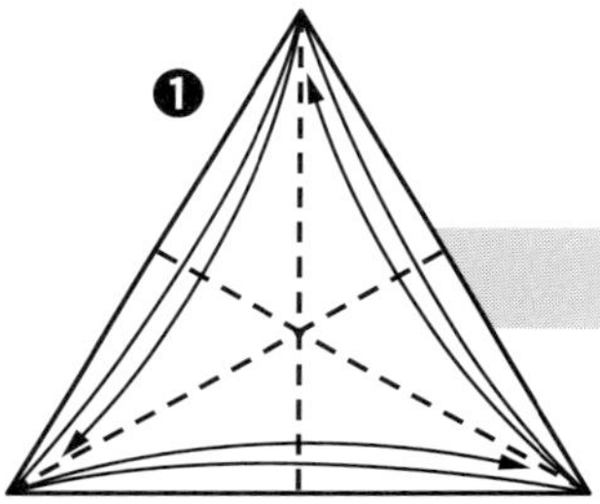

それぞれ折りすじをつける。

❷

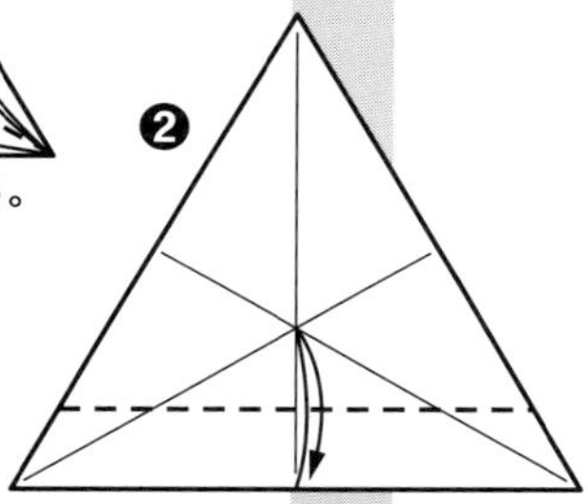

辺を中心に合わせて折りすじをつける。

❸

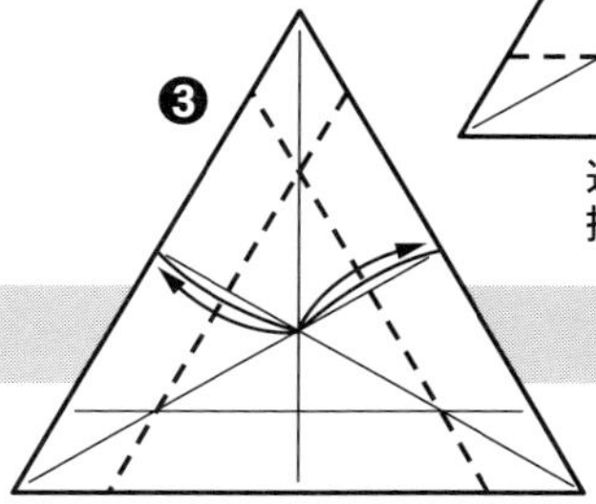

❷と同じように折りすじをつける。

❹

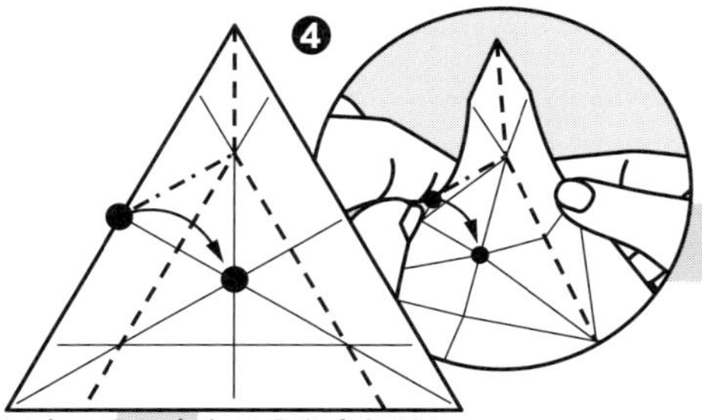

辺上の●と中心の●を合わせる。

❺

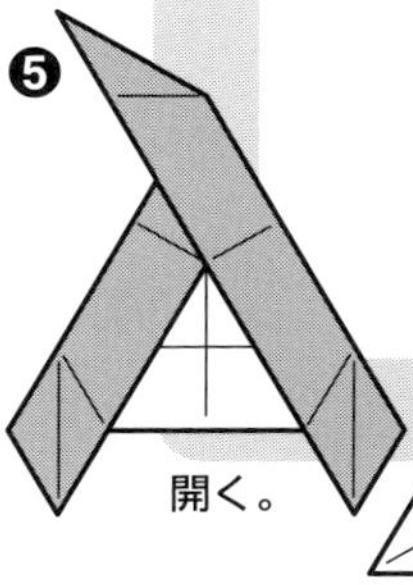

開く。

❻

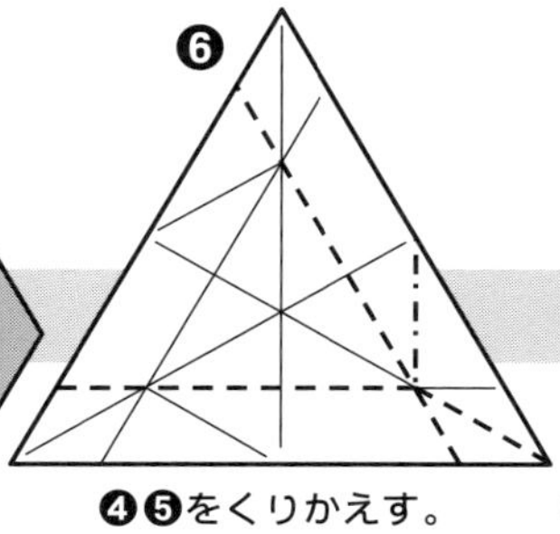

❹❺をくりかえす。

❼

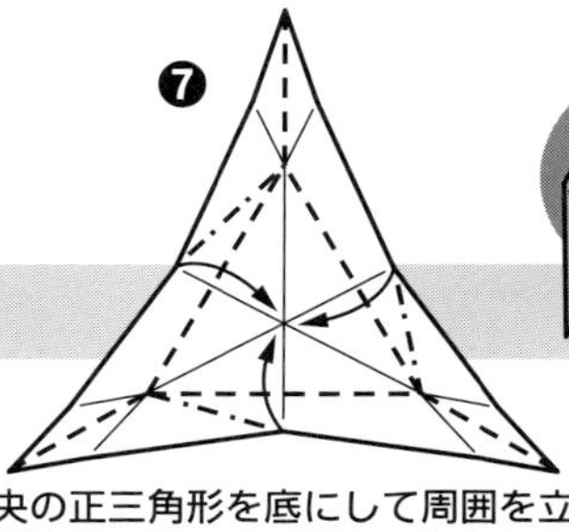

中央の正三角形を底にして周囲を立ち上がらせ、折りすじどおりにたたむ。

正五角形用紙からの風車

正五角形用紙の折り出し方は p.4 参照。

❶

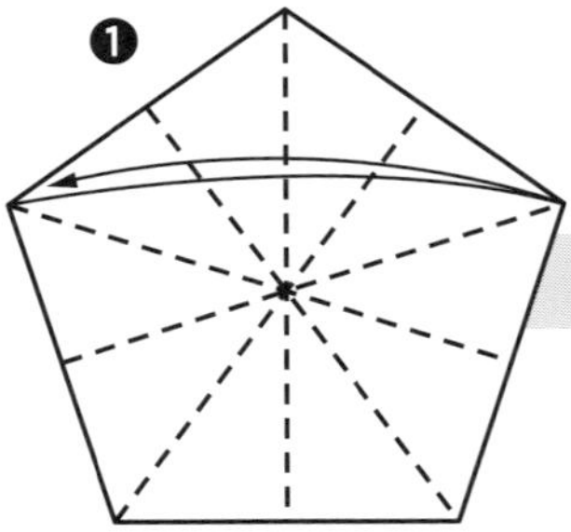

それぞれ折りすじをつける。

❷

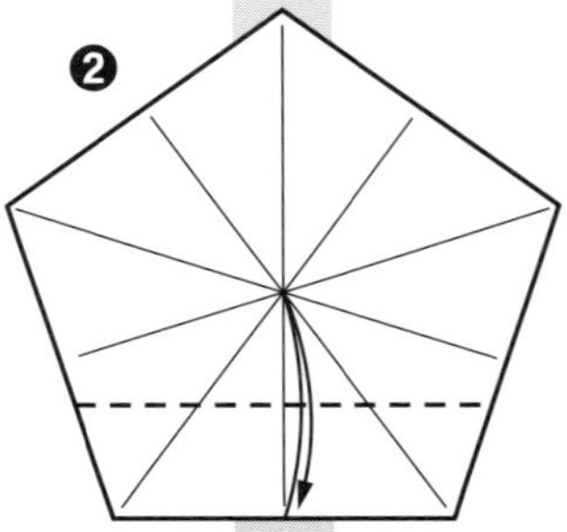

辺が中心を通る折りすじをつける。

❸

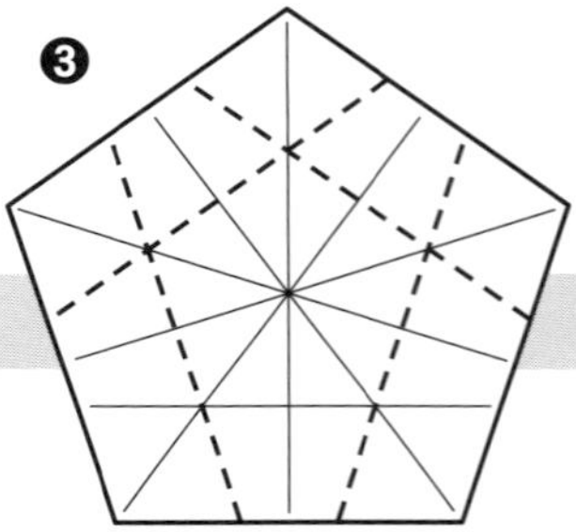

残りも同じようにする。

❹

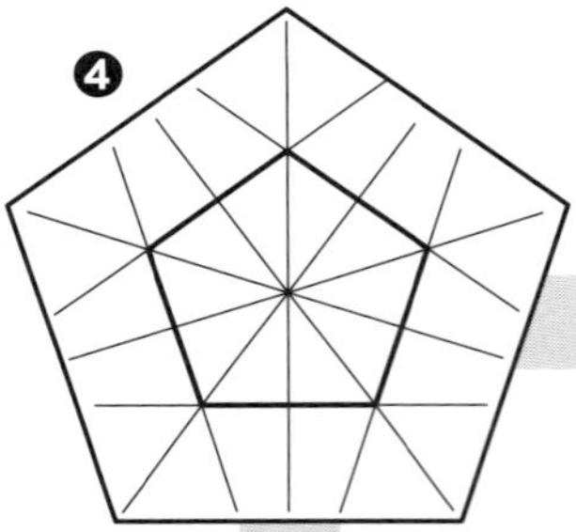

中央に正五角形ができた。

❺

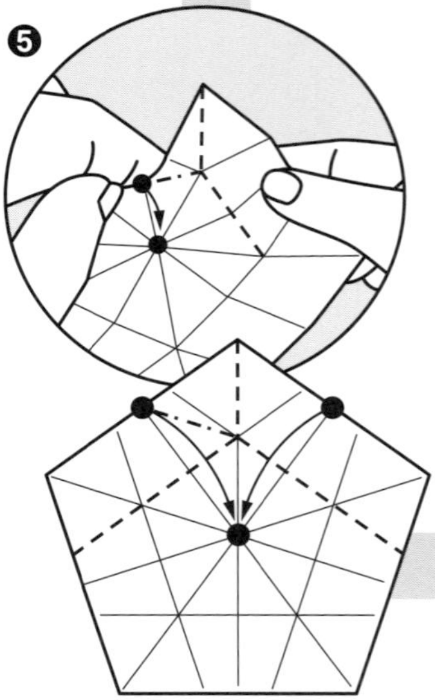

辺上の●と中心の●を合わせる。

❻

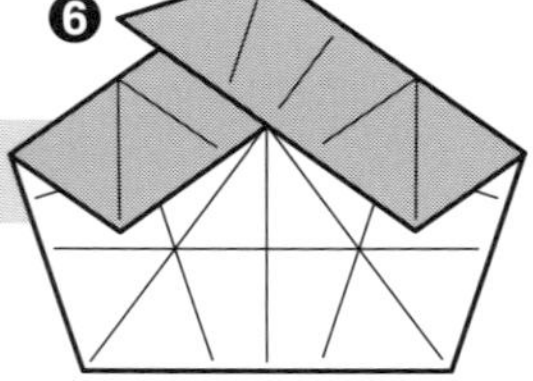

開く。残りも❺❻をくりかえす。

❼

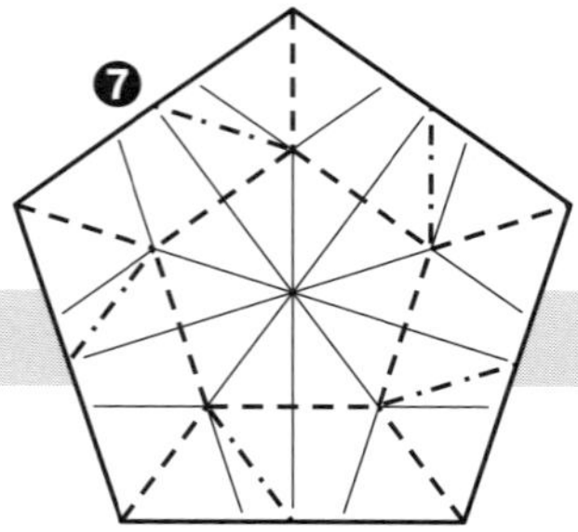

中央の正五角形を底にして周囲を立ち上がらせ、折りすじどおりにたたむ。

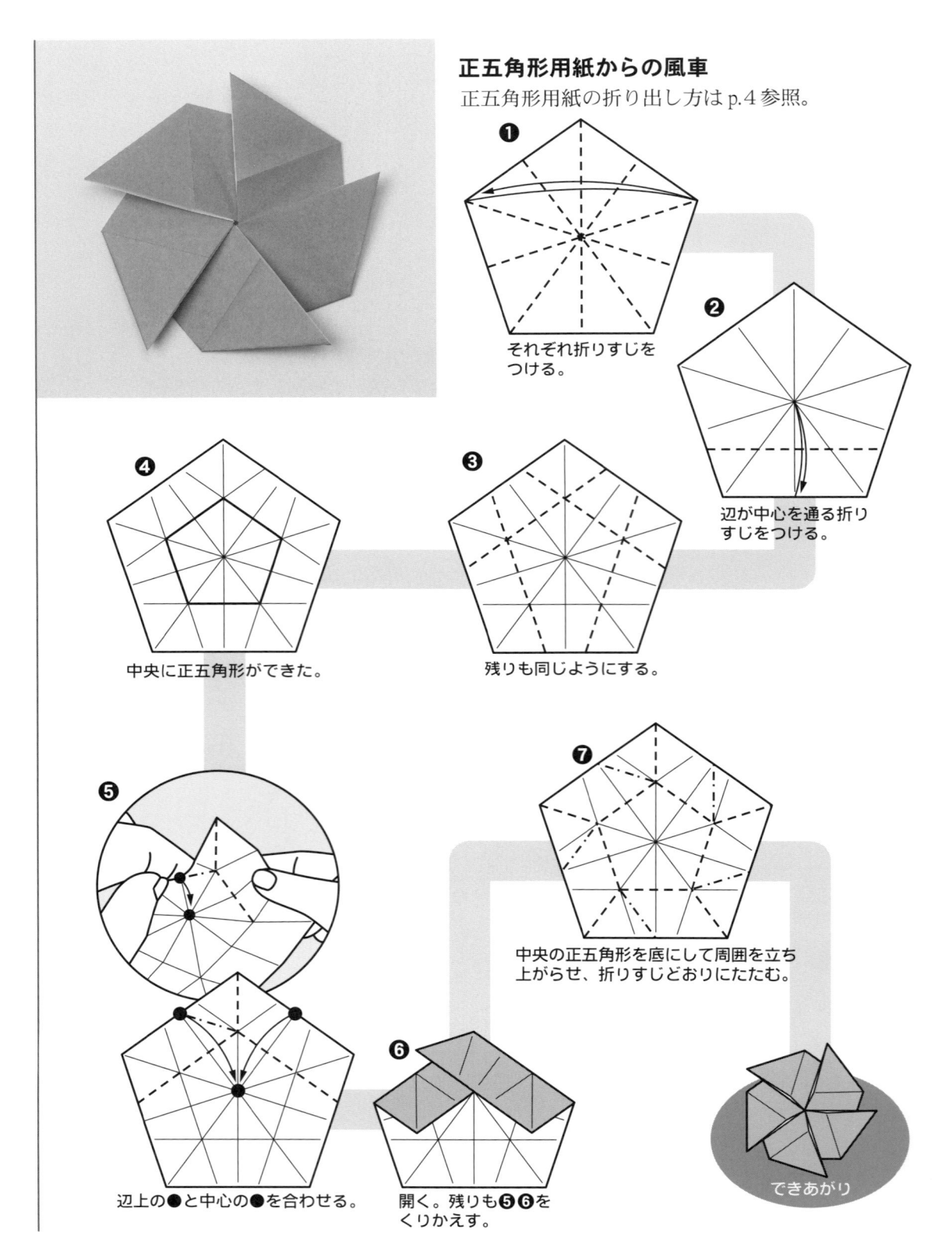

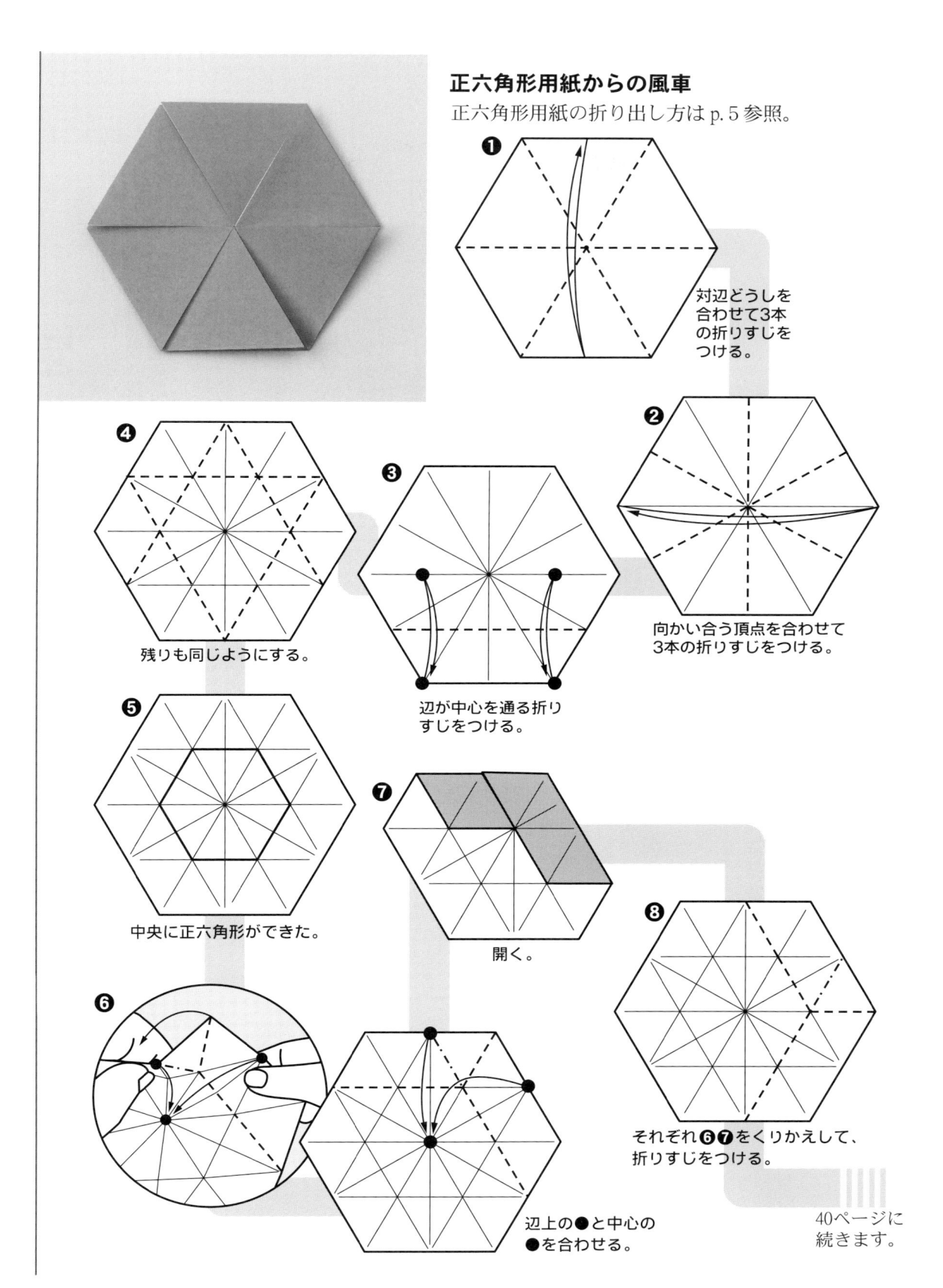

正六角形用紙からの風車

正六角形用紙の折り出し方はp. 5参照。

❶

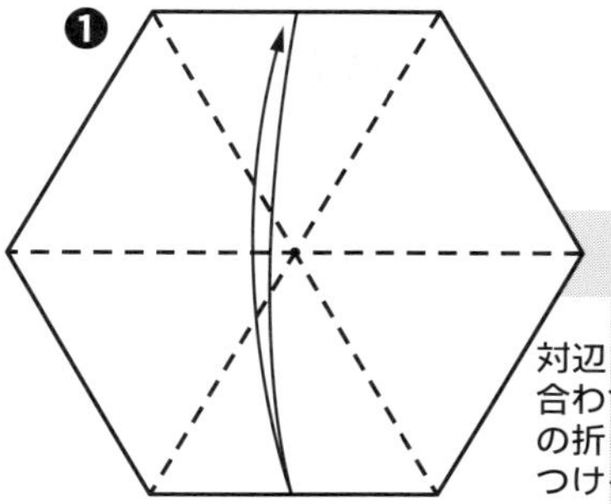

対辺どうしを
合わせて3本
の折りすじを
つける。

❷

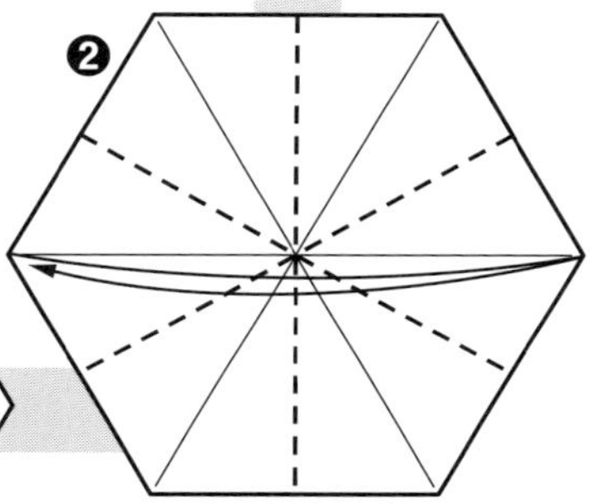

向かい合う頂点を合わせて
3本の折りすじをつける。

❸

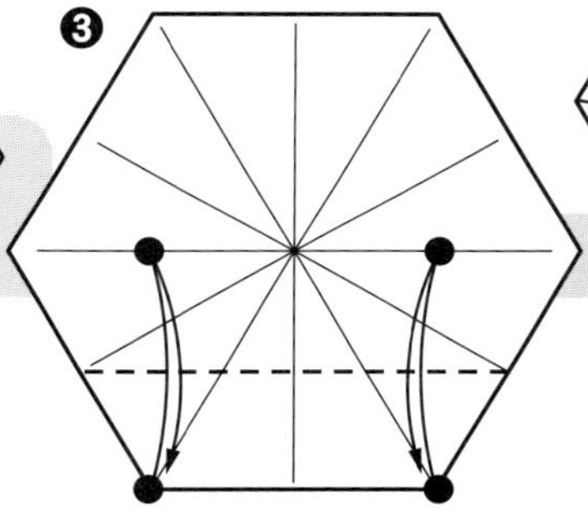

辺が中心を通る折り
すじをつける。

❹

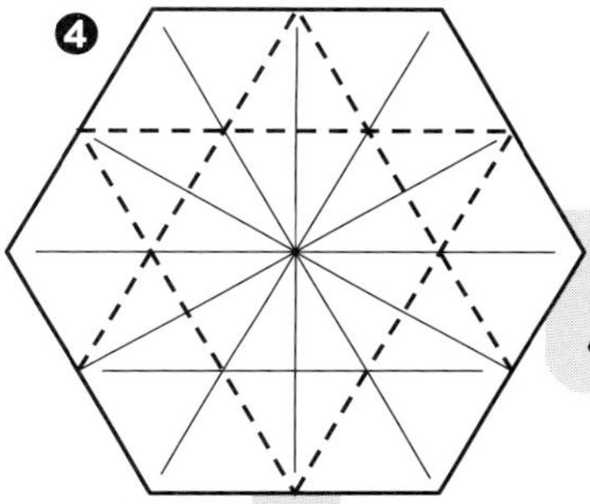

残りも同じようにする。

❺

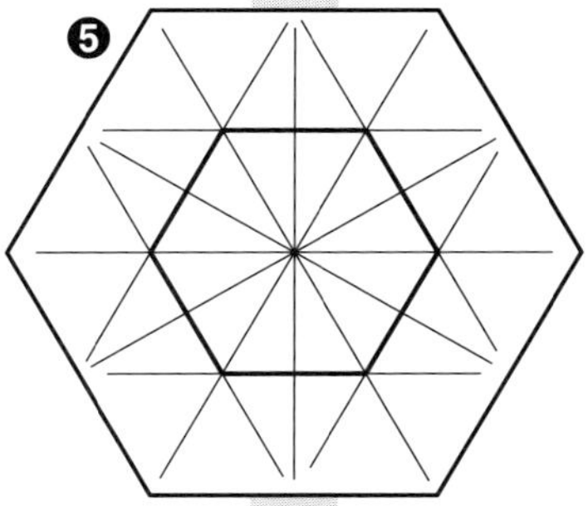

中央に正六角形ができた。

❻

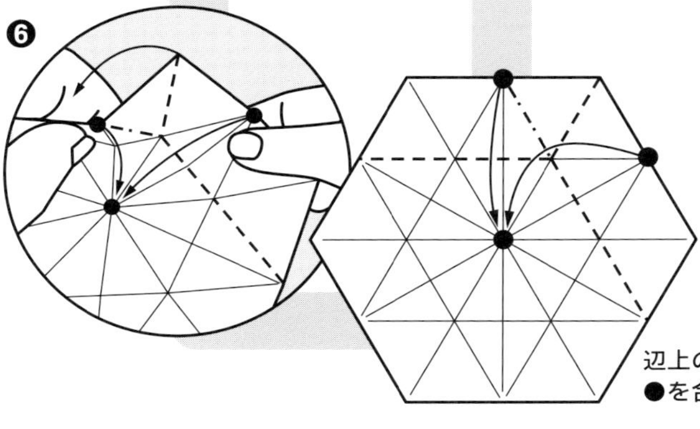

辺上の●と中心の
●を合わせる。

❼

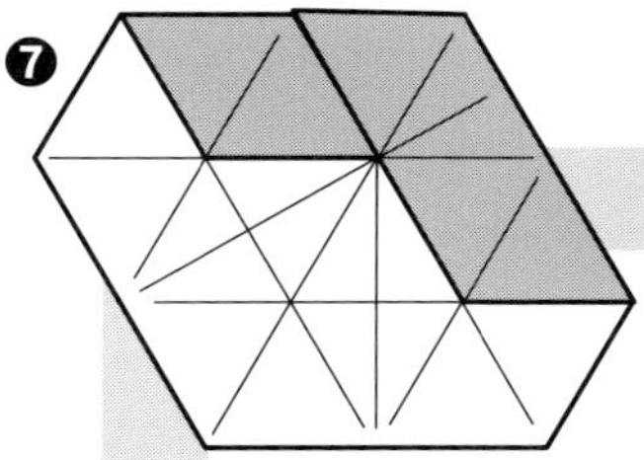

開く。

❽

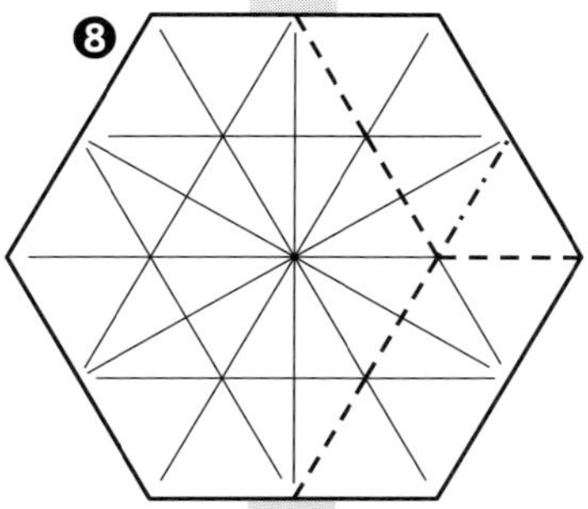

それぞれ❻❼をくりかえして、
折りすじをつける。

40ページに
続きます。

❾

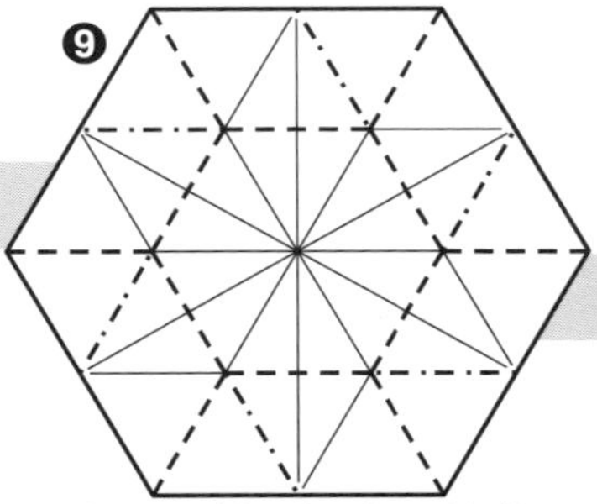

すべてに折りすじをつけた後、
中央の正六角形を底にして、
花びらのように持ち上げる。

❿

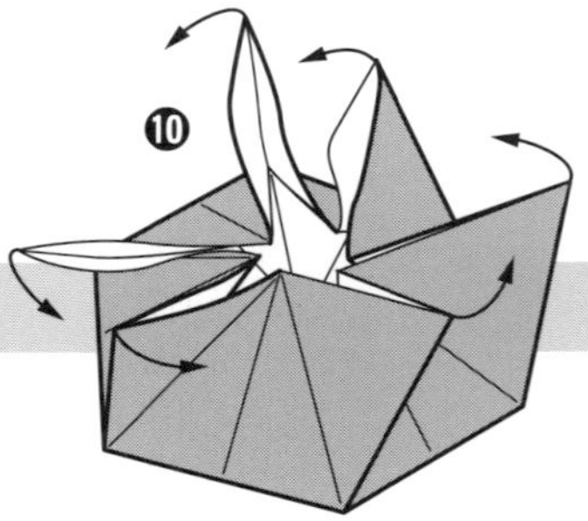

折りすじに合わせて、
同じ向きになるように
折りたたむ。

真上から中心に息を吹きか
よく回ります。

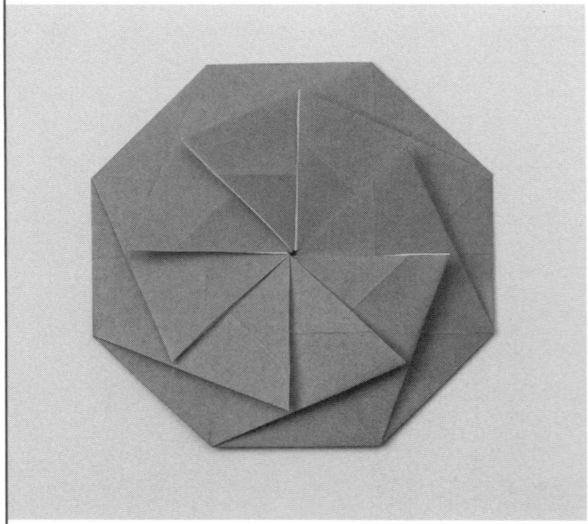

正八角形用紙からの風車

正八角形用紙の折り出し方はp.5参照。

❶

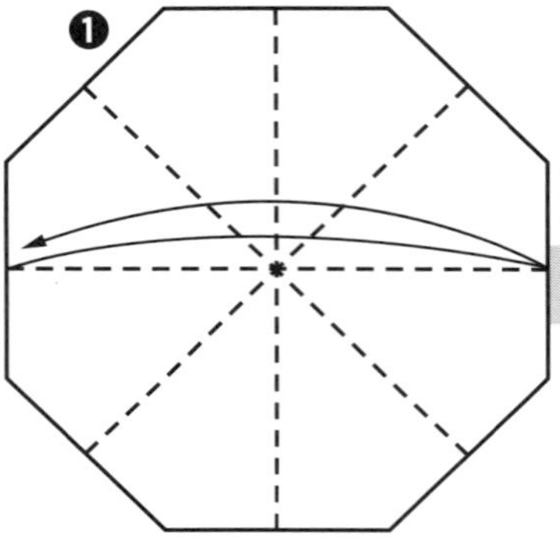

対辺どうしを
合わせて4本
の折りすじを
つける。

❷

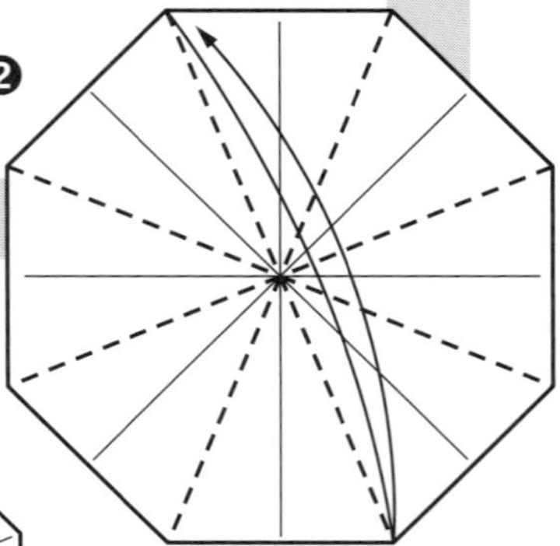

向かい合う頂点を合わせて
4本の折りすじをつける。

❸

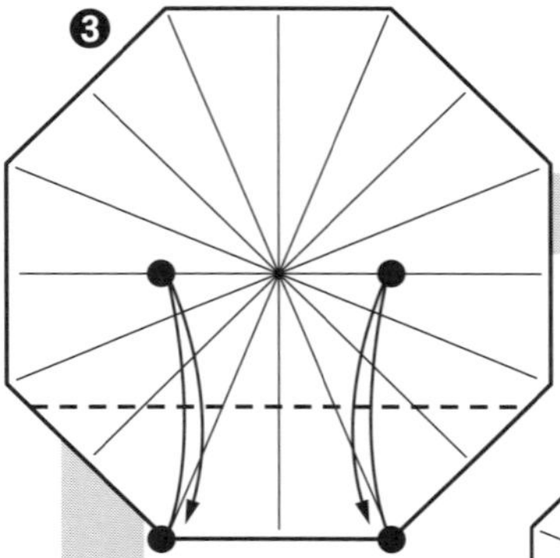

辺が中心を通る折り
すじをつける。

向きを
変える。

❹

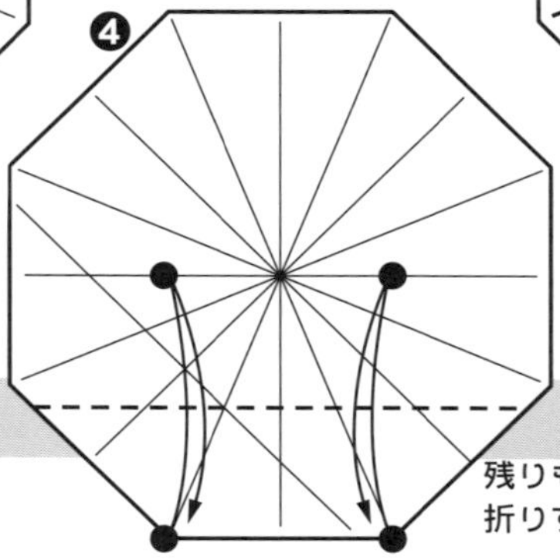

残りも同じように
折りすじをつける。

41ページに
続きます。

❺
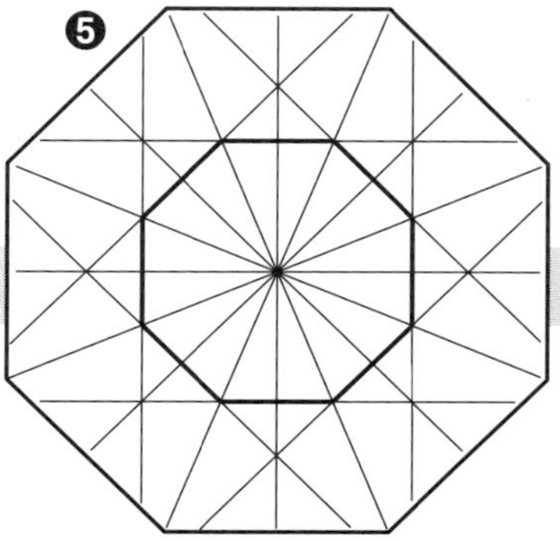
中央に正八角形ができた。

❻
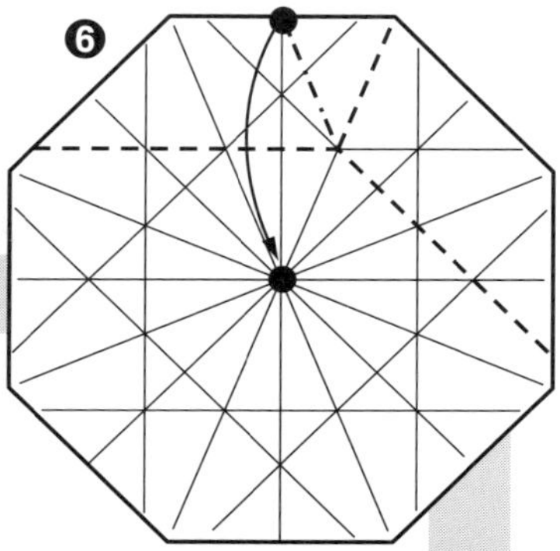
辺上の●が中心と合うように
折る。

❼
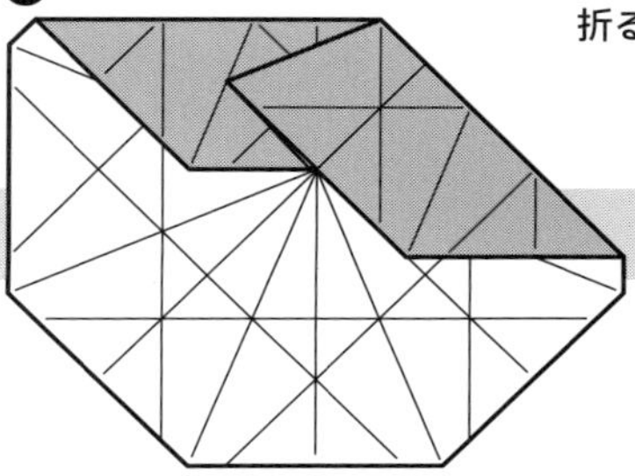
開く。

向きを
変える。

❽
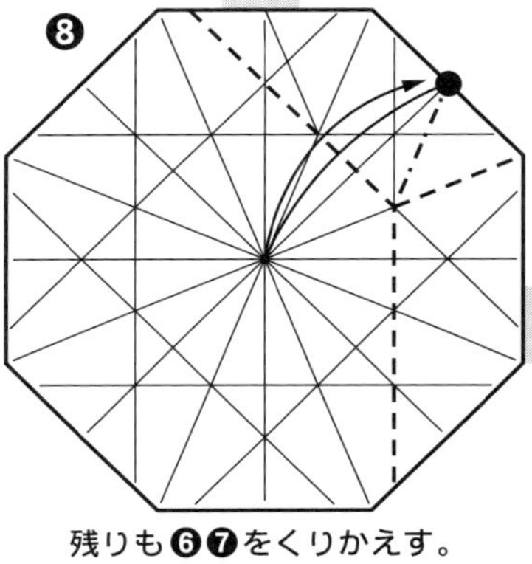
残りも❻❼をくりかえす。

❾
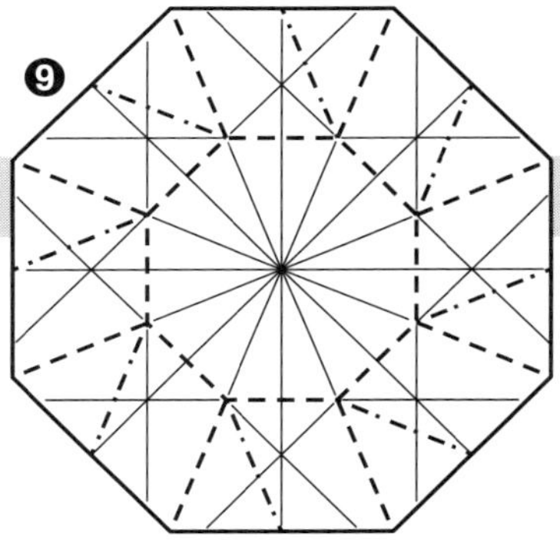
すべてに折りすじをつけた後、
中央の正八角形を底にして、
花びらのように持ち上げる。

❿
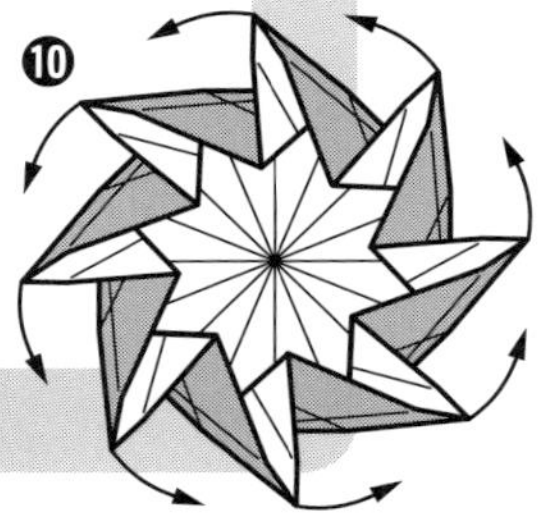
折りすじに合わせて、
同じ向きになるようにたおす。

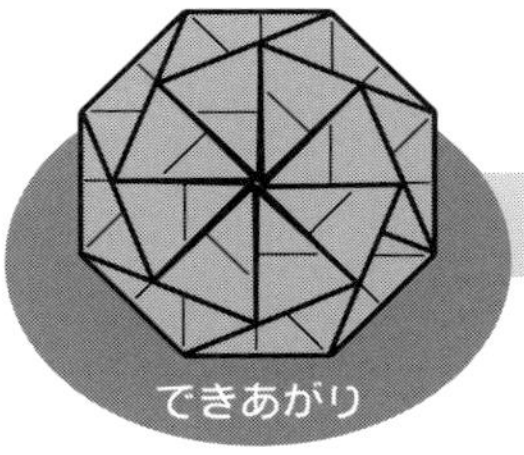

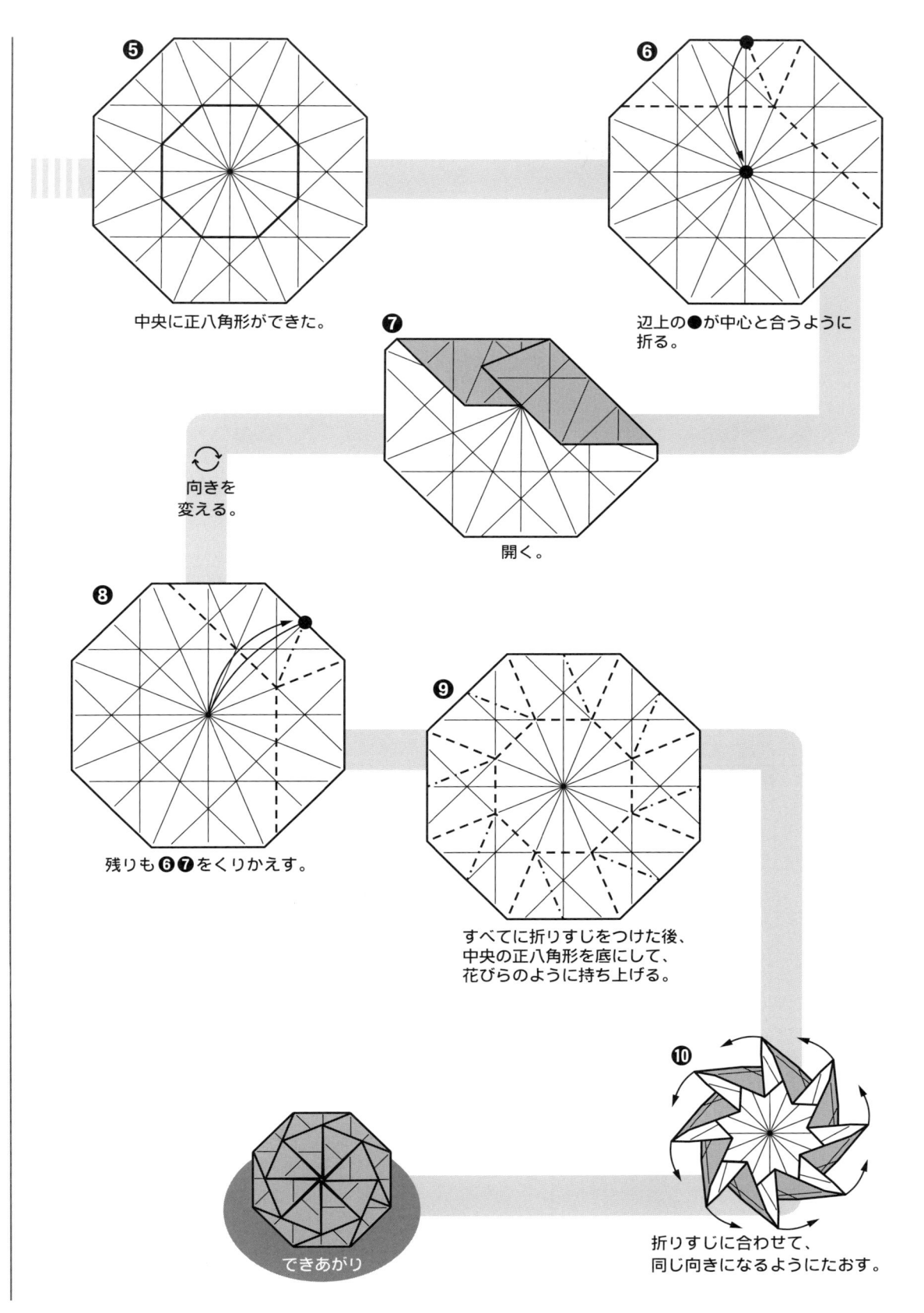

解説図&折り方

2回目の折りをずらすと…

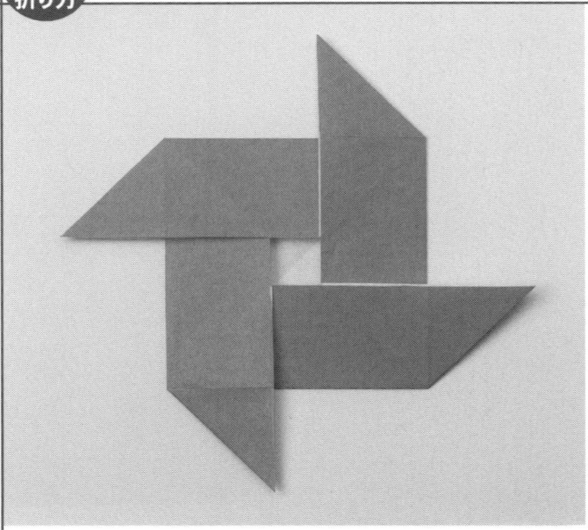

正方形用紙からの風車のずらし折りの折り方

❶

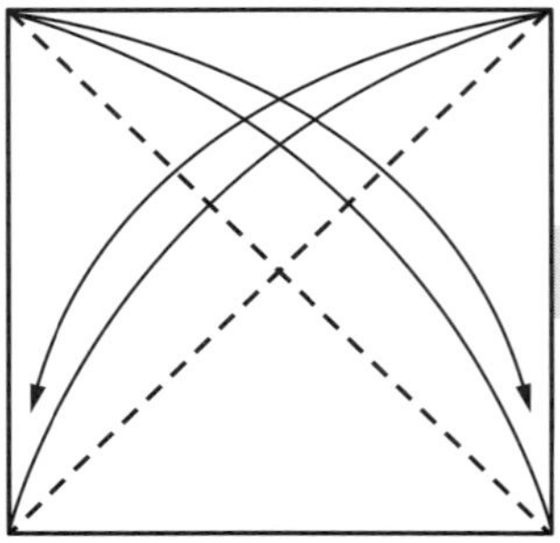

それぞれ折りすじをつける。

❷

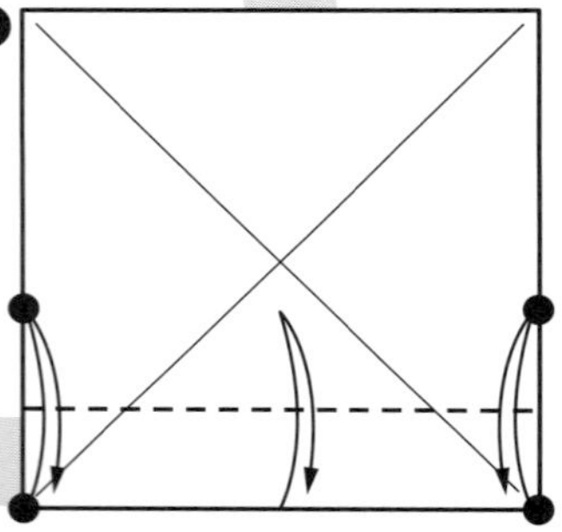

中心が見えるように折りすじをつける。両端をそろえると正確に折りすじがつく。

❸

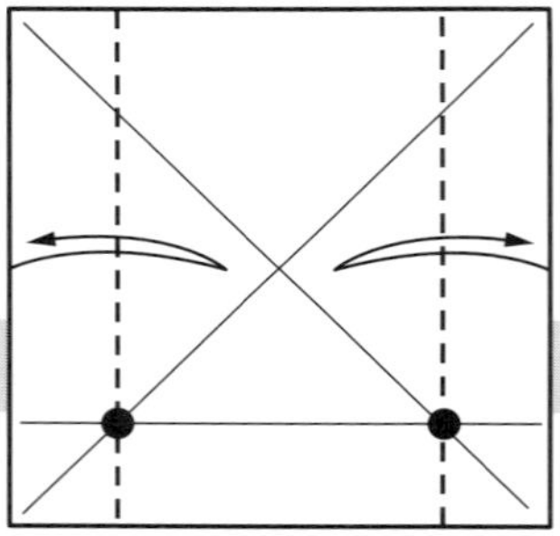

●を通る折りすじをつける。

❹

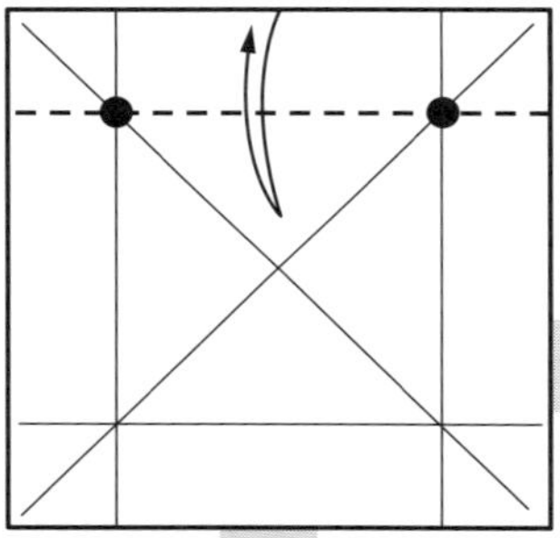

●と●を通る折りすじをつける。

❺

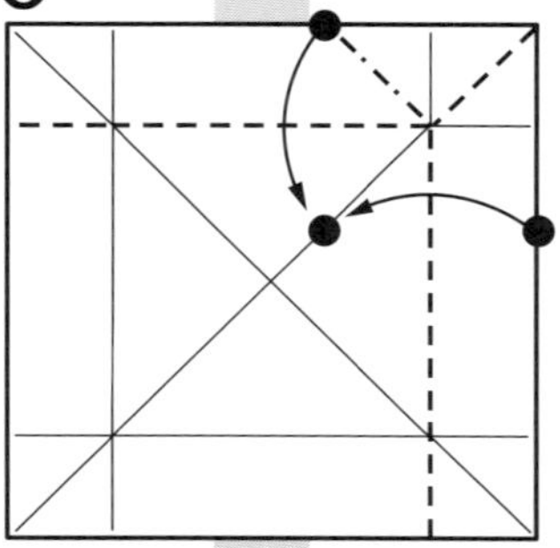

p.36図❺の「風車」と同じように折る。

❻

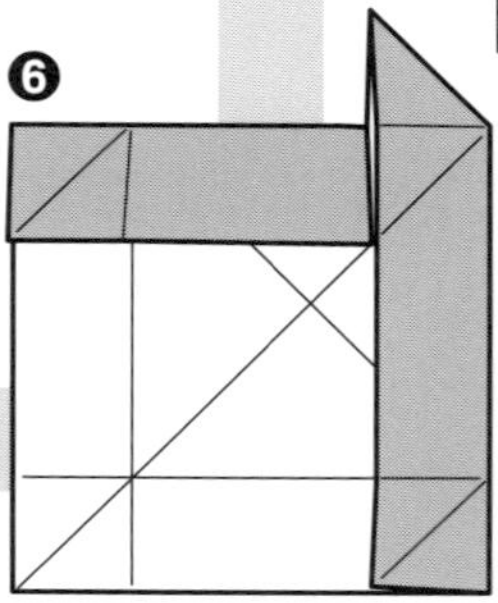

開く。

❼

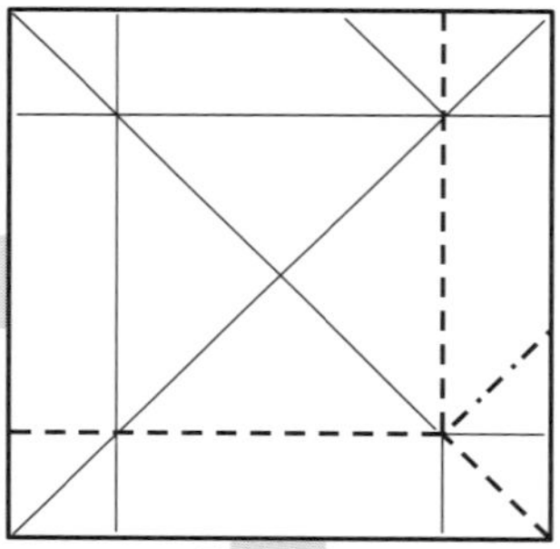

それぞれ❺と同じように折り、折りすじどおりにたたむ。

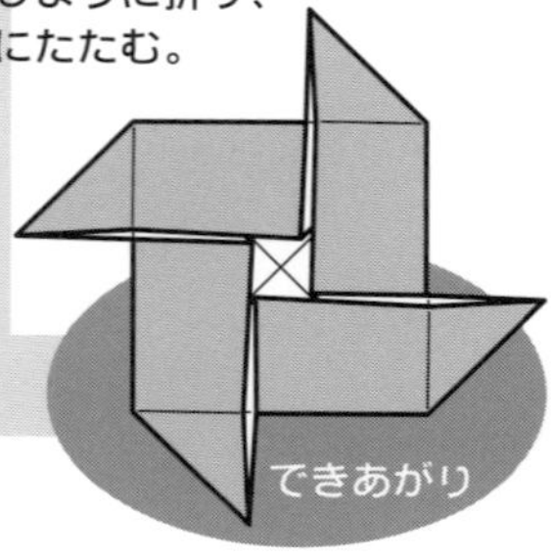

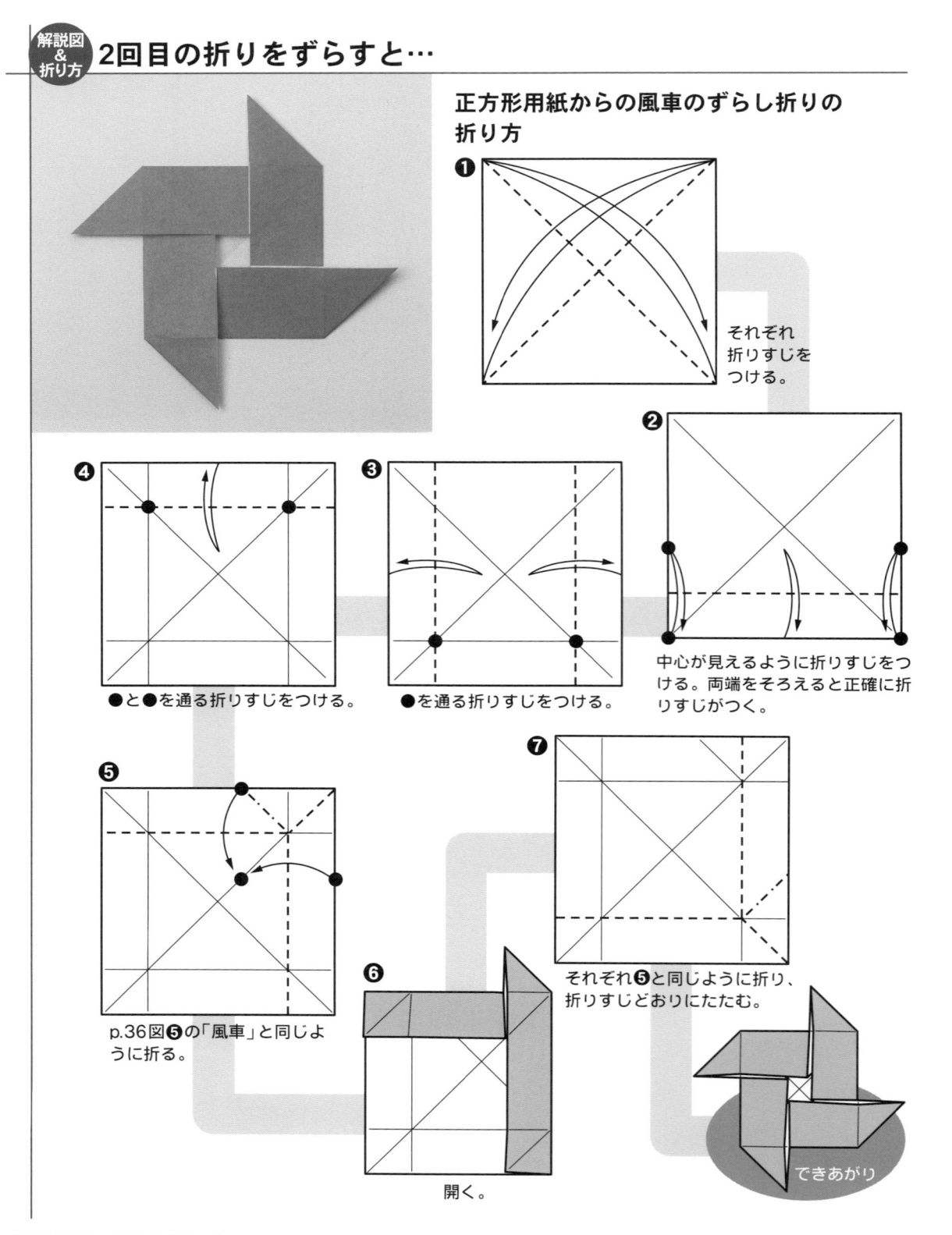

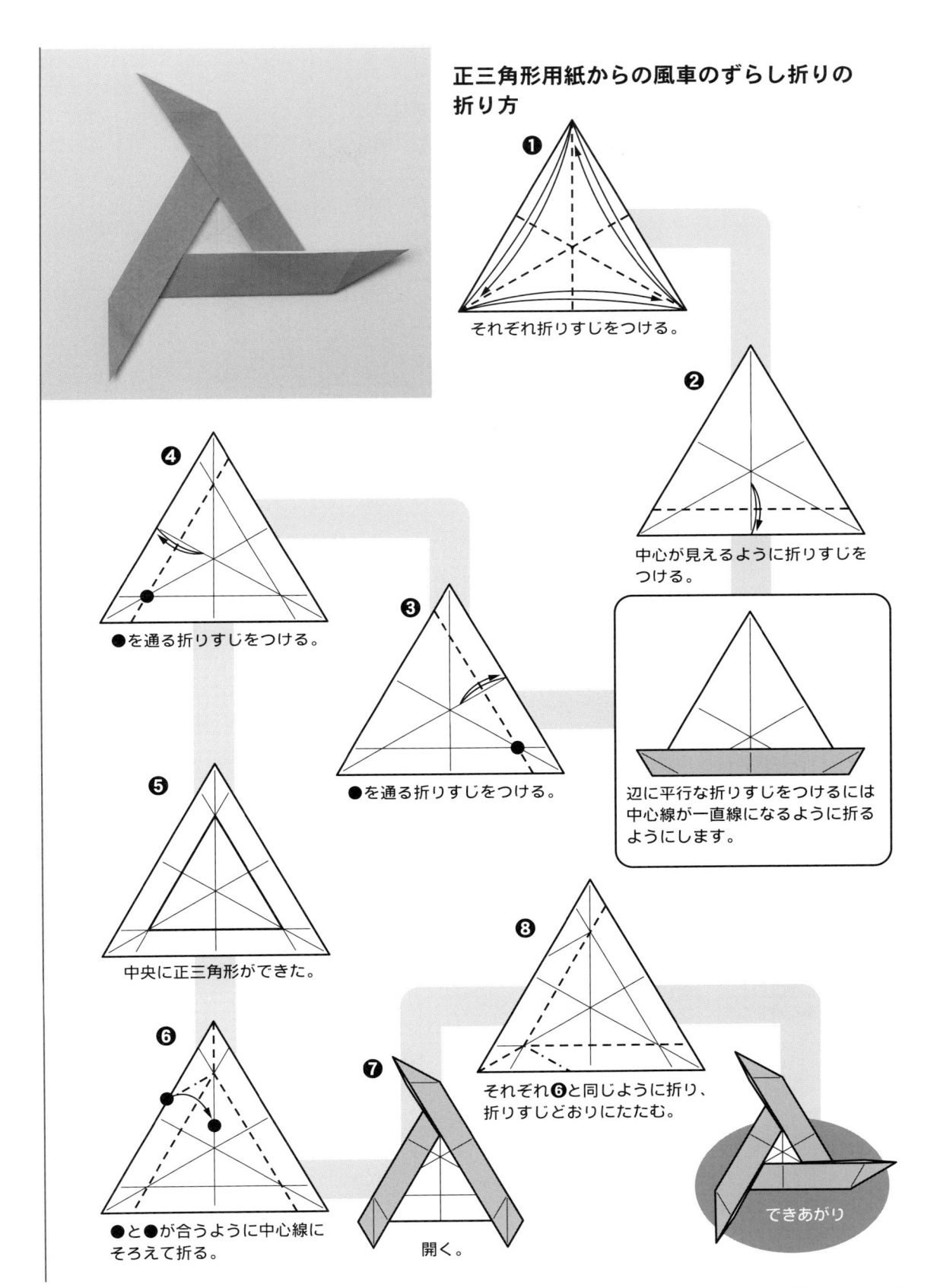

正三角形用紙からの風車のずらし折りの折り方

❶

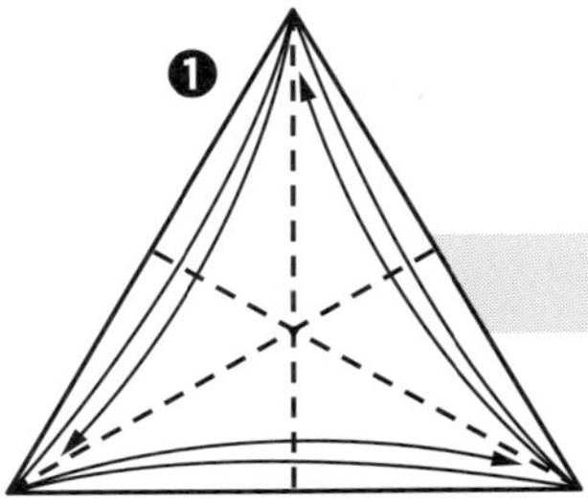

それぞれ折りすじをつける。

❷

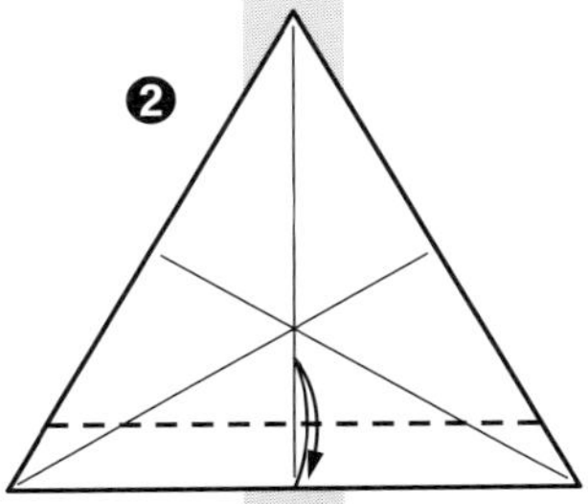

中心が見えるように折りすじをつける。

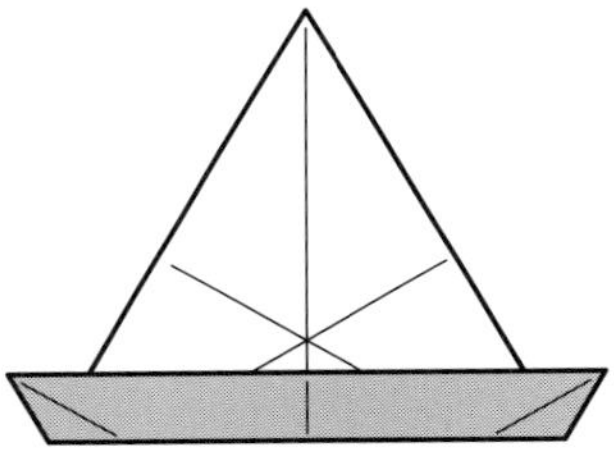

辺に平行な折りすじをつけるには中心線が一直線になるように折るようにします。

❸

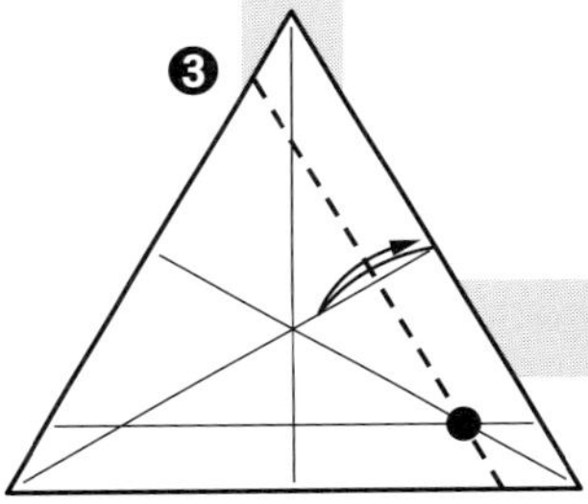

●を通る折りすじをつける。

❹

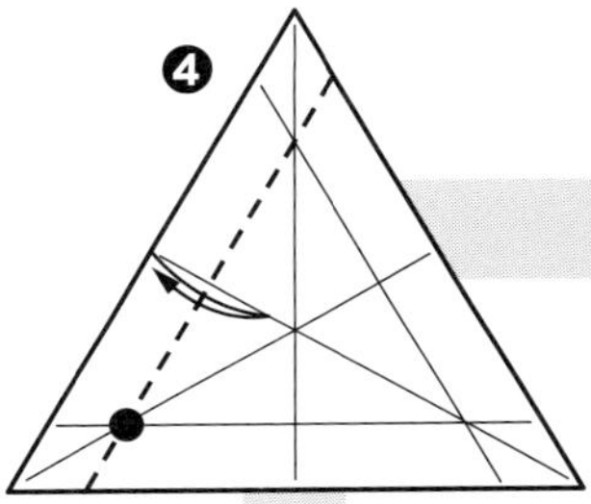

●を通る折りすじをつける。

❺

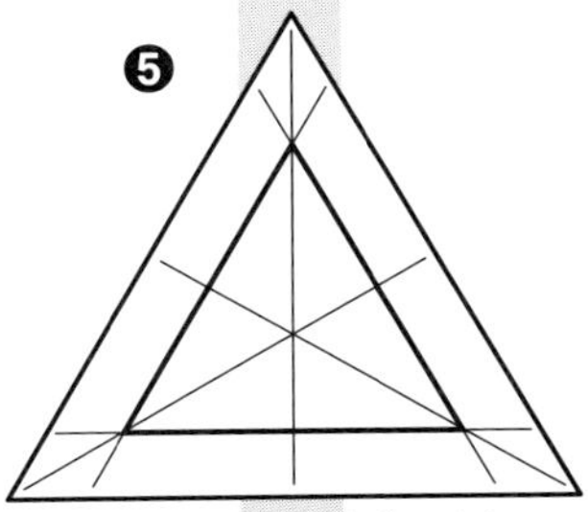

中央に正三角形ができた。

❻

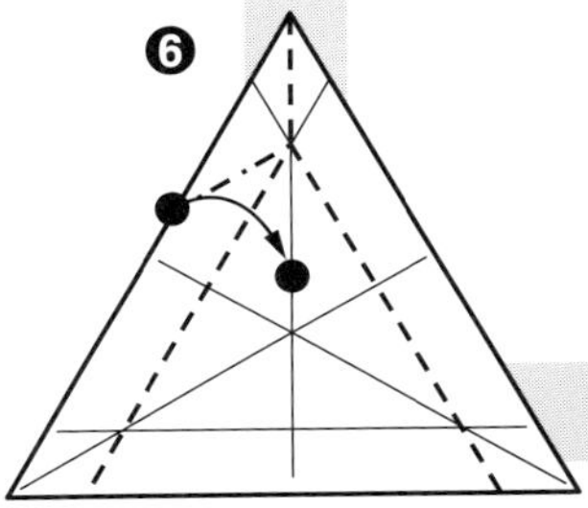

●と●が合うように中心線にそろえて折る。

❼

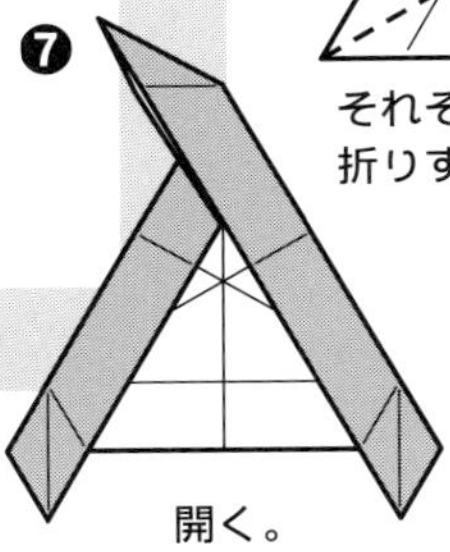

開く。

❽

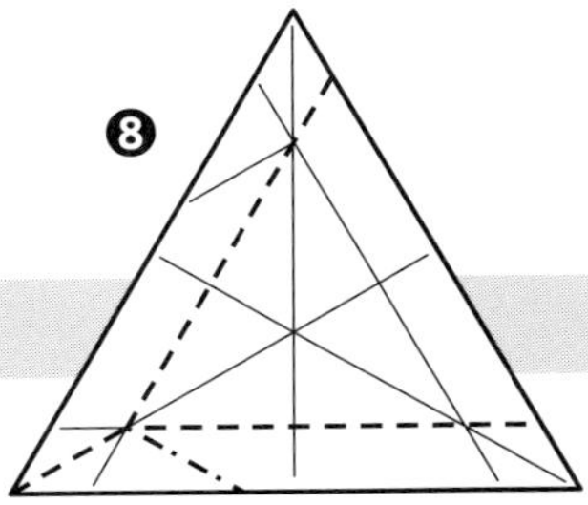

それぞれ❻と同じように折り、折りすじどおりにたたむ。

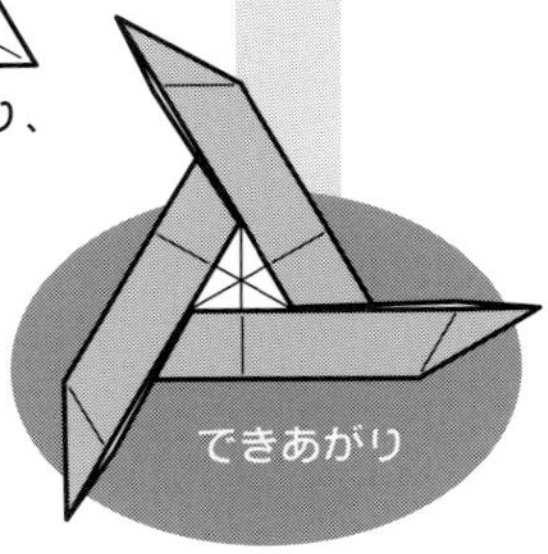

正五角形用紙からの風車のずらし折りの折り方

❶

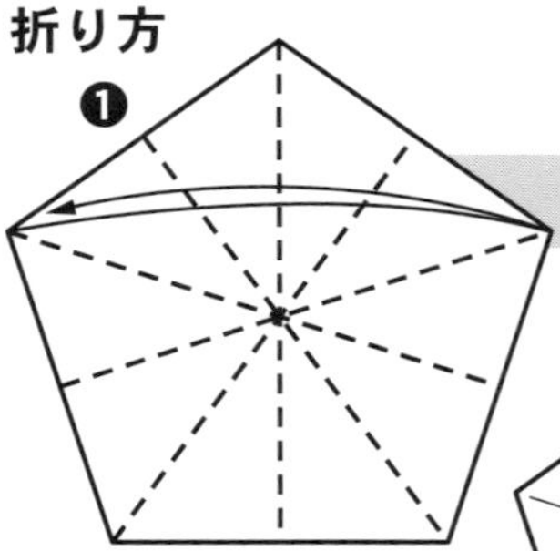

それぞれ折りすじをつける。

❷

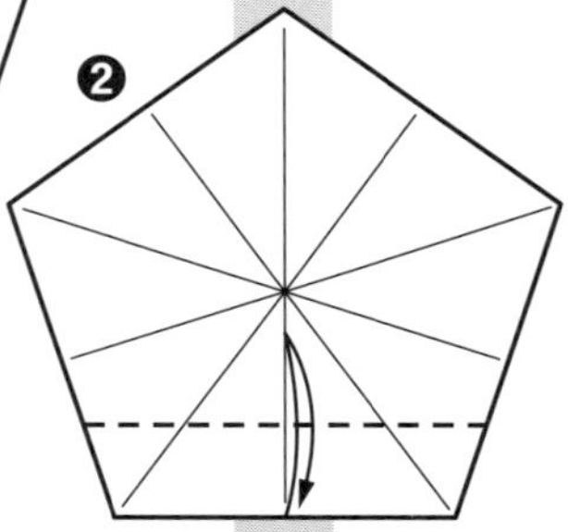

中心が見えるように、折りすじをつける。

❸

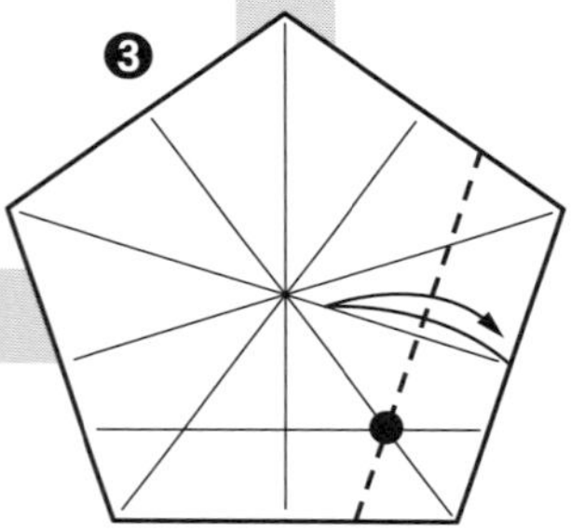

●を通るように折りすじをつける。

❹

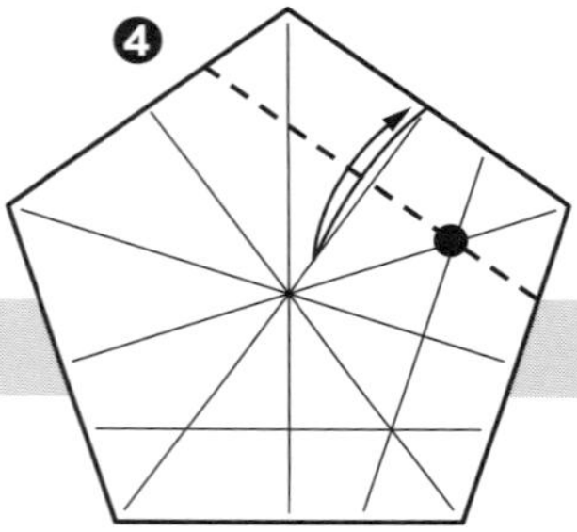

●を通る折りすじをつける。残りも同じようにする。

❺

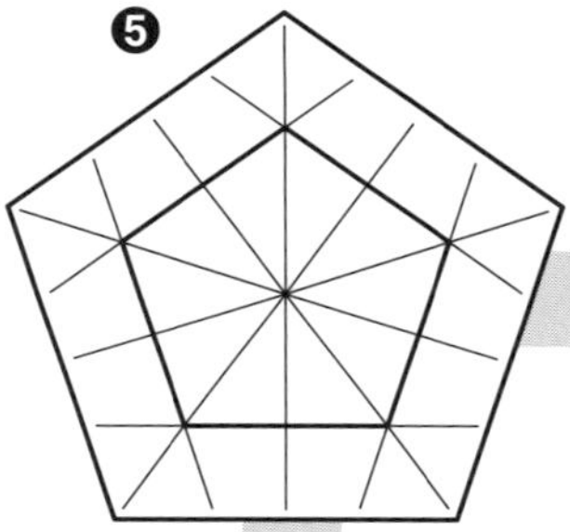

中央に正五角形ができた。

❻

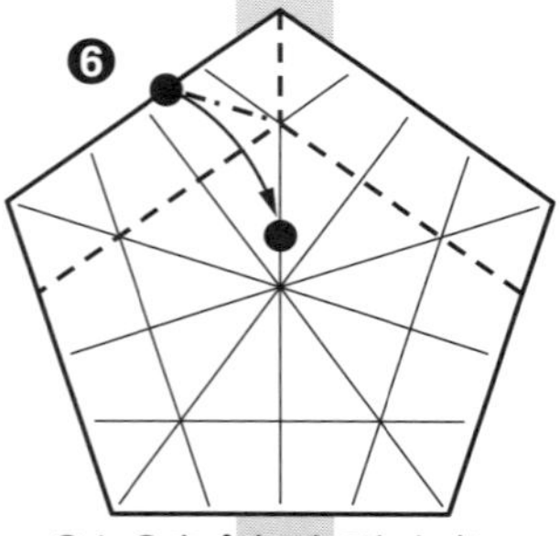

●と●を合わせてたたむ。

❼

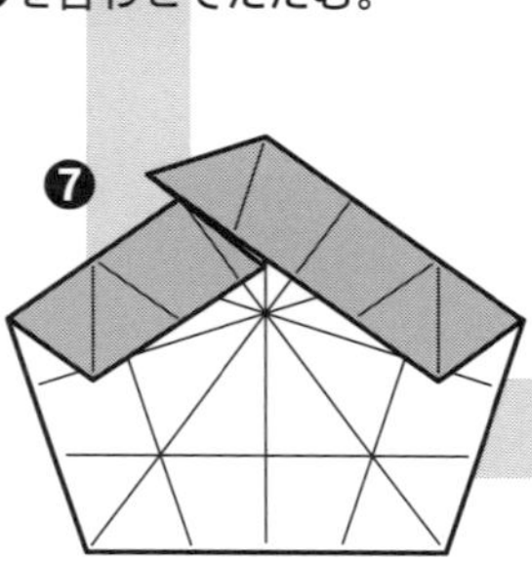

開く。

❽

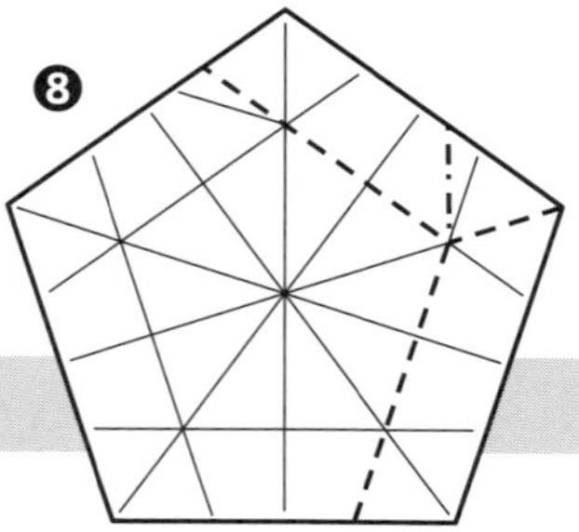

残りも❻❼をくりかえす。

❾

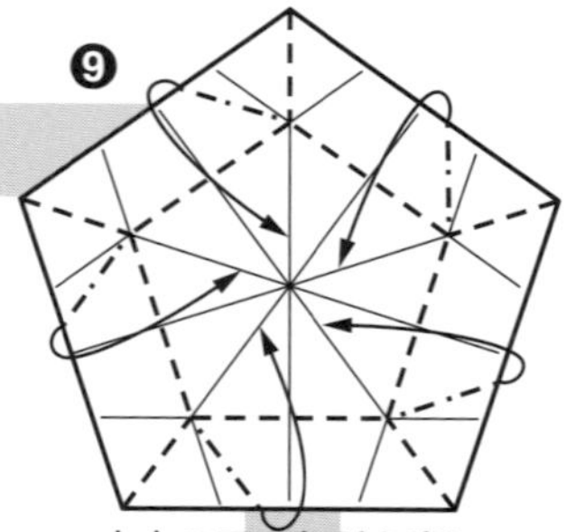

中央の正五角形を底にして、周囲を立ち上げ折りすじどおりにたたむ。

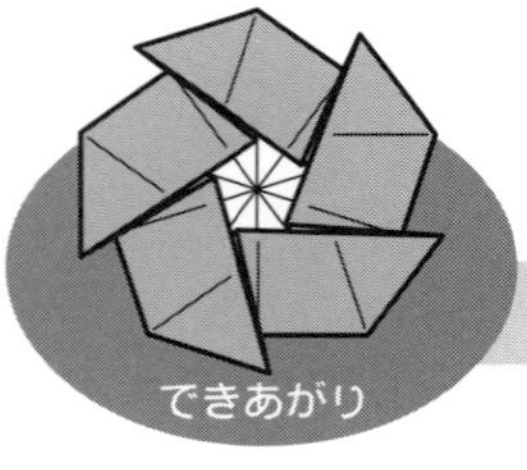

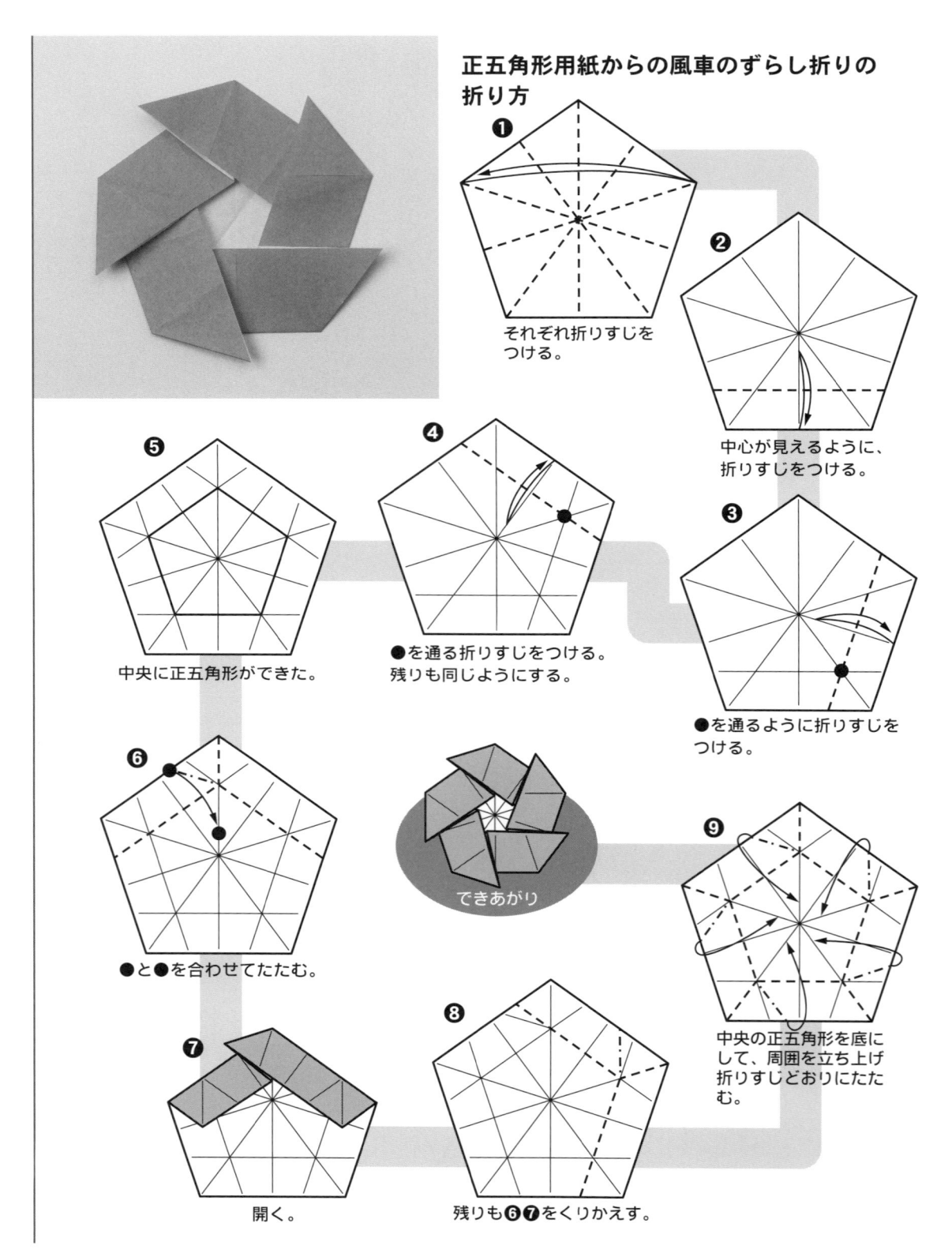

正六角形用紙からの風車のずらし折りの折り方

❶

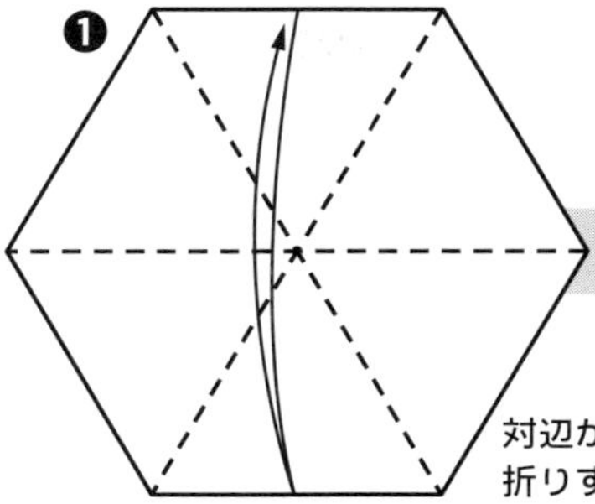

対辺が合うように3本の
折りすじをつける。

❷

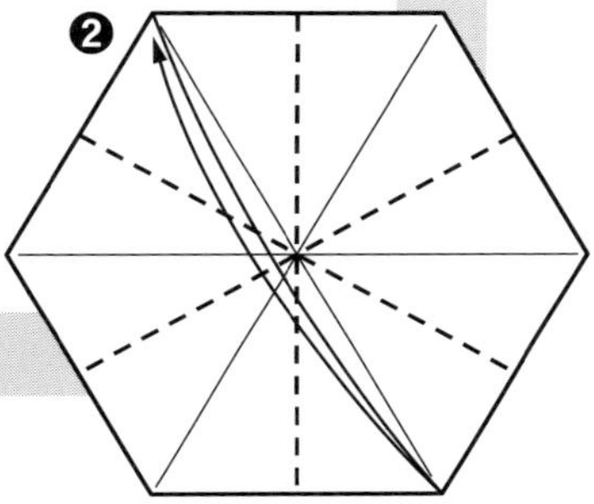

向かい合う頂点が合うように
3本の折りすじをつける。

❸

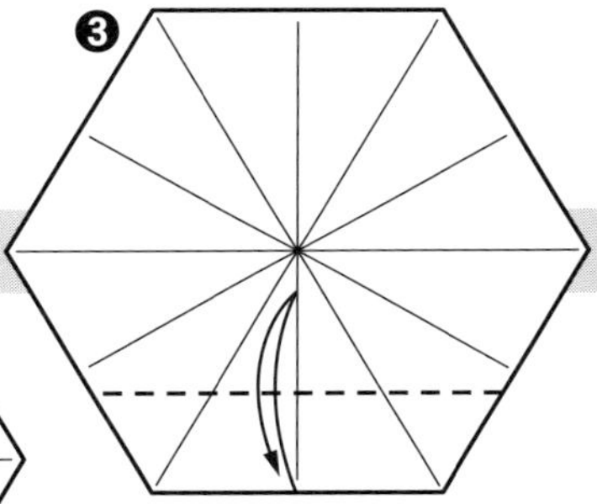

中心が見えるように、
折りすじをつける。

❹

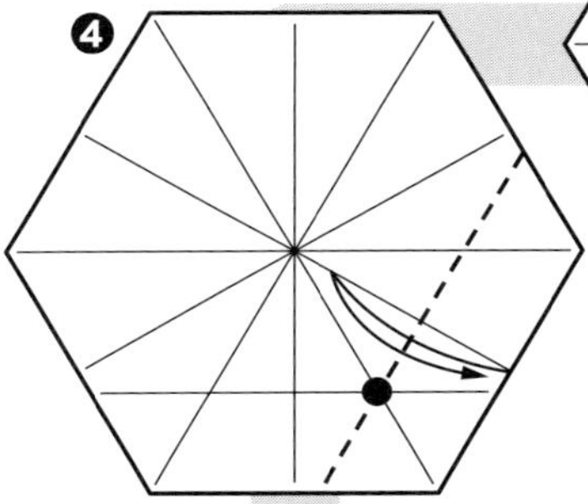

●を通るように折りすじをつける。
残りも同じようにする。

❺

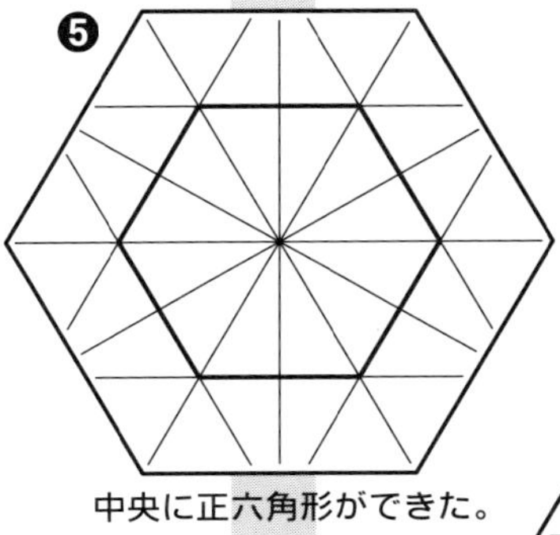

中央に正六角形ができた。

❻

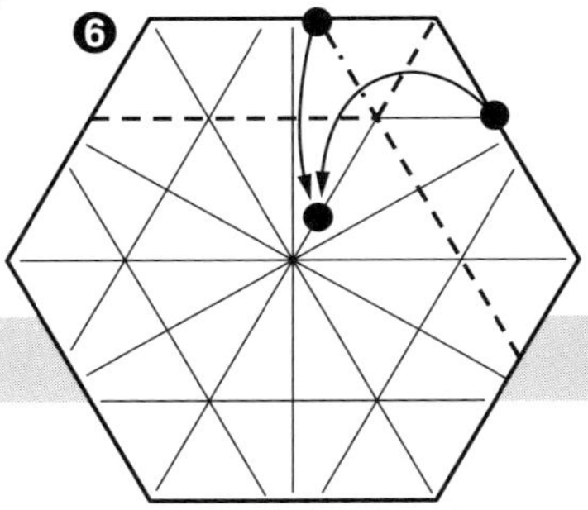

辺上の●を中心線上の●に
合わせて折りたたむ。

❼

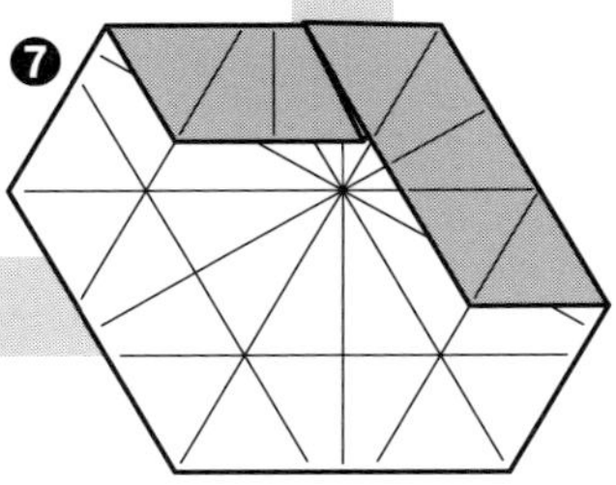

残りも❻❼をくりかえす。

❽

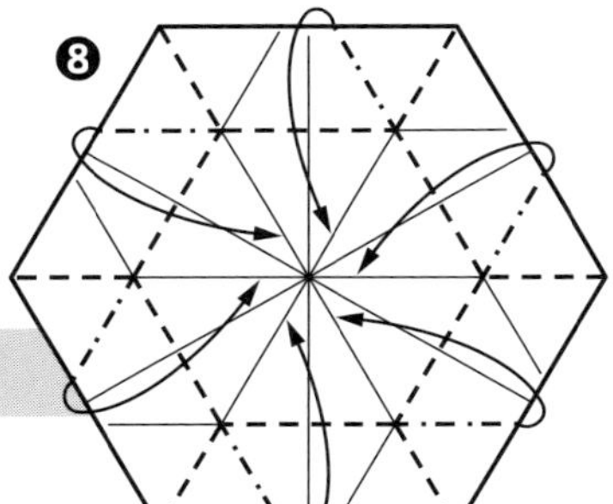

折りすじどおりに折りたたむ。

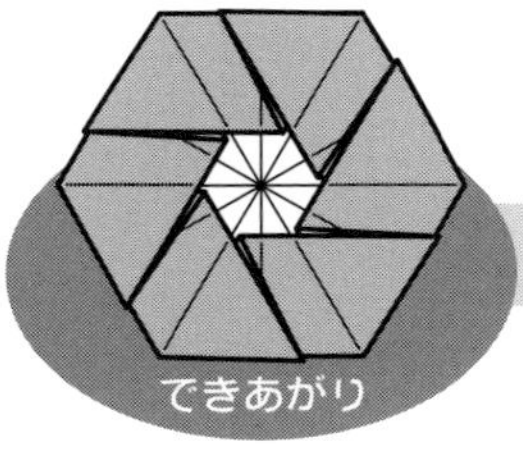

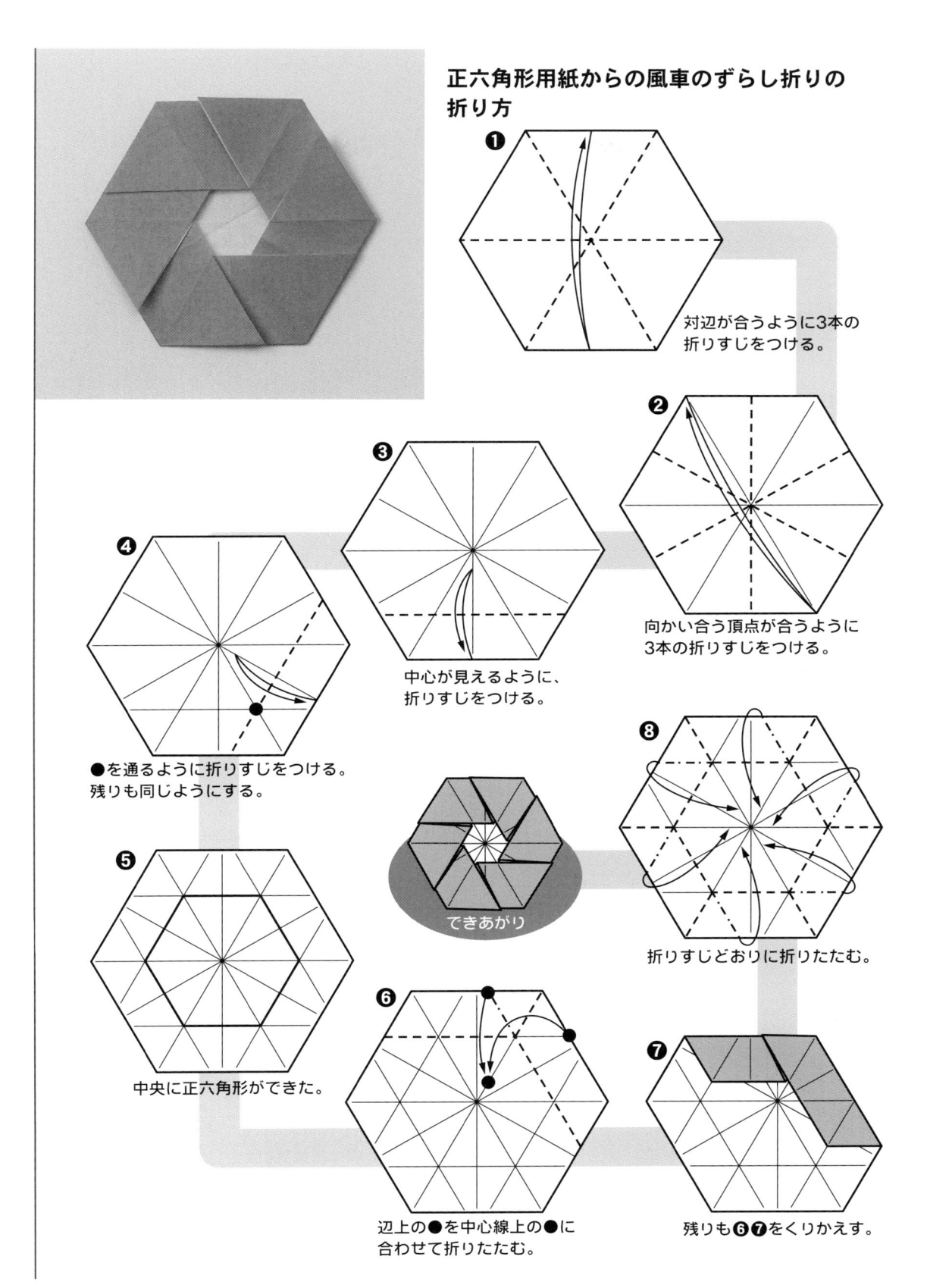

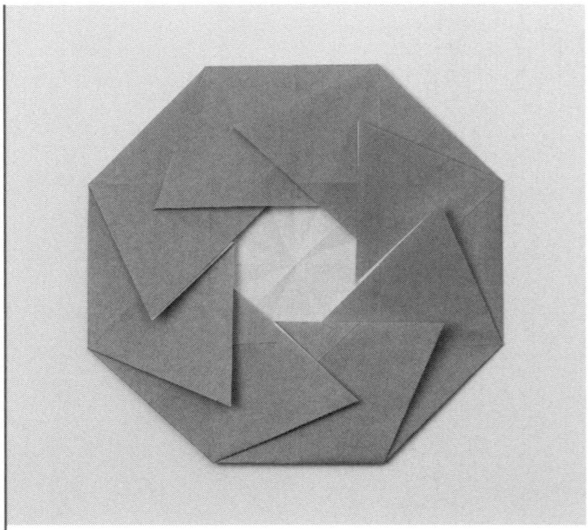

正八角形用紙からの風車のずらし折りの折り方

❶

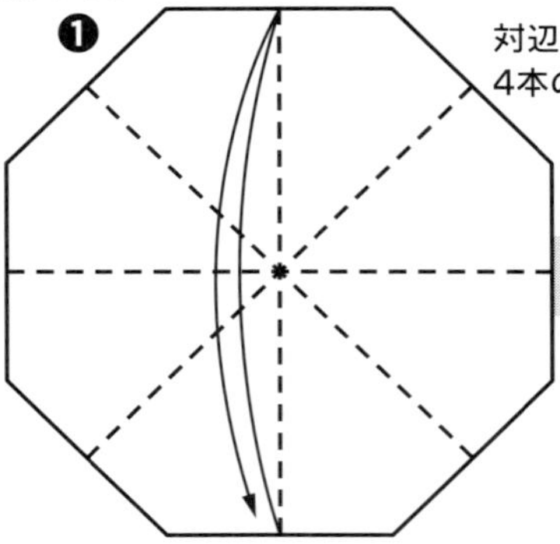

対辺どうしを合わせて
4本の折りすじをつける。

❷

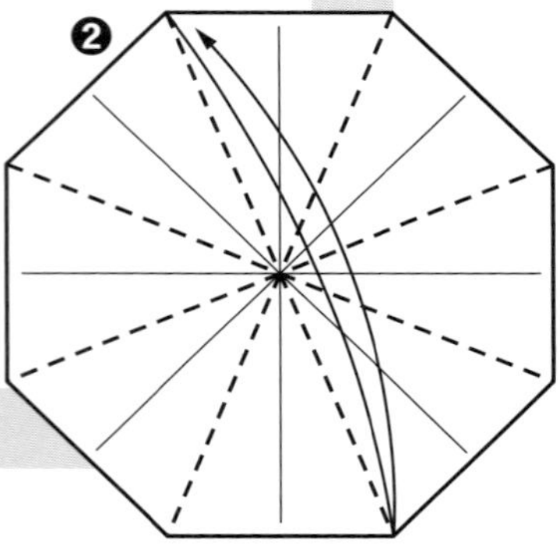

向かい合う頂点を合わせて
4本の折りすじをつける。

❸

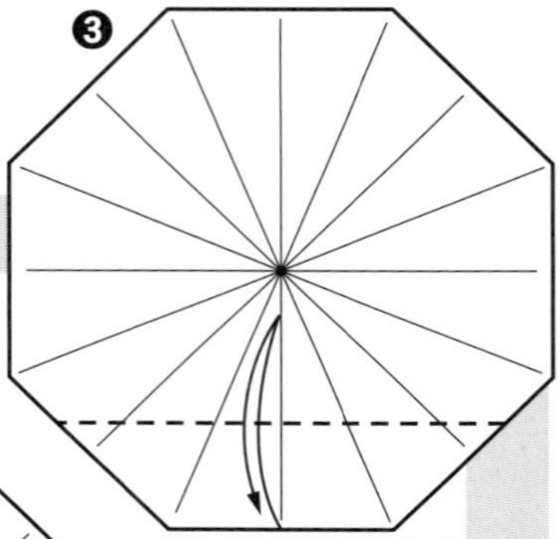

中心が見えるように
折りすじをつける。

向きを
変える。

❹

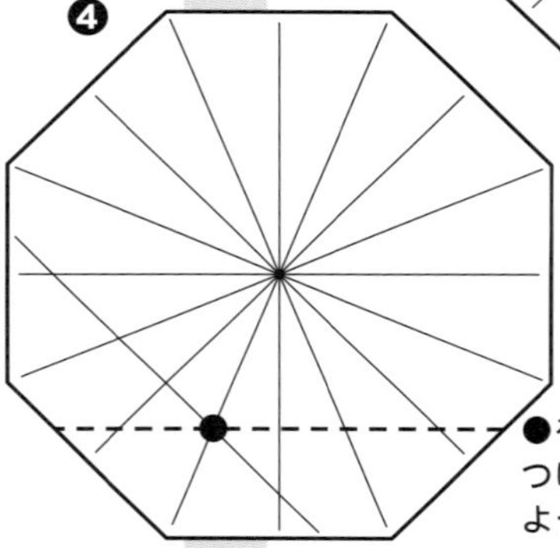

●を通る折りすじを
つける。残りも同じ
ように折る。

❺

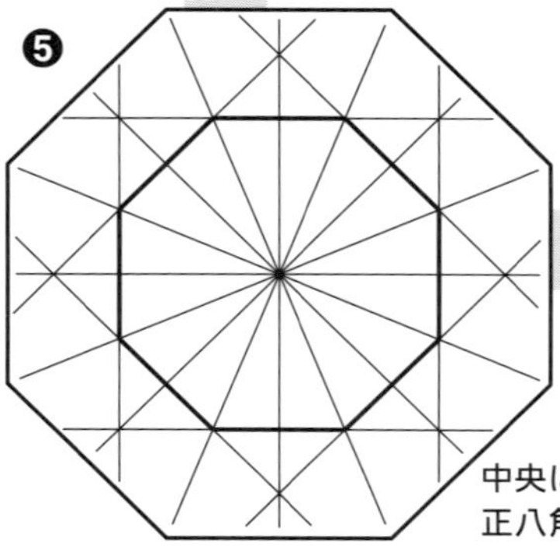

中央に
正八角形ができた。

❻

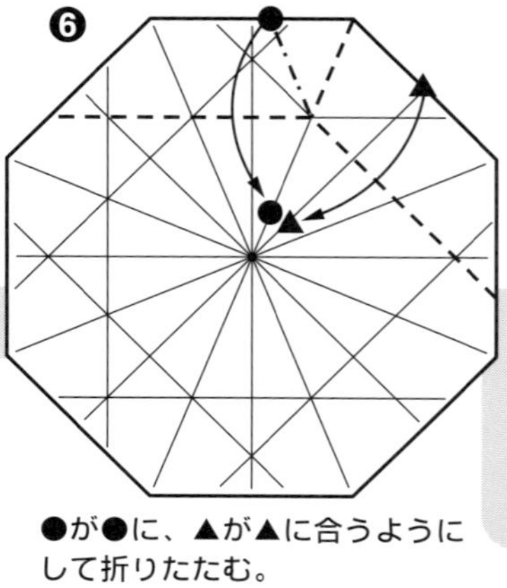

●が●に、▲が▲に合うように
して折りたたむ。

47ページに
続きます。

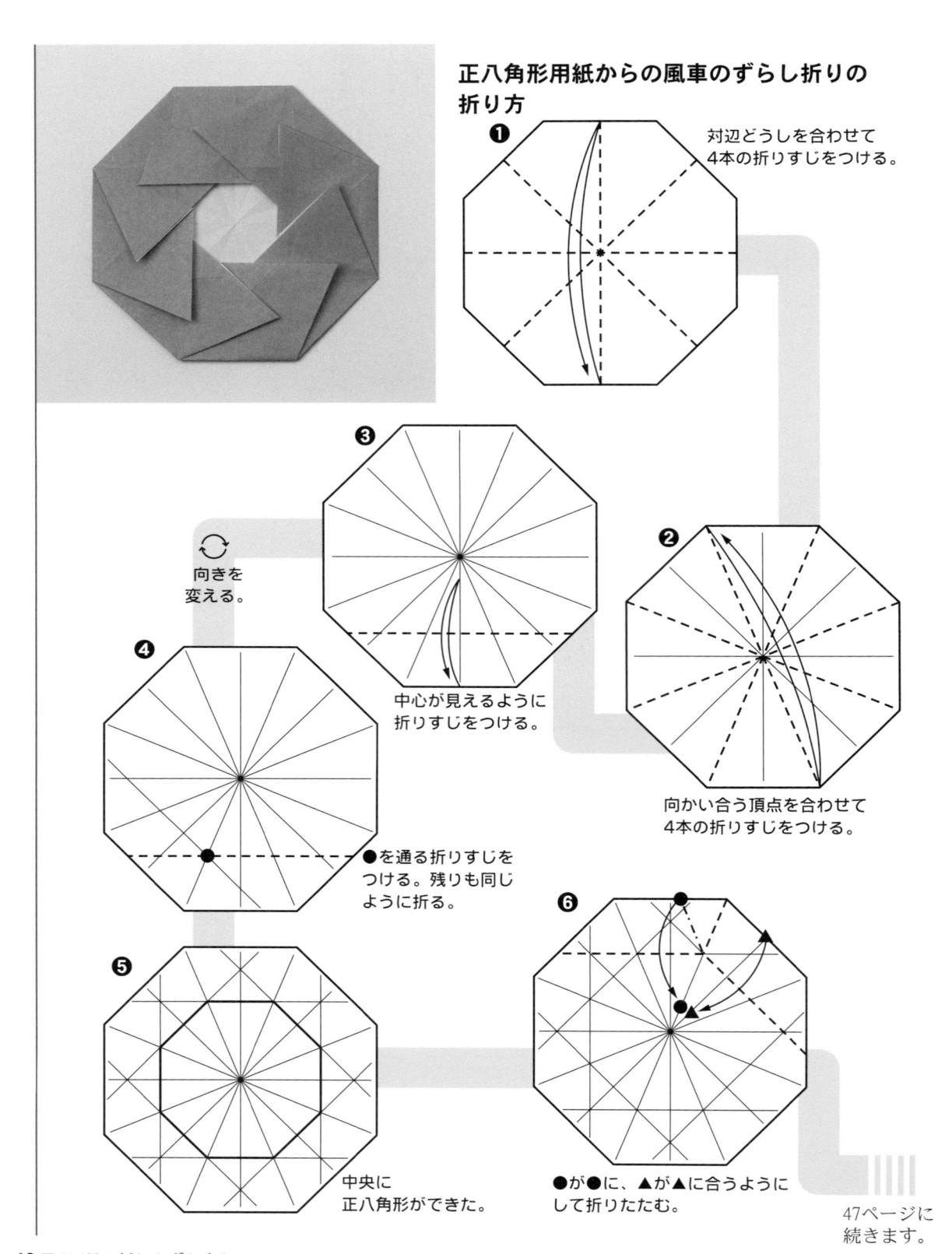

❼

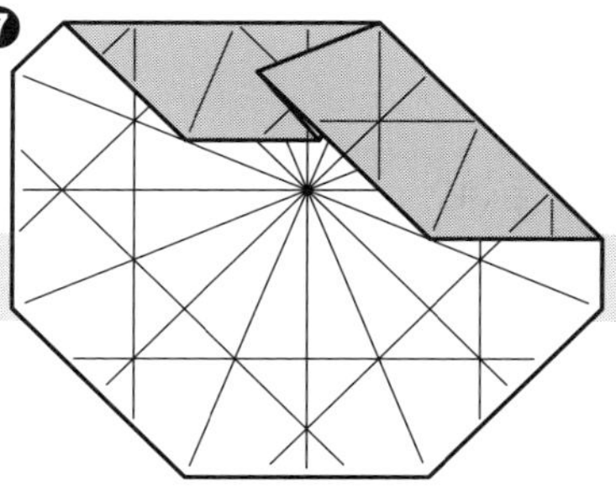

開く。

向きを
変える。

❽

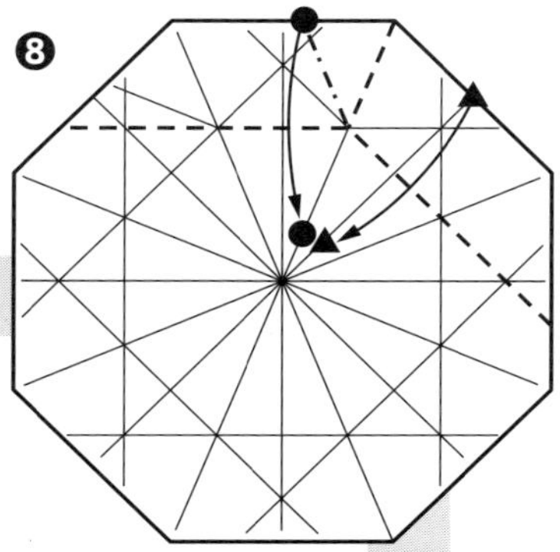

残りも❻❼をくりかえして折りすじをつける。

❾

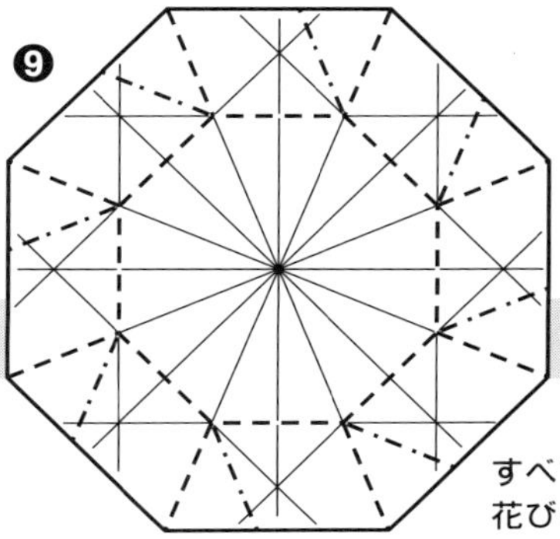

すべてに折りすじをつけると、花びらのように持ち上がる。

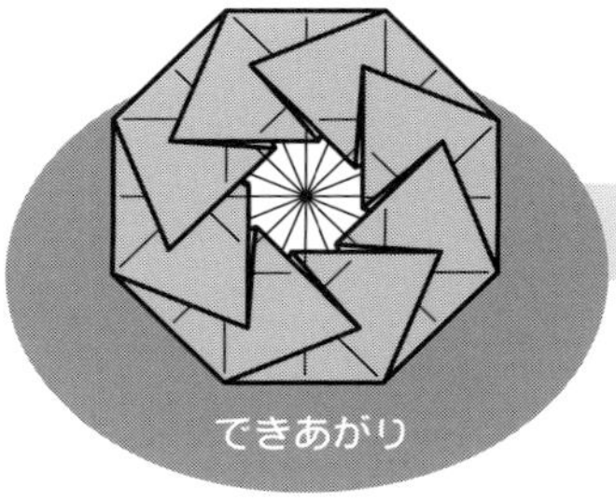

解説図&折り方 2回目の折りをかぶせると…

正方形用紙からの風車のかぶせ折りの折り方

❶

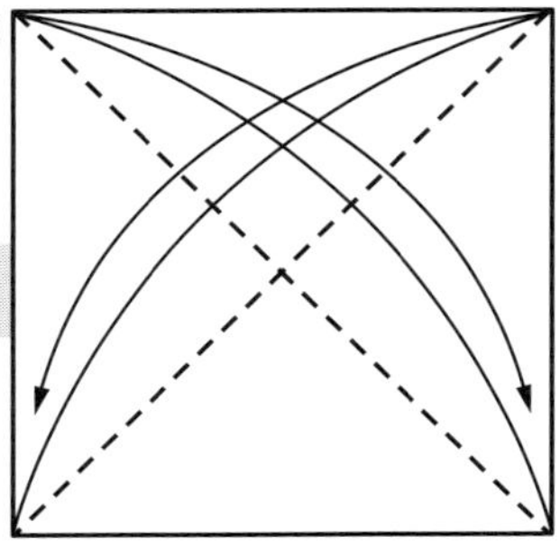

折りすじをつけて開く。

❷

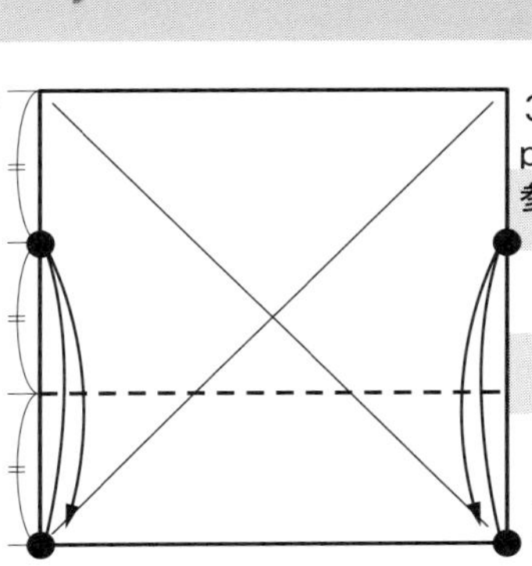

3等分の折り方はp.6または、p.79参照。

3等分したところで折りすじをつけて開く。

❸

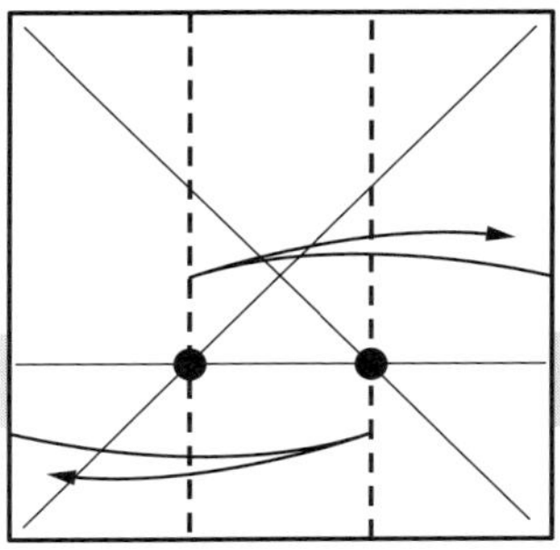

●を通るように折りすじをつける。

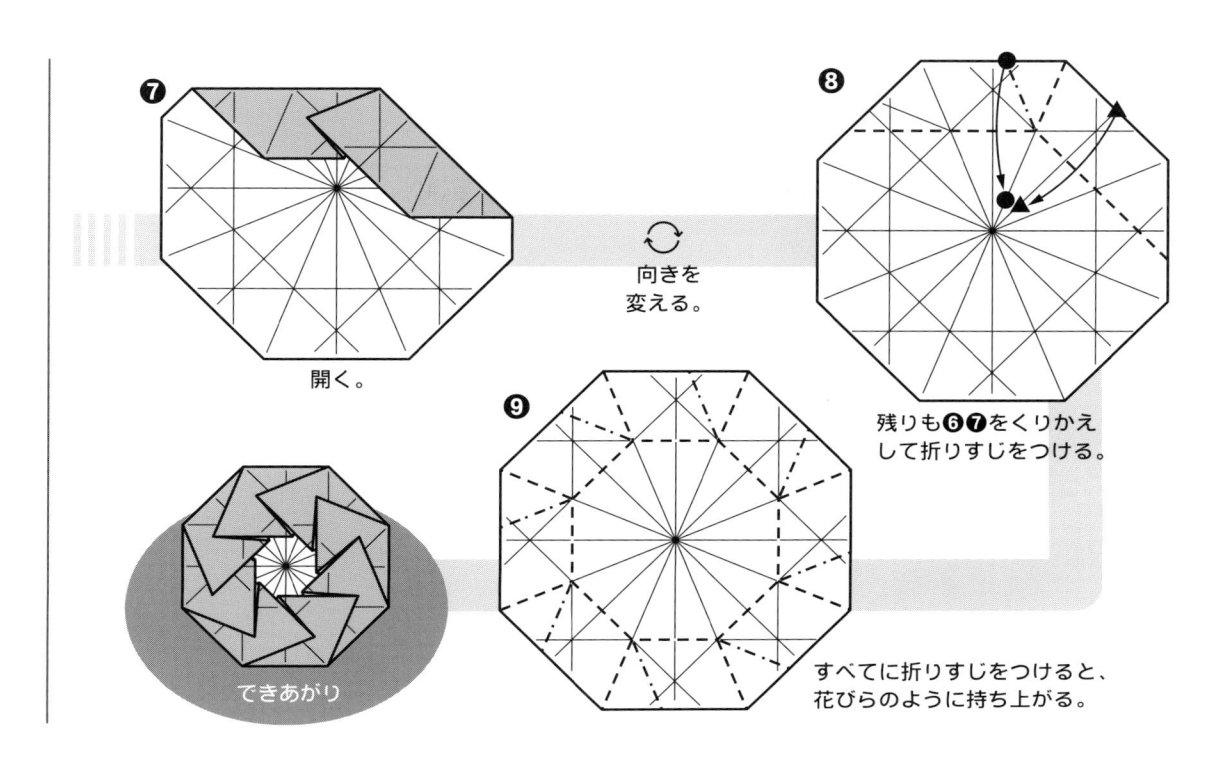

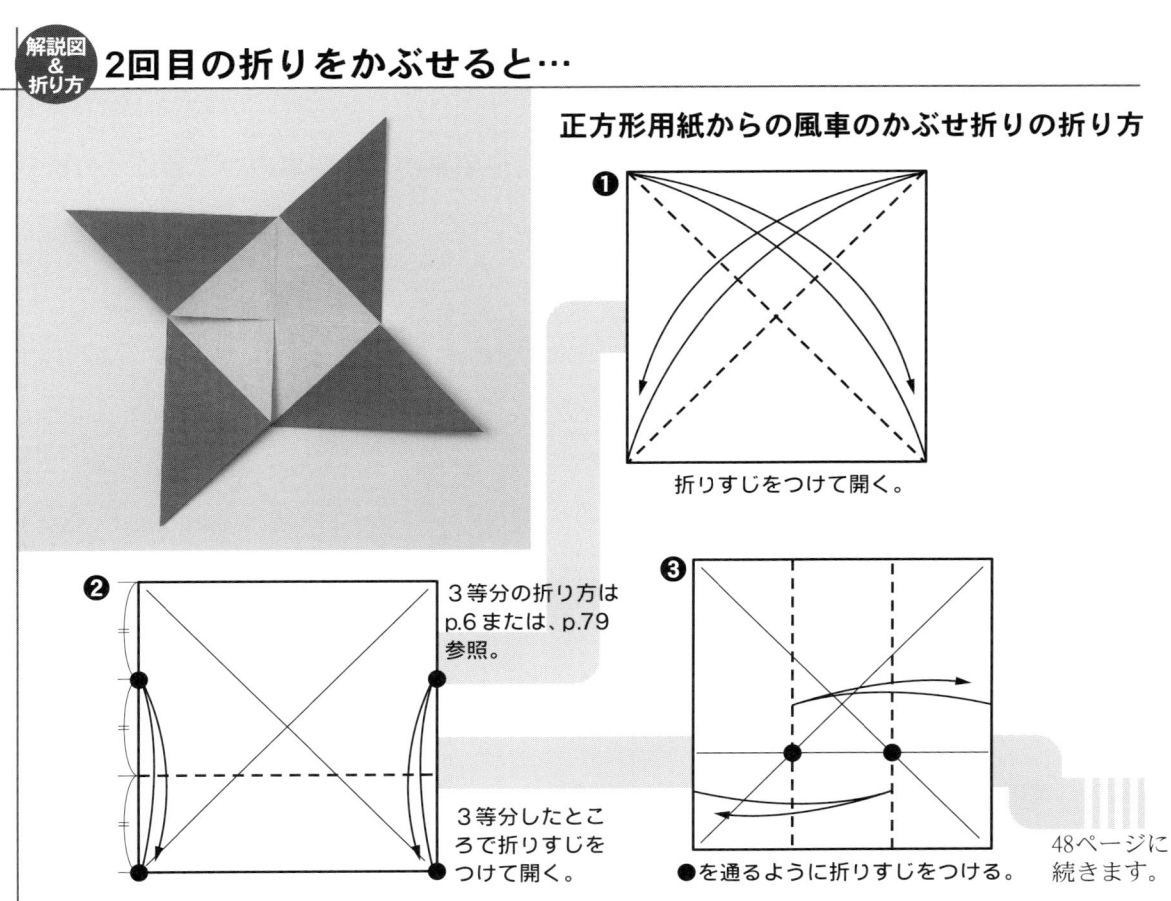

48ページに続きます。

❹

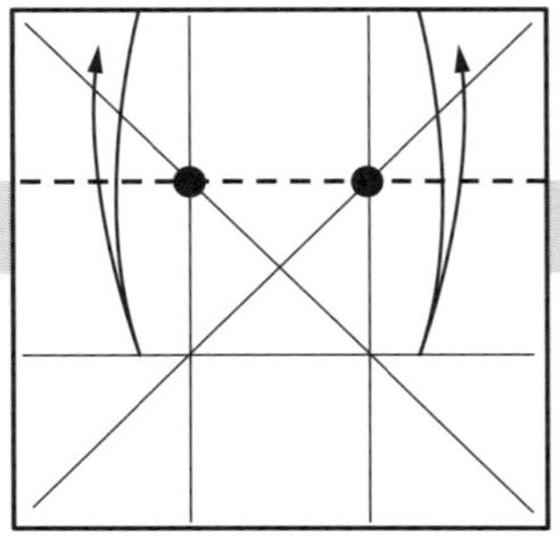

●と●を通る折りすじをつける。

❺

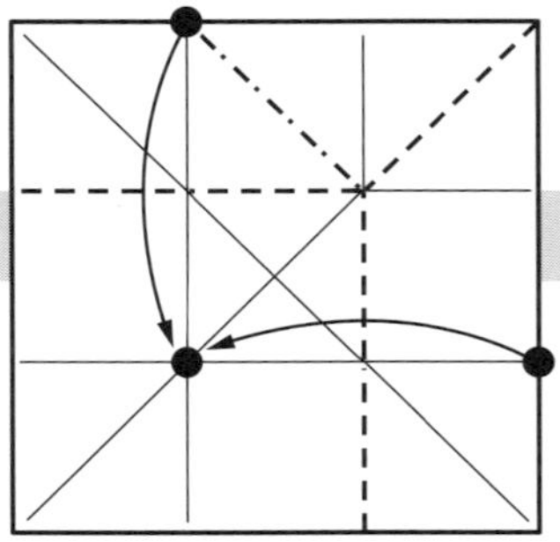

折りすじどおりにたたむ。

❻

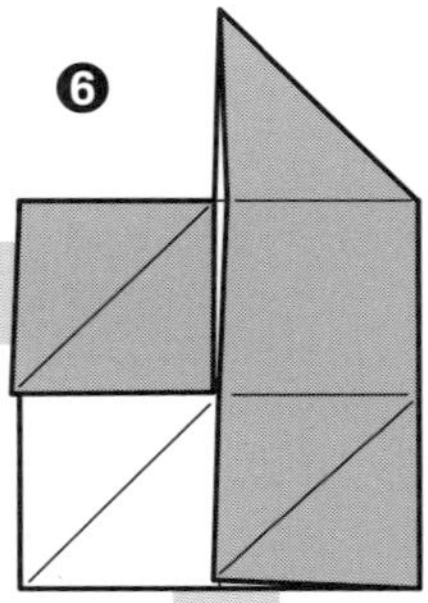

開く。

❼

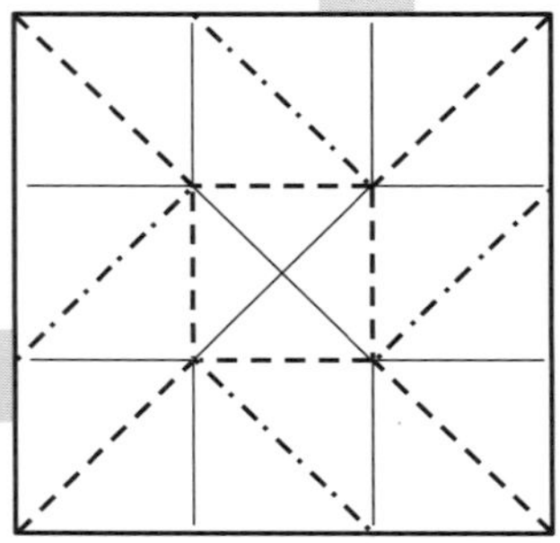

❺❻をくりかえして、折りすじどおりにたたむ。

❽

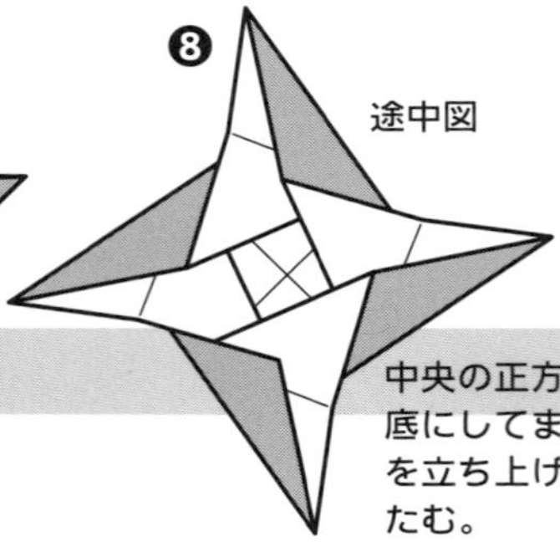

途中図

中央の正方形を底にしてまわりを立ち上げてたたむ。

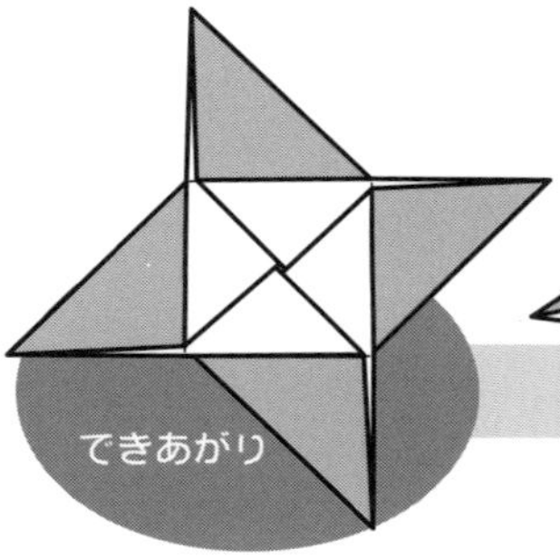

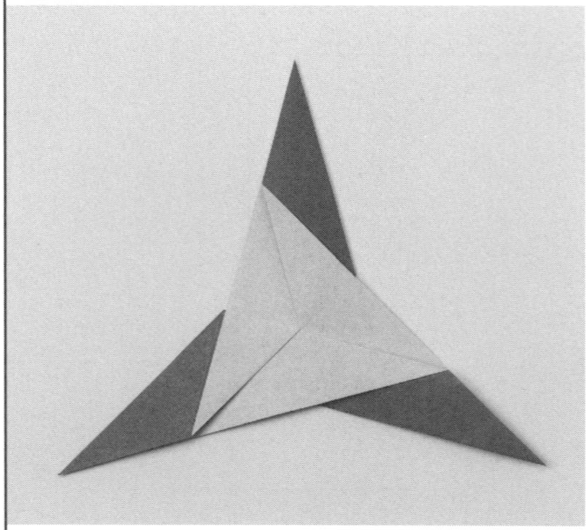

正三角形用紙からの風車のかぶせ折りの折り方

❶

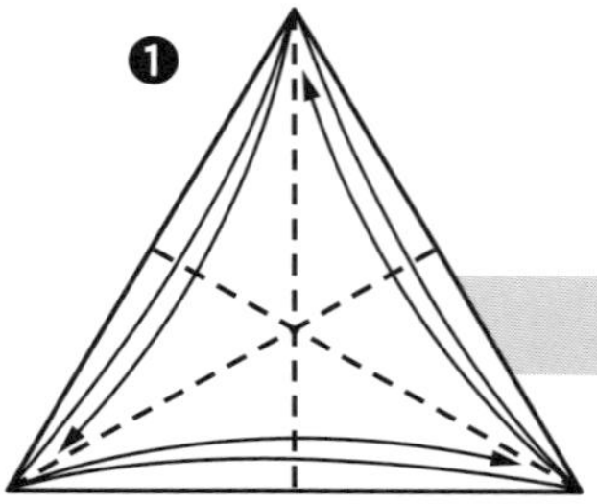

折りすじをつける。

❷

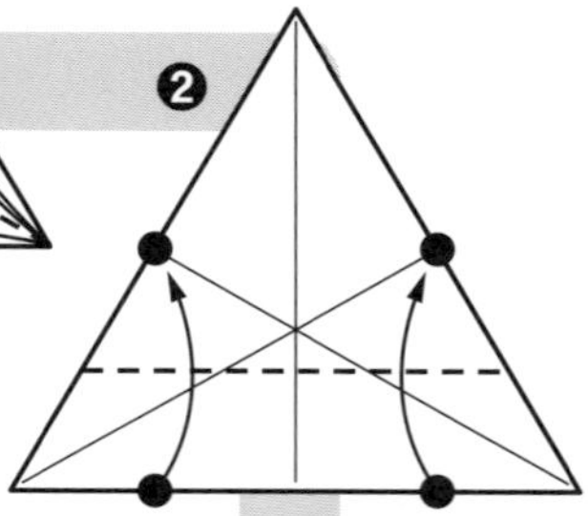

中心がかくれるような折りすじをつける。

❸

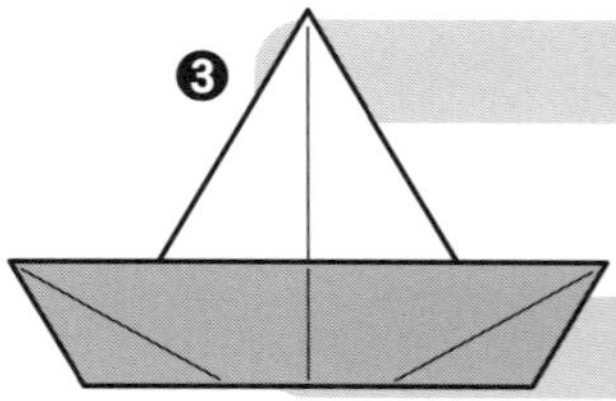

開く。
同じように残りの2本の折りすじをつける。

49ページに続きます。

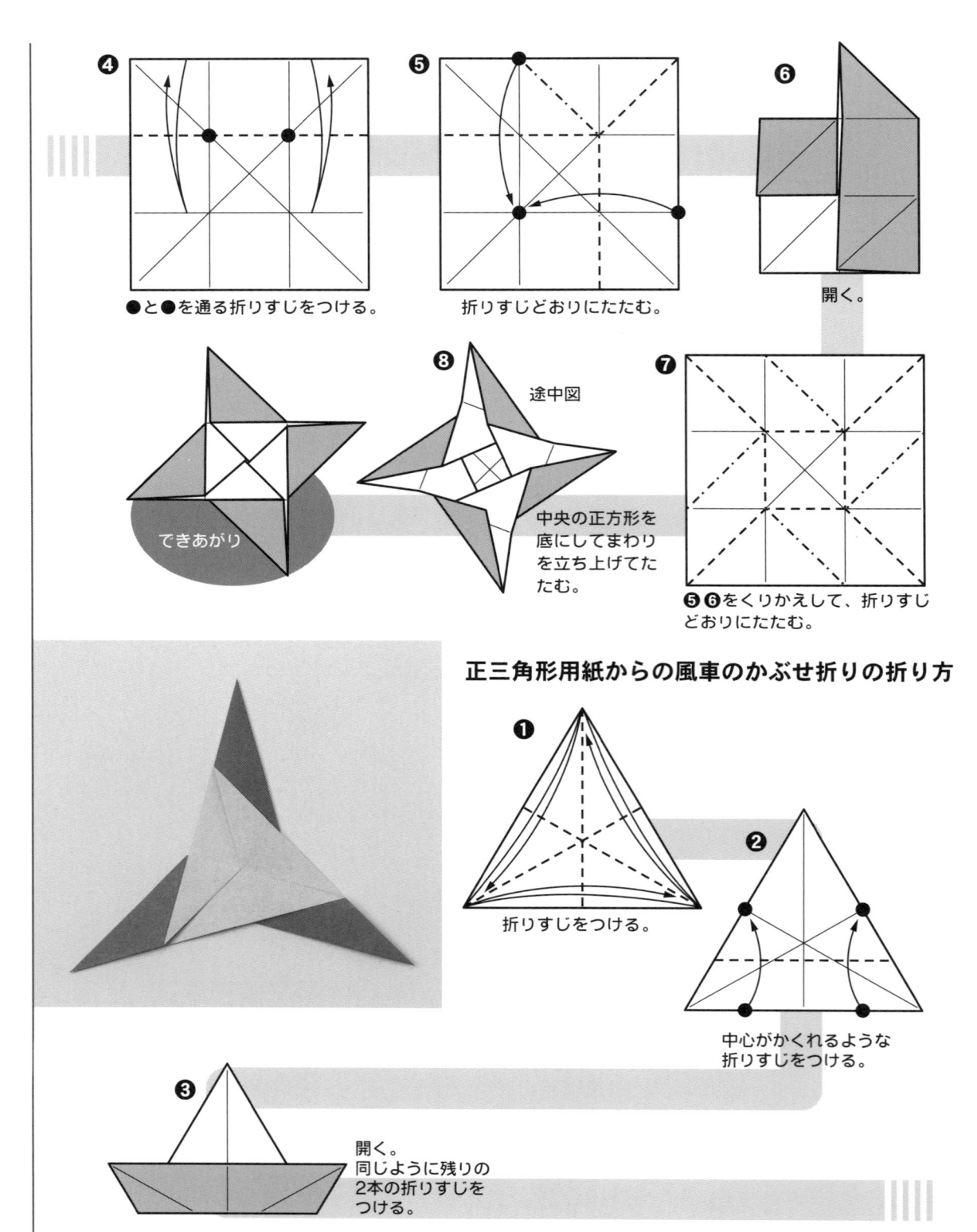

❹

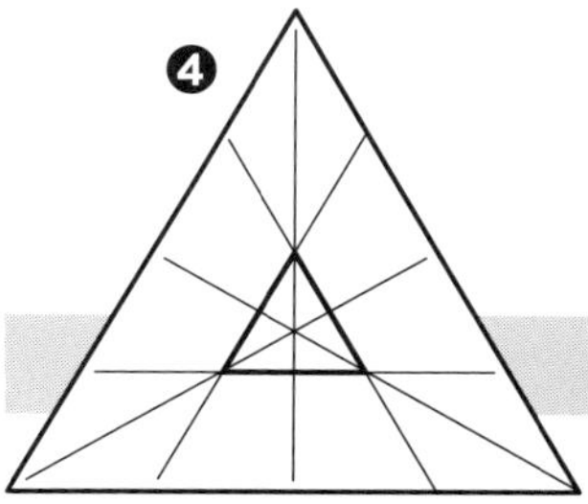

中央に正三角形ができた。

❺

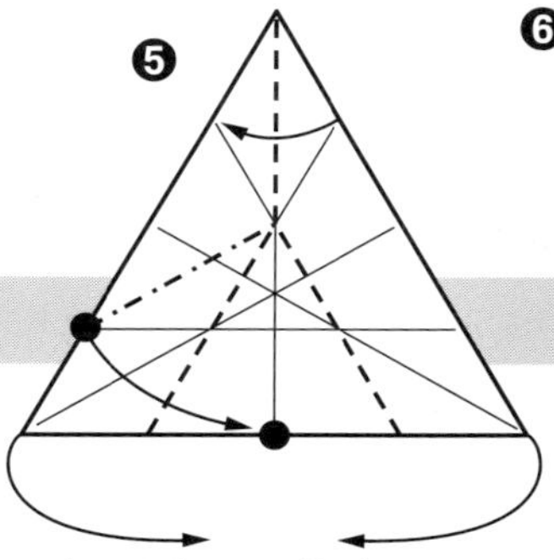

●と●をそれぞれ合わせる。

❻

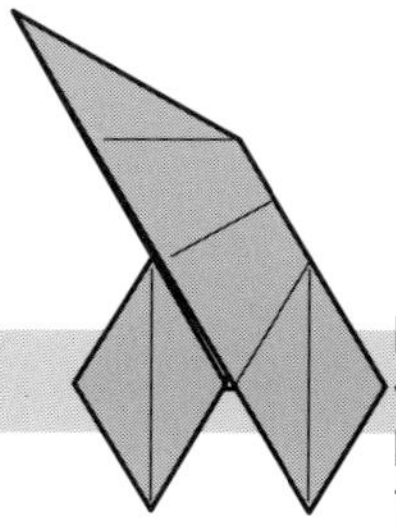

開いて、
他の2か所も
同じように折り
すじをつける。

❼

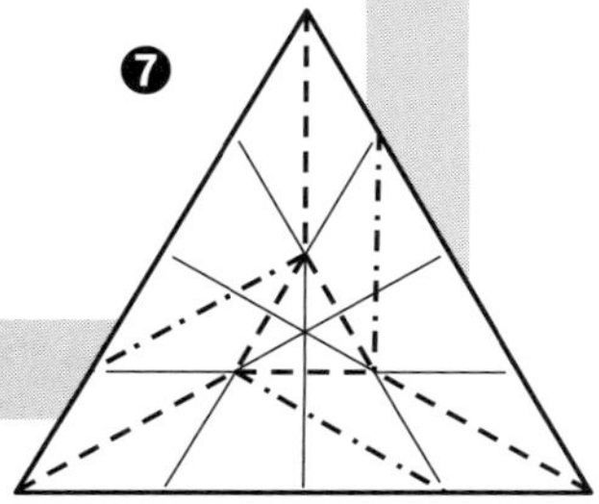

中央の正三角形を底にして、
周囲を立ち上げ折りすじどおりに
たたむ。

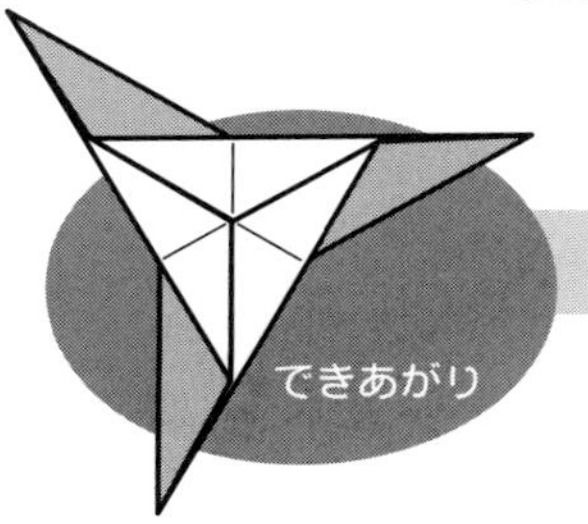

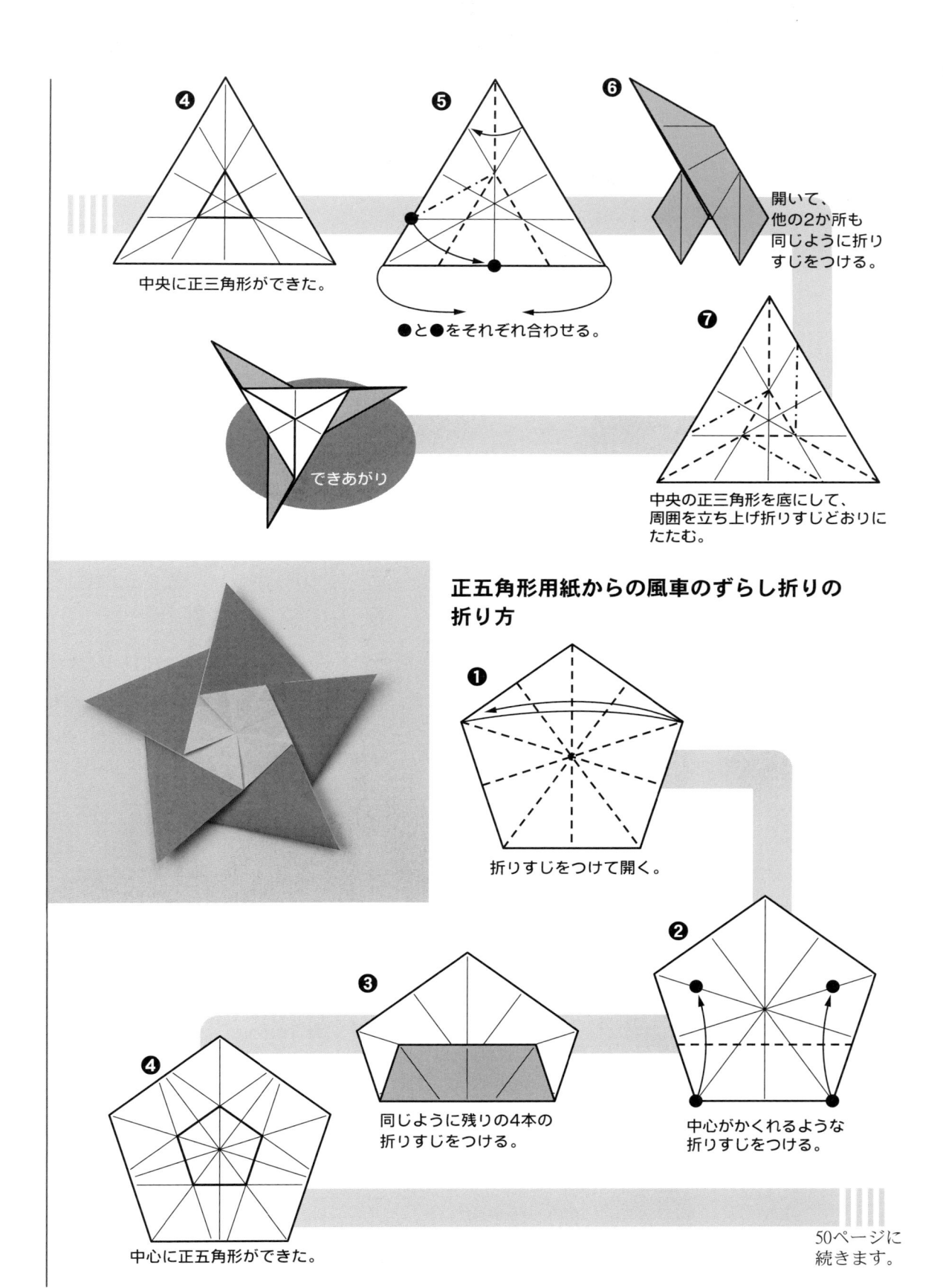

正五角形用紙からの風車のずらし折りの折り方

❶

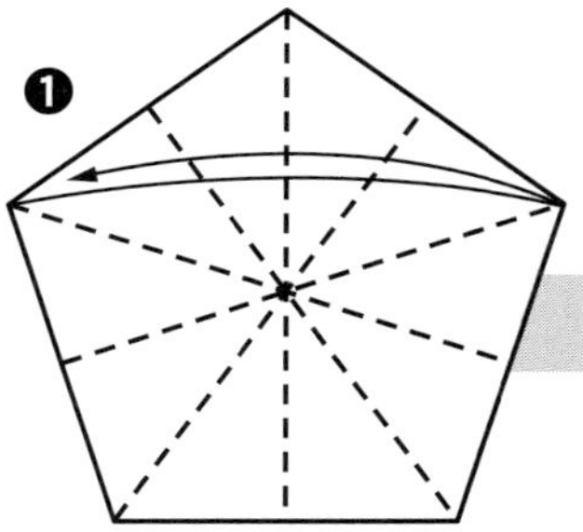

折りすじをつけて開く。

❷

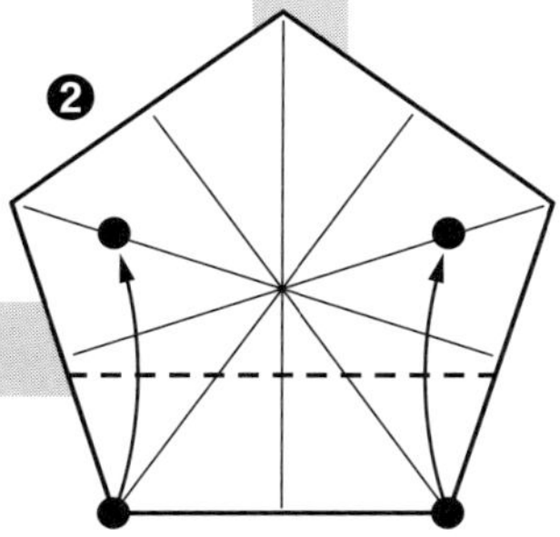

中心がかくれるような
折りすじをつける。

❸

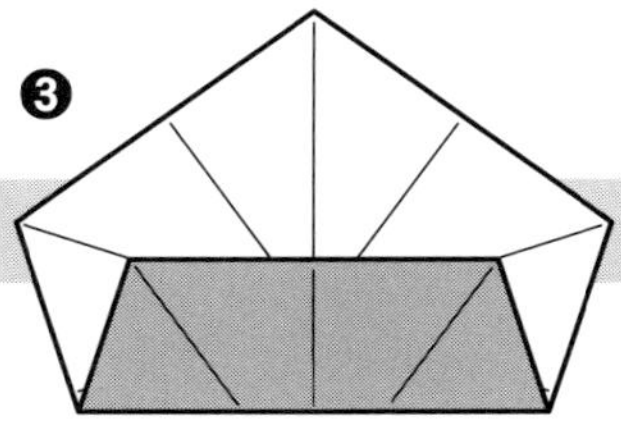

同じように残りの4本の
折りすじをつける。

❹

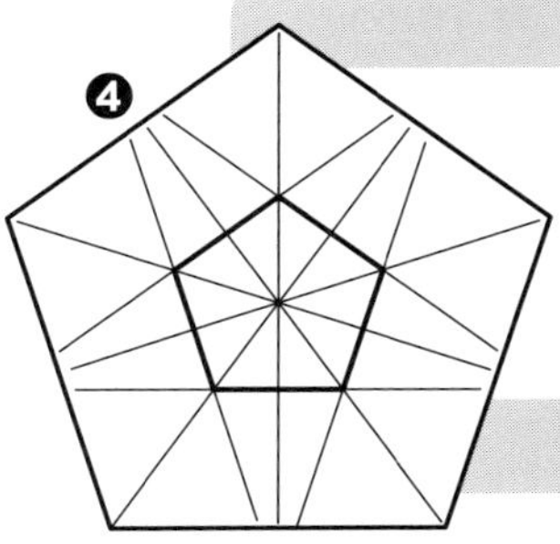

中心に正五角形ができた。

50ページに
続きます。

❺

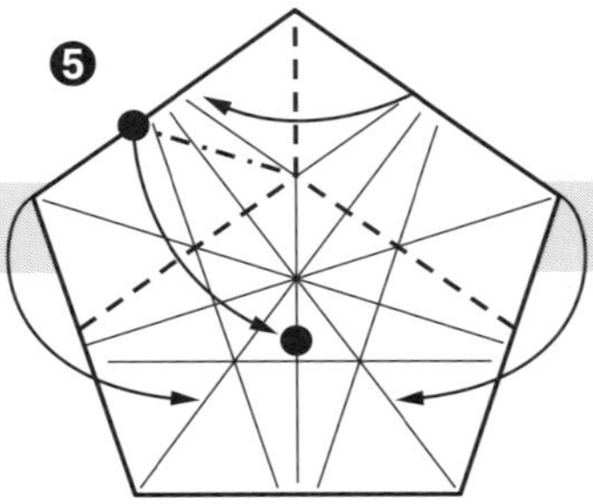

●と●をそれぞれ合わせて
たたむ。

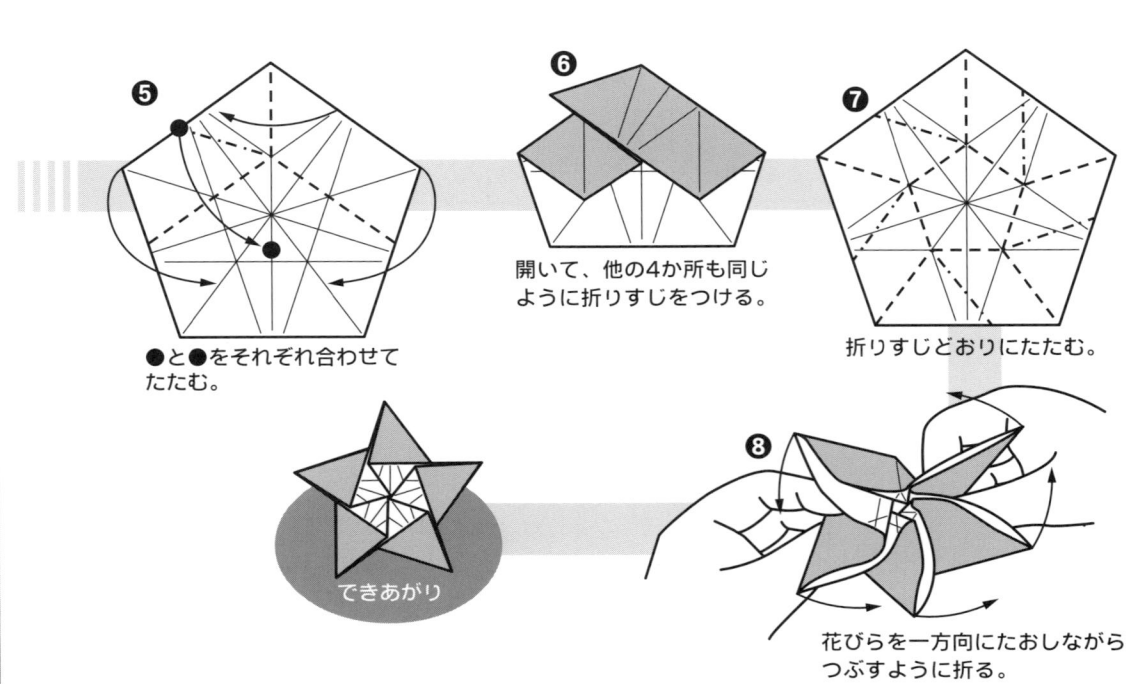

❻

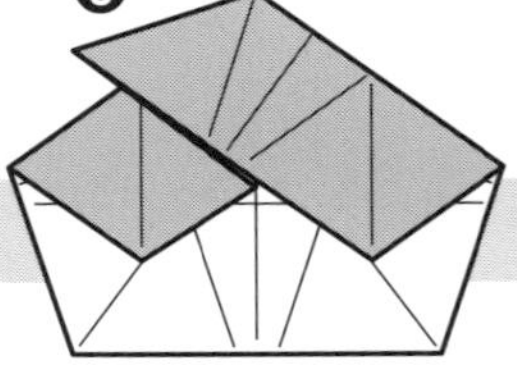

開いて、他の4か所も同じ
ように折りすじをつける。

❼

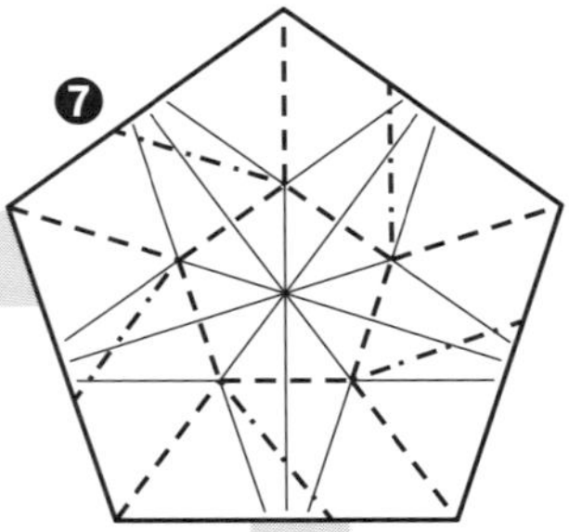

折りすじどおりにたたむ。

❽

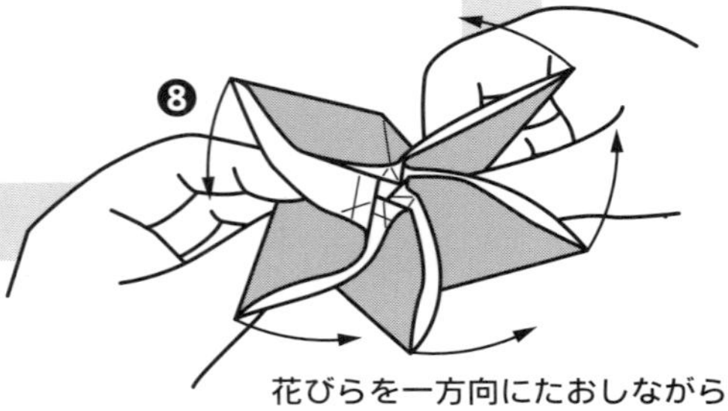

花びらを一方向にたおしながら
つぶすように折る。

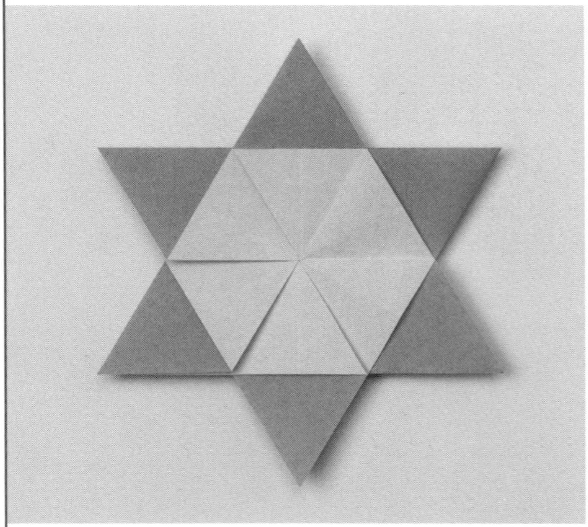

正六角形用紙からの風車のかぶせ折りの折り方

❶

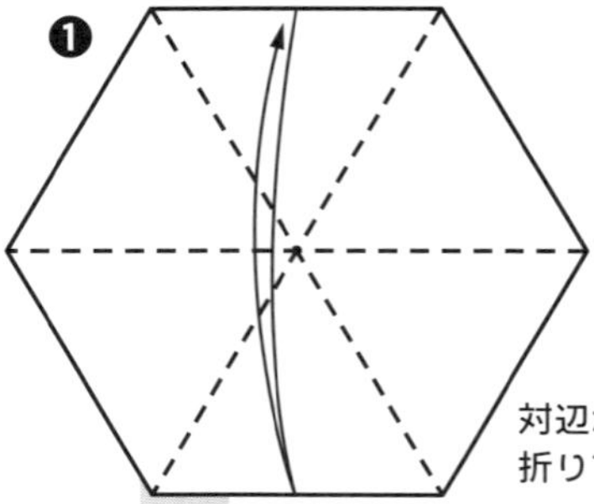

対辺が合うように3本の
折りすじをつける。

❷

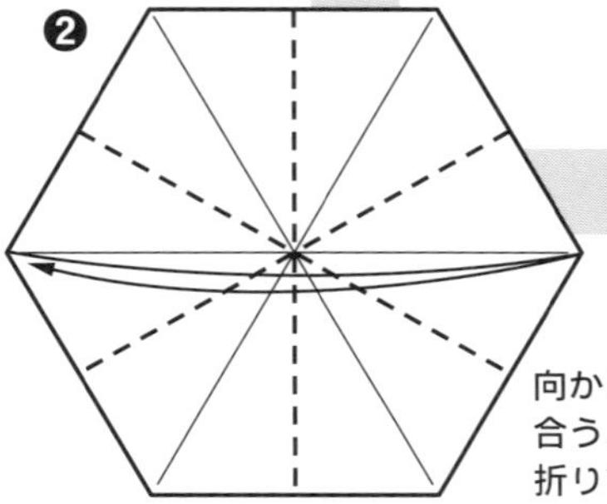

向かい合う頂点が
合うように3本の
折りすじをつける。

❸

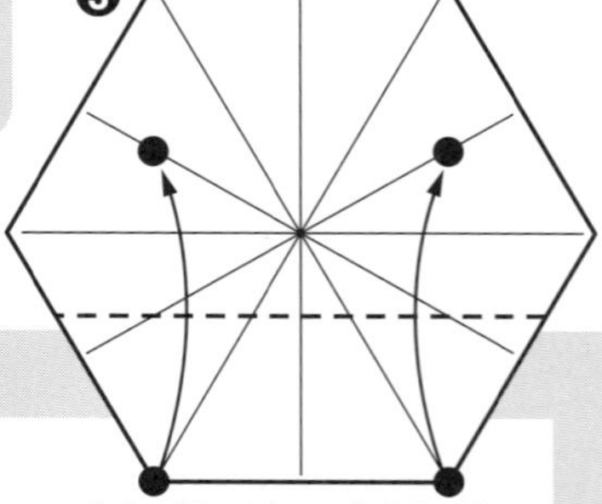

中心がかくれるように折る。
このとき図中の●のように
目安がとれる線を選ぶと折
りやすい。

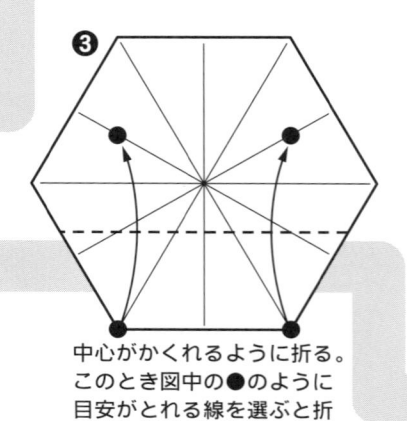

51ページに
続きます。

❹

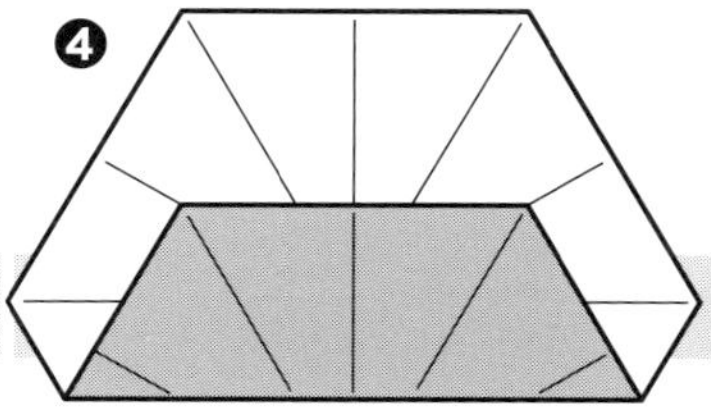

開く。残りの5か所も同じようにする。

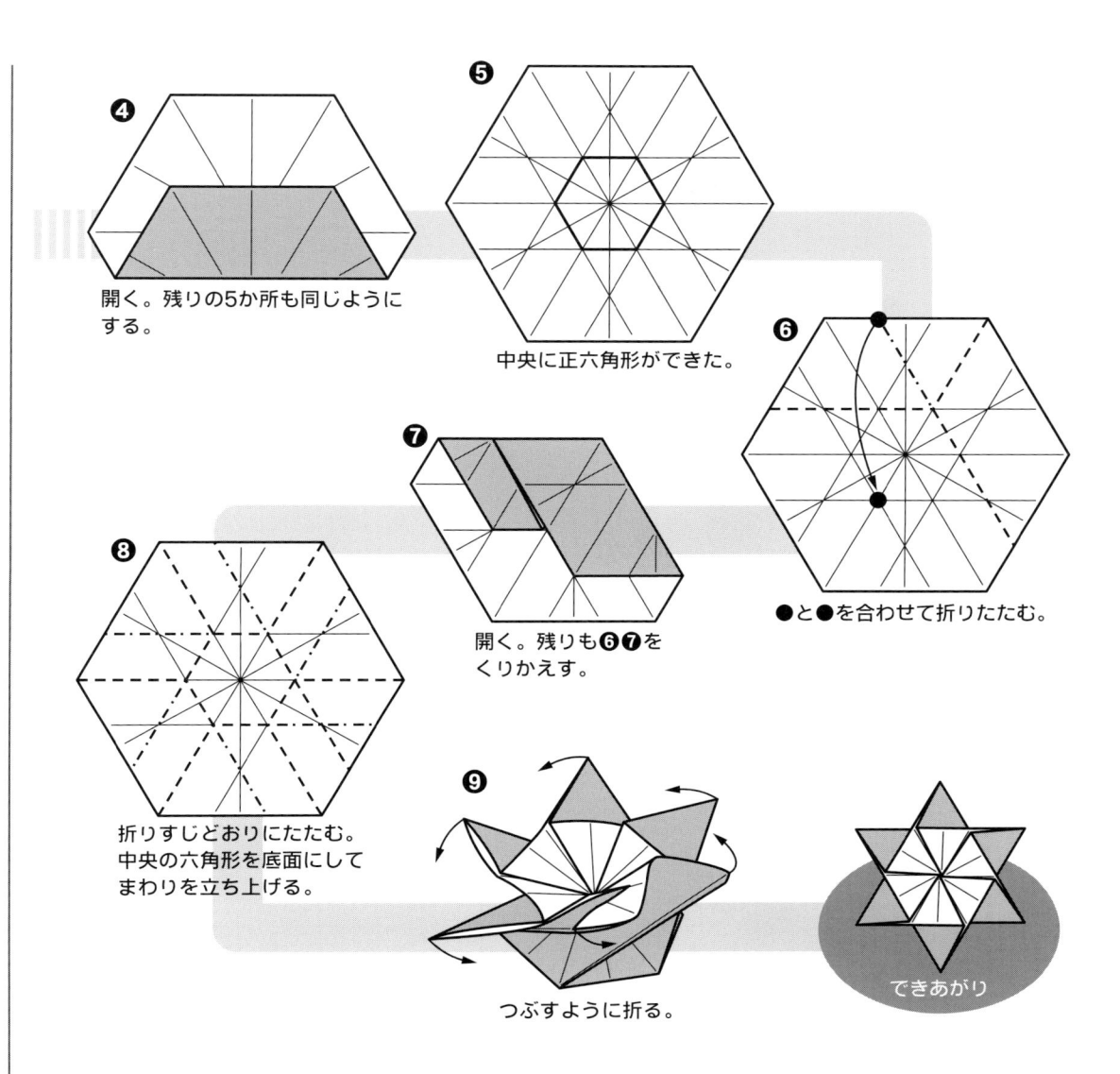

❺

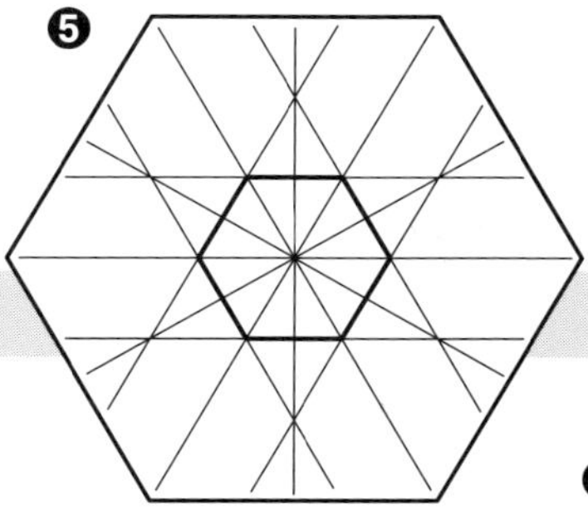

中央に正六角形ができた。

❻

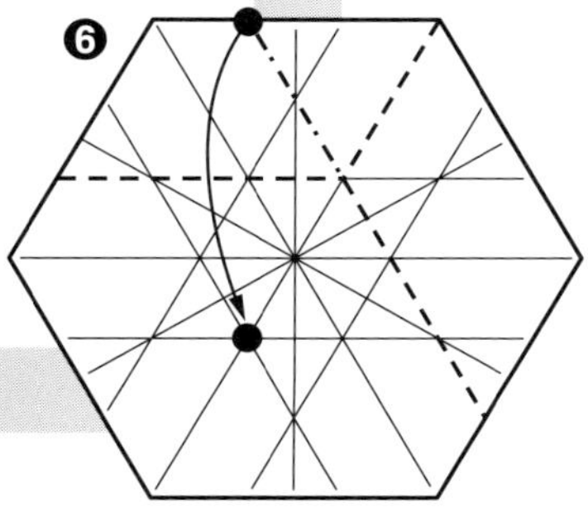

●と●を合わせて折りたたむ。

❼

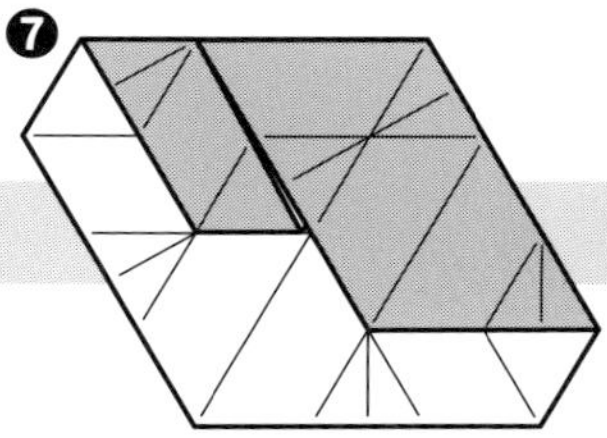

開く。残りも❻❼をくりかえす。

❽

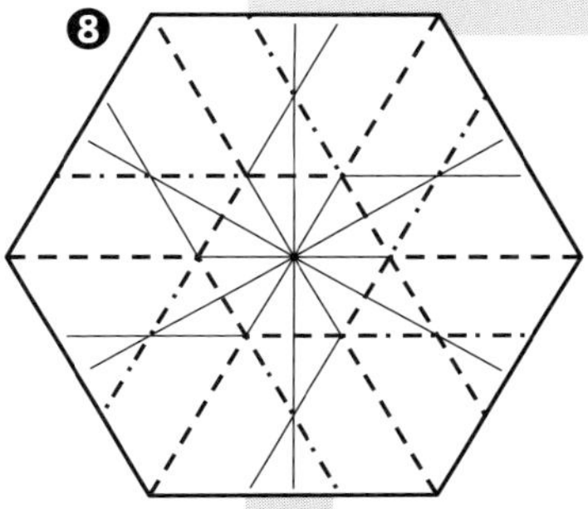

折りすじどおりにたたむ。中央の六角形を底面にしてまわりを立ち上げる。

❾

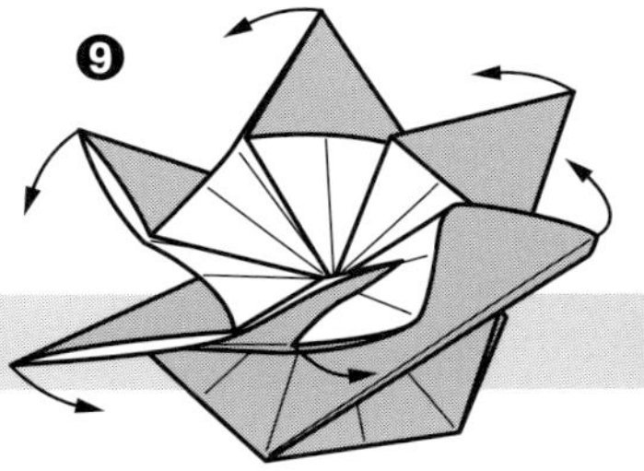

つぶすように折る。

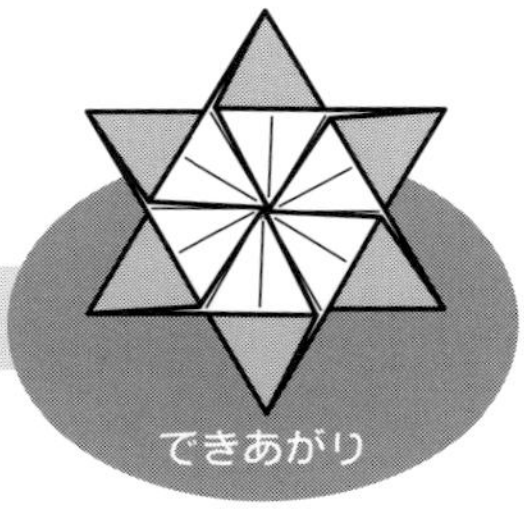

正八角形用紙からの風車のかぶせ折りの折り方

口がしっかり閉じるので、手紙入れなどに使うことができます。

❶

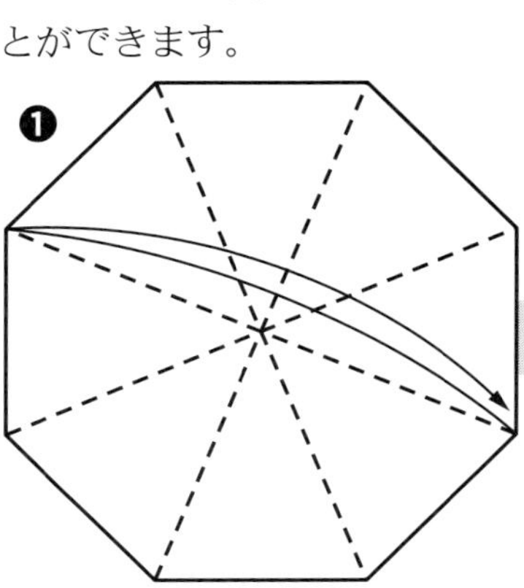

向かい合う頂点が合うように4本の折りすじをつける。

52ページに続きます。

❷

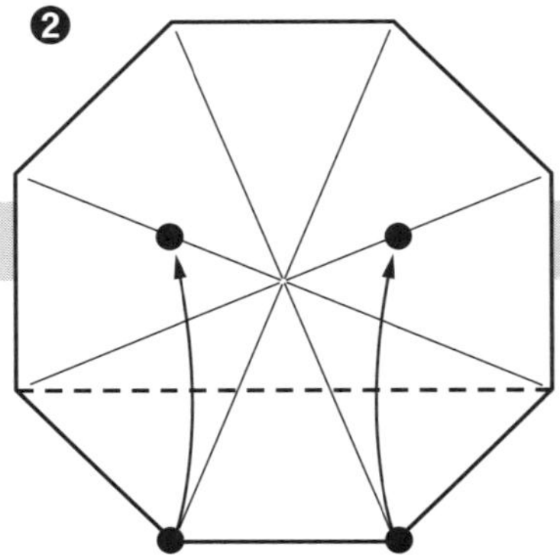

目安になる折りすじ上に
かどを合わせる。

❸

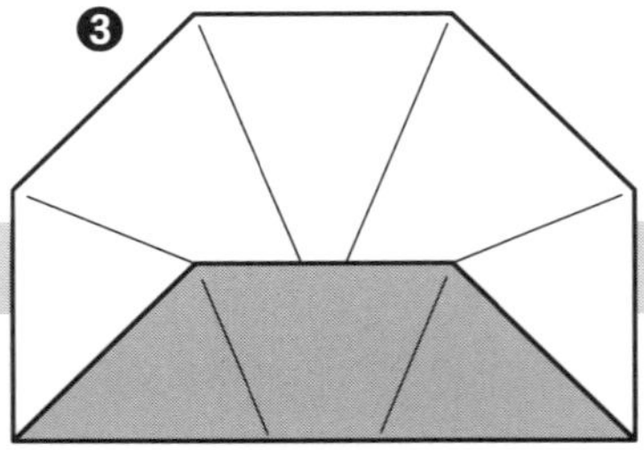

開く。

向きを
変える。

❹

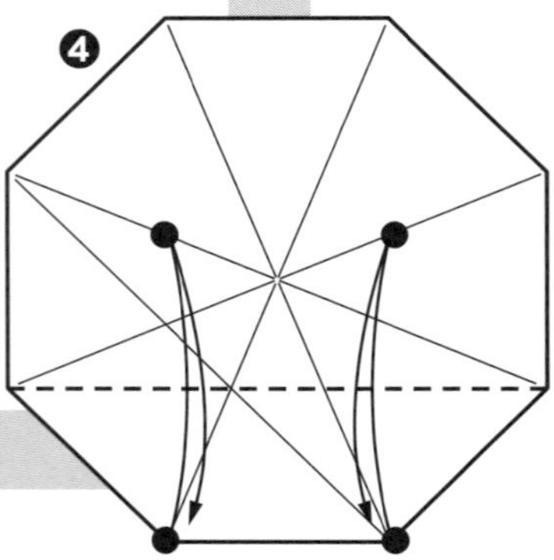

折りすじをつける。残りも
同じようにする。

❺

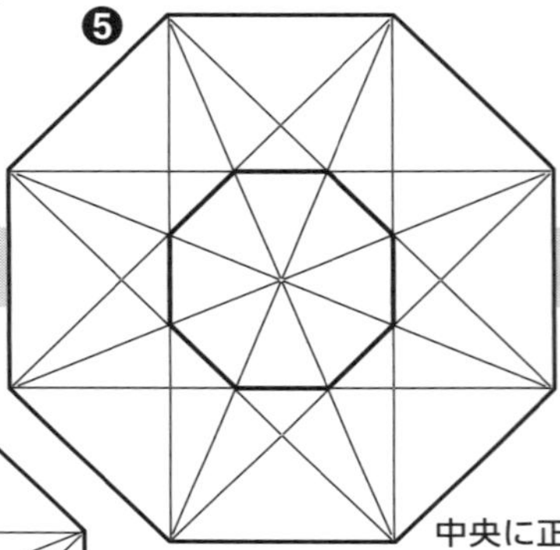

中央に正八角形ができた。

❻

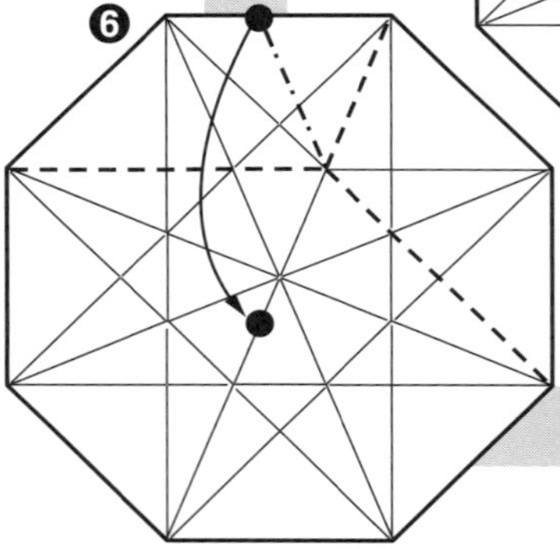

●と●が合うように折りたたむ。

❼

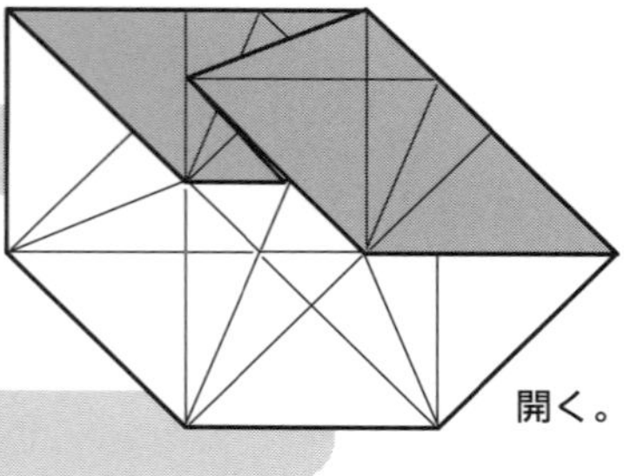

開く。

❽

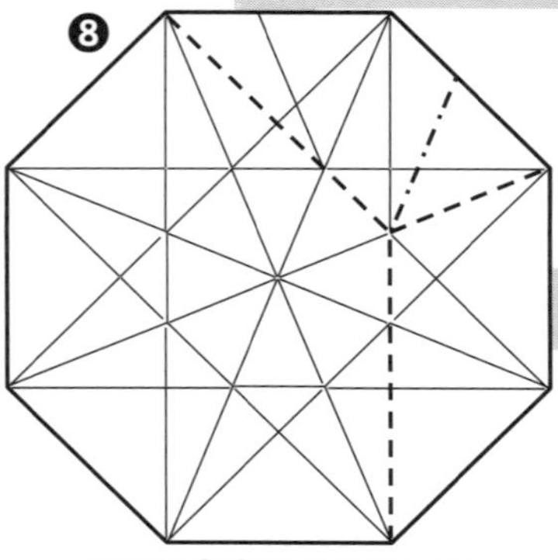

残りも❺❻をくりかえす。

❾

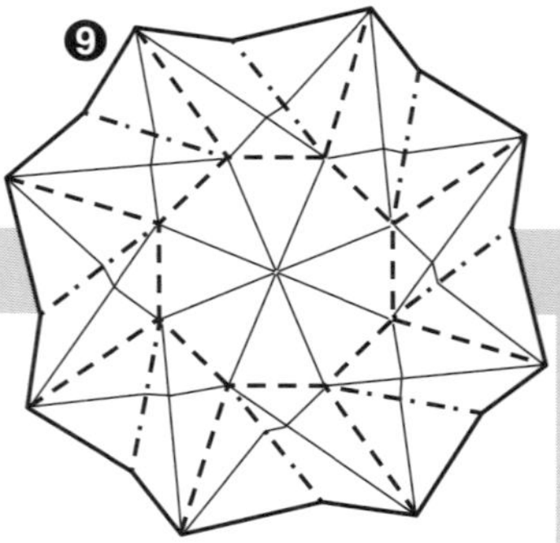

すべてに折りすじをつけると、
花びらのように持ち上がる。

53ページに
続きます。

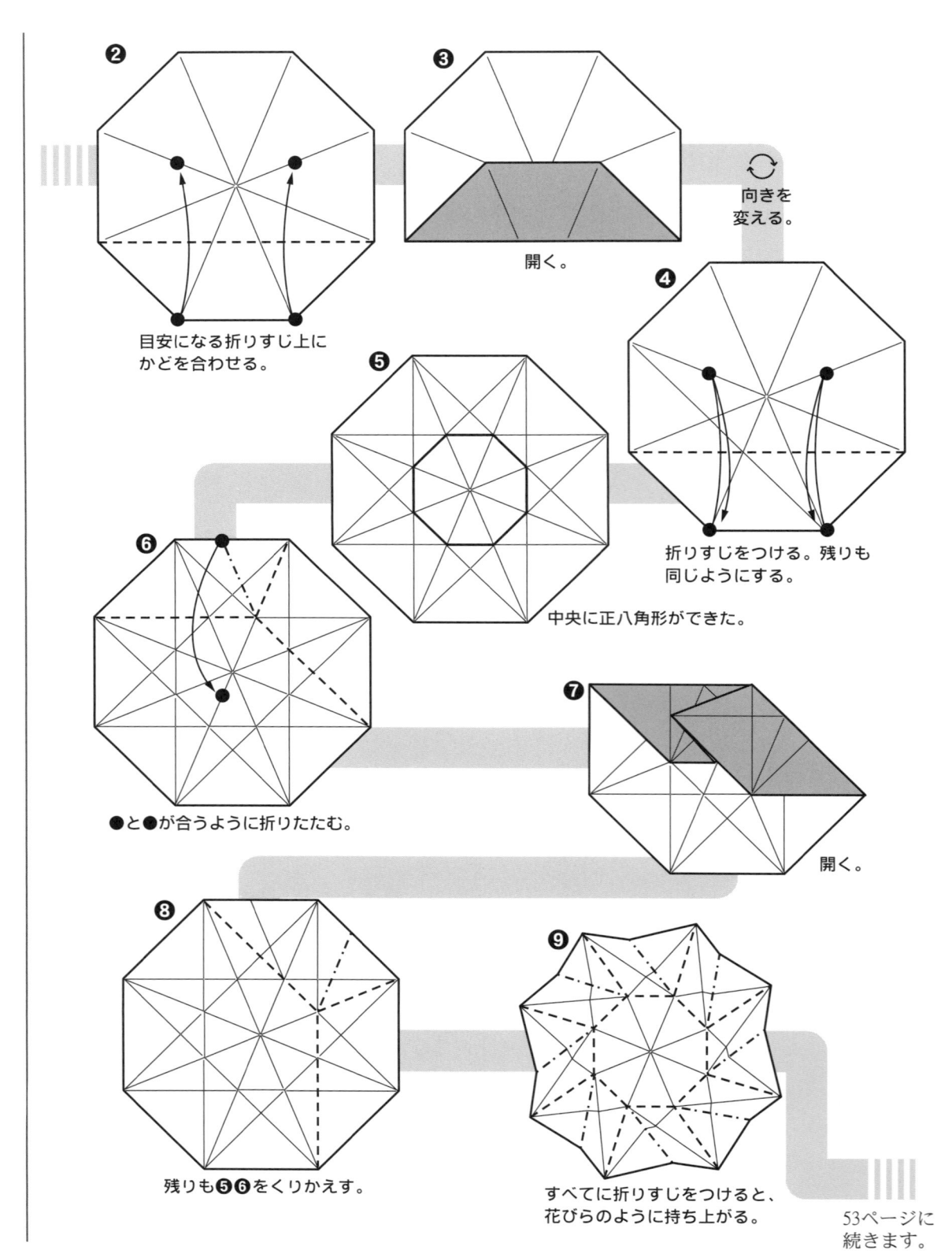

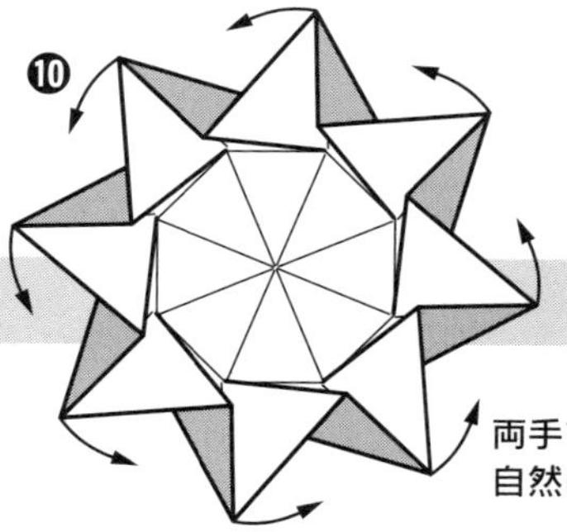
⑩
両手ですぼめながら折ると、
自然にきれいにまとまる。

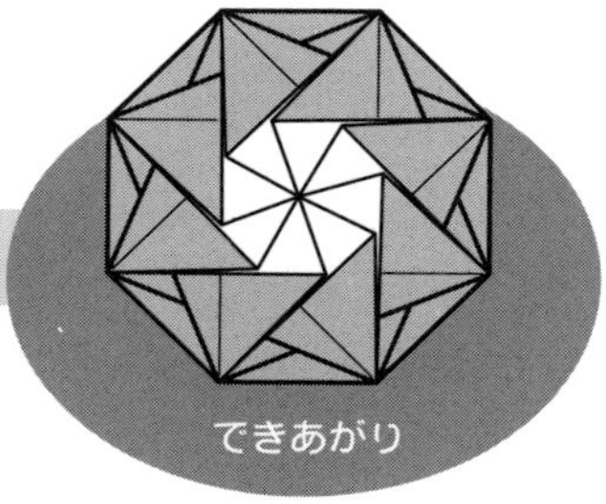
できあがり

「ずらし折り」と「かぶせ折り」は折り工程を変えています。折りすじの位置を変えることで、できあがりの大きさが変わる作り方と、目安を決めて折っていくので、できあがりの大きさがきまっていくという二通りのやり方です。「ずらし折り」「かぶせ折り」のどちらももう一方の作り方でできるので、折りくらべてみてください。ただ、正三角形の「ずらし折り」は目安になるところがないので、以下のような目安をつけて折ることができます。

目安をつけた正三角形のずらし折りのアレンジ

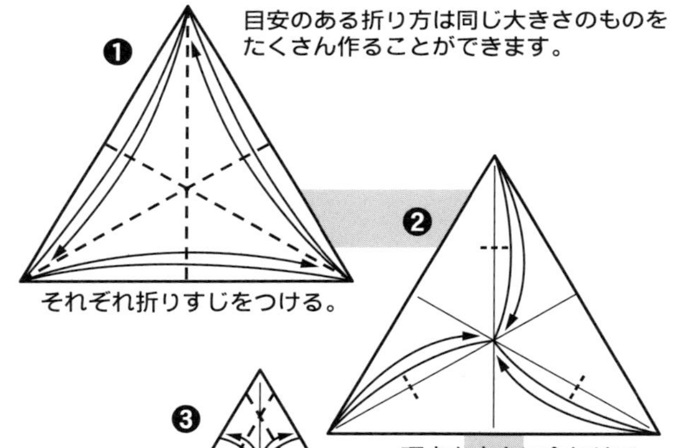
目安のある折り方は同じ大きさのものをたくさん作ることができます。
❶
それぞれ折りすじをつける。
❷
頂点を中心に合わせて
軽く折りすじをつける。

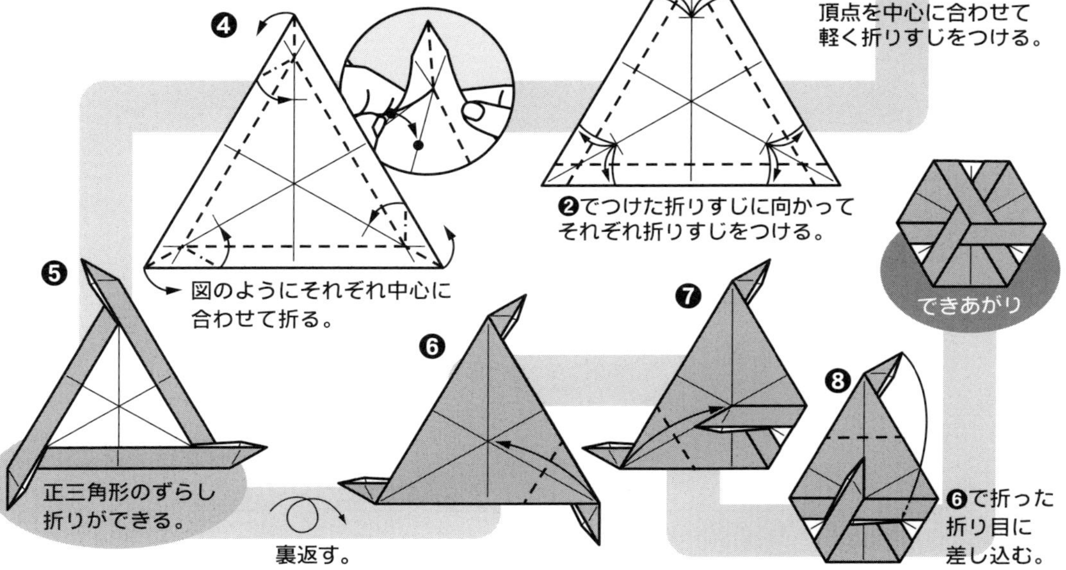
❸
❷でつけた折りすじに向かって
それぞれ折りすじをつける。
❹
図のようにそれぞれ中心に
合わせて折る。
❺
正三角形のずらし
折りができる。
裏返す。
❻
❼
❽
❻で折った
折り目に
差し込む。
できあがり

コラム 面積がもとの大きさの$\frac{1}{3}$と$\frac{1}{5}$になる正方形の一辺の作図

●正方形の折り紙を折って、面積がもとの大きさの$\frac{1}{3}$となる正方形の一辺を作図してください。また、おなじく面積が$\frac{1}{5}$となる正方形の一辺も作図してください。

●折り数が少ないほどエレガントな答えということになります。なお、紙を折ることは直線を引くことですから「折って開く」も、1回とします。

『数学セミナー』エレガントな解答をもとむ(2007年 1月号 出題)

$\frac{1}{3}$について

p.29の正三角形の作り方に戻って考えます。点Cを中心線上に写し取った点をAとすると、

△ABCは正三角形だから
BD：AD＝1：$\sqrt{3}$
△ABD∽△BECより
EC：BC＝1：$\sqrt{3}$

したがって一辺$\sqrt{3}$の正方形で考えると、求める正方形の一辺は1であればよいことになります。

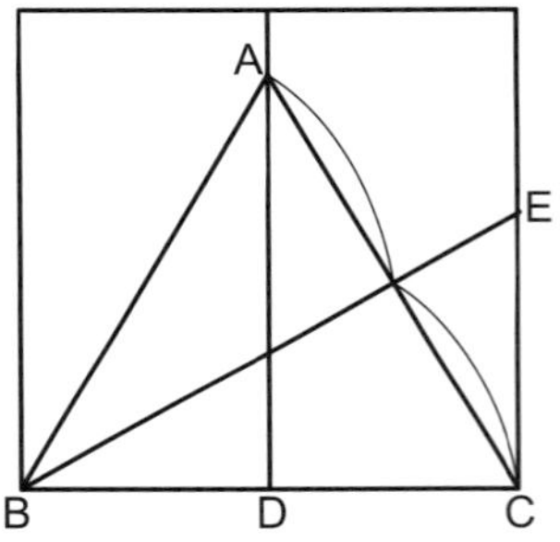

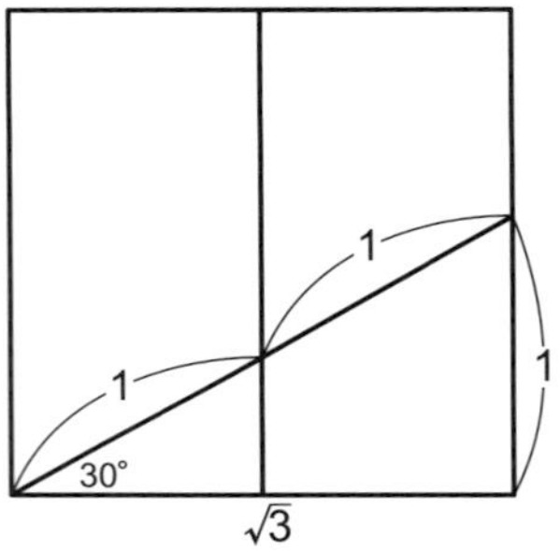

解答
○印部分が求める一辺です。
折り工程2回で得られます。

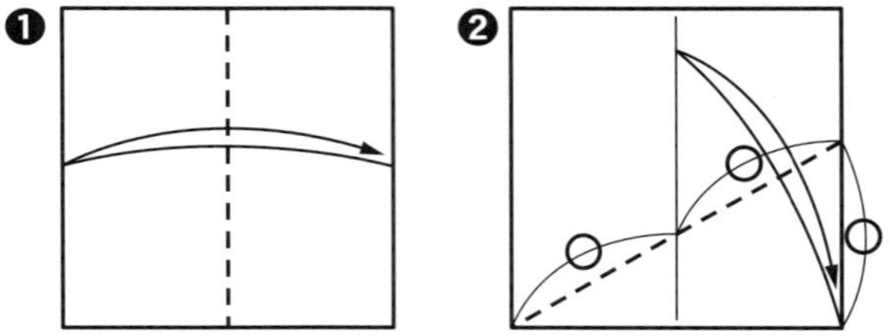

$\frac{1}{5}$について

一辺が$\frac{1}{\sqrt{5}}$の線分を見つければよいことになります。詳しくはp.64の図をご覧ください。$\frac{1}{\sqrt{5}}$については、『すごいぞ折り紙』p.18、『すごいぞ折り紙 入門編』p.54にも詳しい説明があります。

解答
3回折りで求められます。

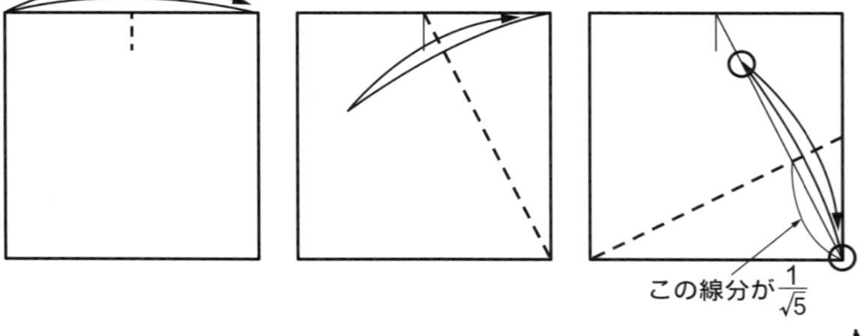

CHAPTER 5

伝承の重ね箱（枡）からの発展

伝承の重ね箱（枡）は、紙を二重にしてから折っていくので、うすい紙でもしっかりした箱ができ、用途の多い入れ物になります。
折り手順を工夫しているので、スムーズな工程にもなっています。
是非、マスターしてください。また、この箱から発展させた作品も紹介します。

解説図&折り方 伝承の重ね箱(枡)

重ね箱の折り方

この箱をきれいに仕上げるコツは、図の❶の表側からつけた２本の谷折り線をしっかりつけることです。特に両端の折りすじをしっかりつけましょう。

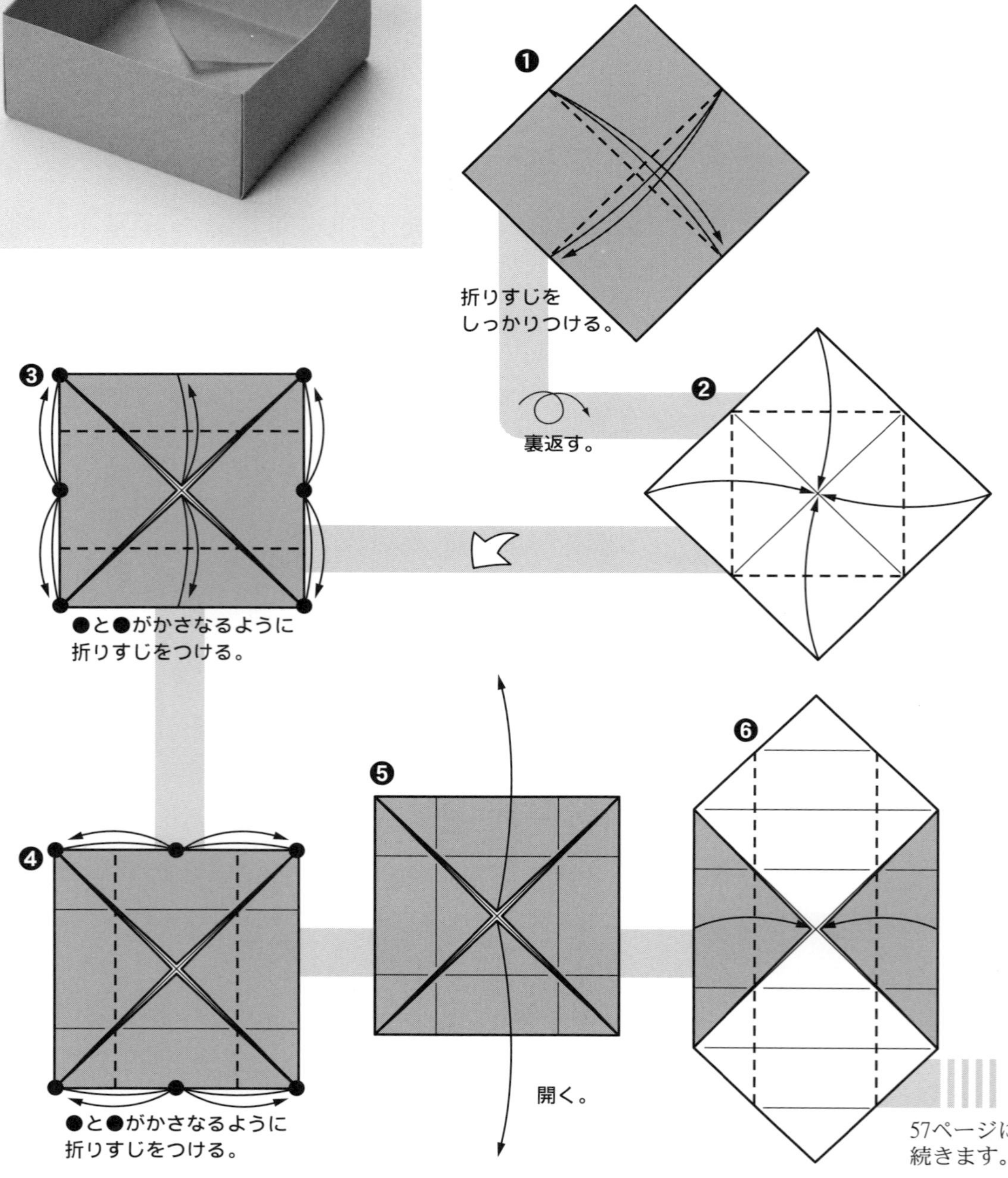
❶
折りすじを
しっかりつける。
裏返す。
❷
❸
●と●がかさなるように
折りすじをつける。
❹
●と●がかさなるように
折りすじをつける。
❺
開く。
❻

57ページに
続きます。

❼

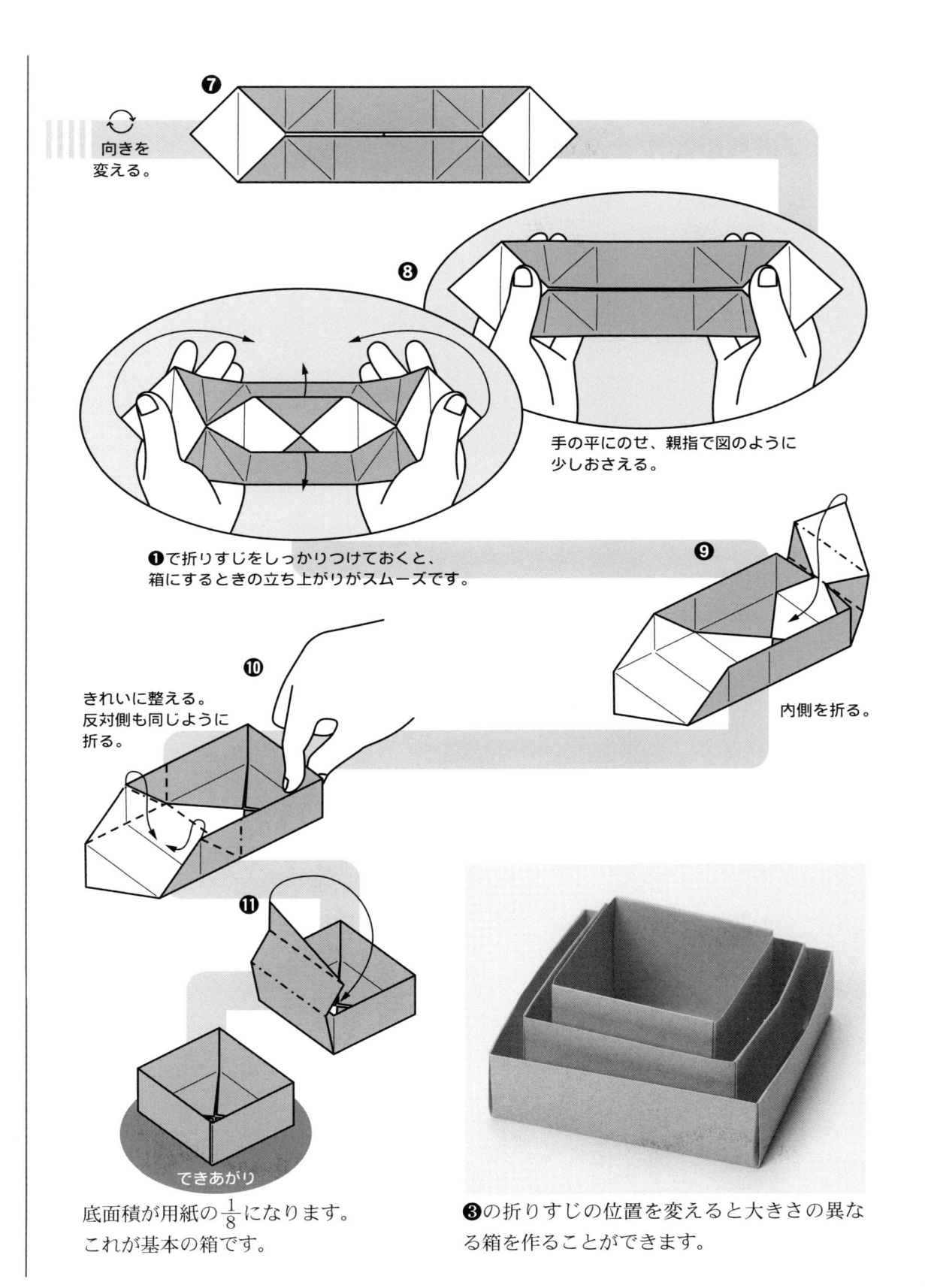

向きを変える。

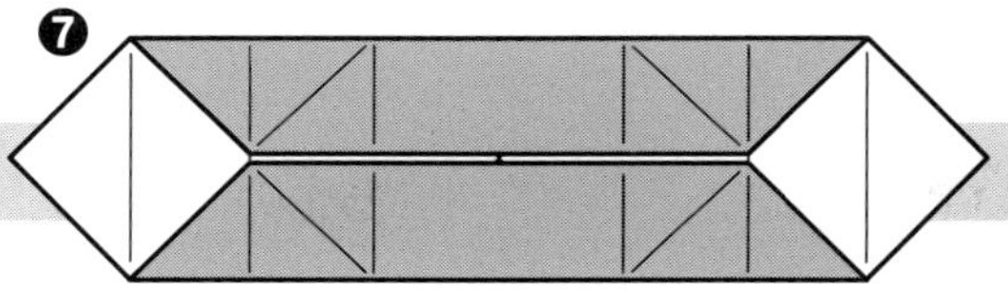

❽

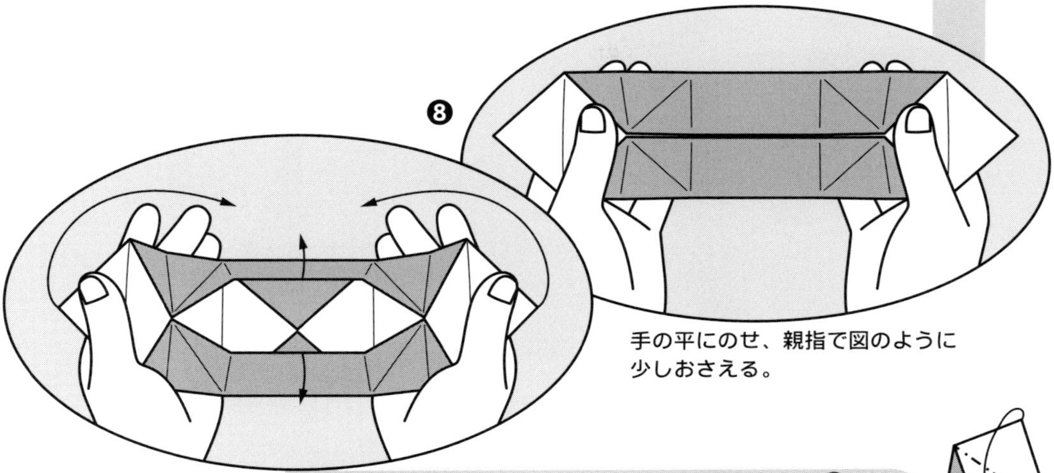

手の平にのせ、親指で図のように少しおさえる。

❶で折りすじをしっかりつけておくと、箱にするときの立ち上がりがスムーズです。

❾

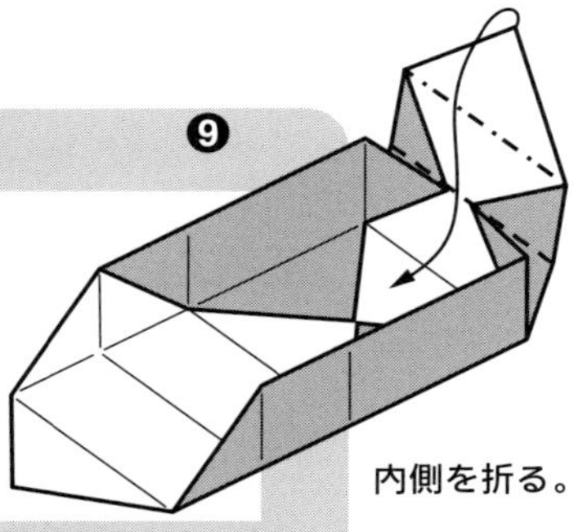

内側を折る。

❿

きれいに整える。
反対側も同じように折る。

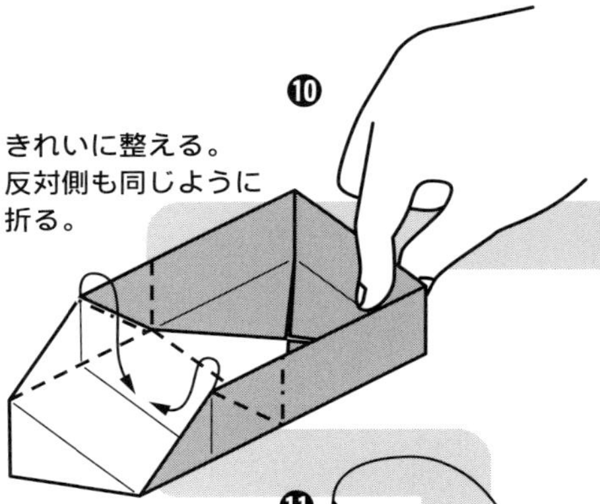

⓫

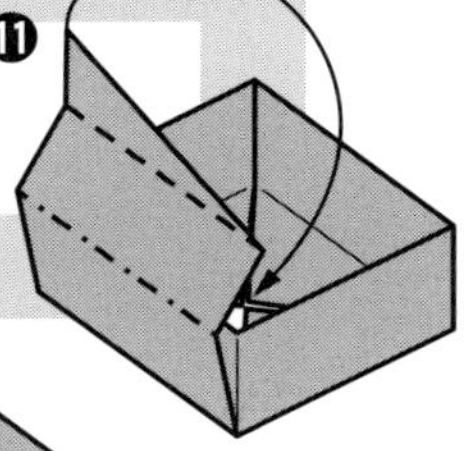

底面積が用紙の$\frac{1}{8}$になります。
これが基本の箱です。

❸の折りすじの位置を変えると大きさの異なる箱を作ることができます。

解説図&折り方

菱形用紙を作る

長方形用紙を使って菱形用紙を作ります。

菱形用紙の作り方

❶

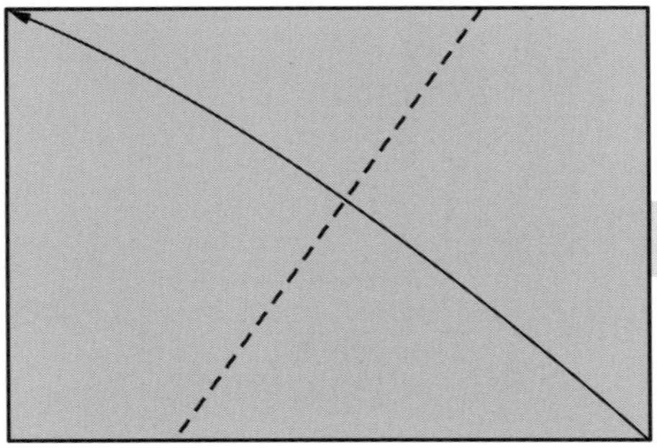

長方形の紙を使う。

❷

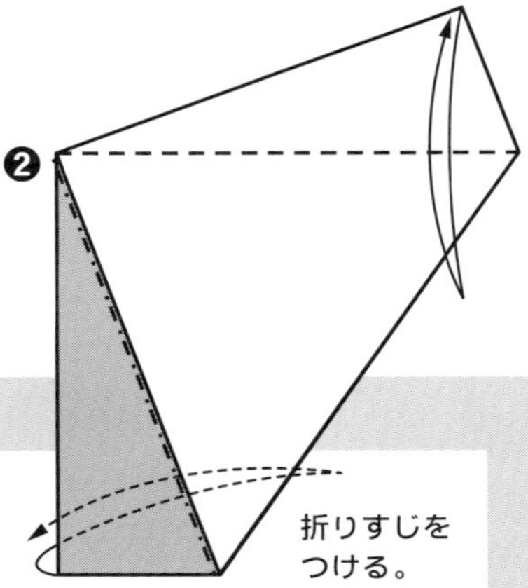
折りすじをつける。

❸

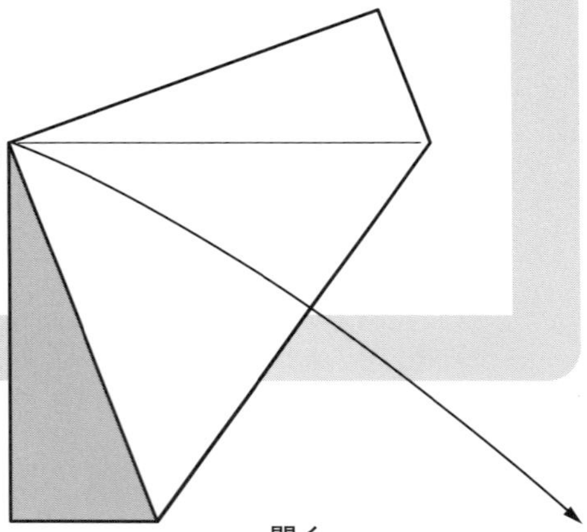

開く。

❹

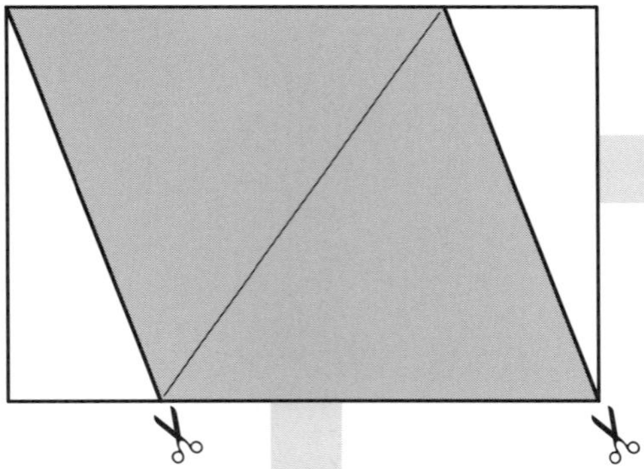

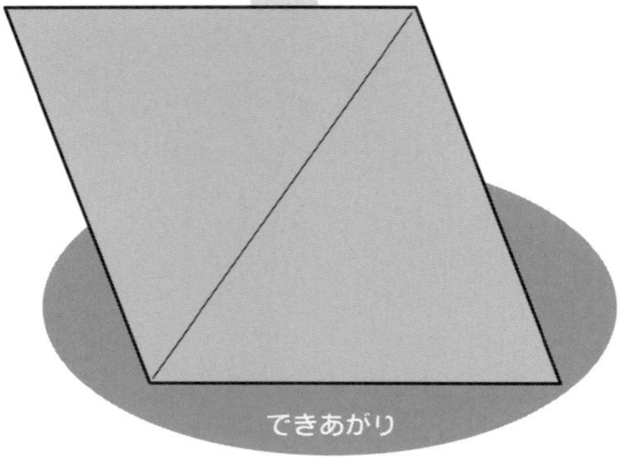
できあがり

完成したひし形は、もとの長方形用紙から作ることのできる最大のものです。

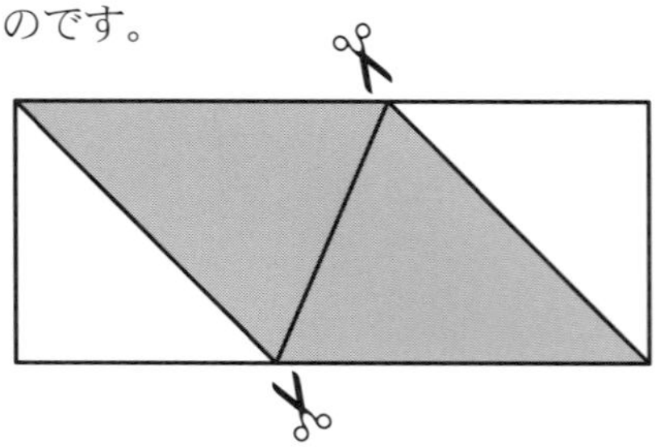

細長い長方形からとったひし形です。
入れものの形はどうなるでしょうか？
（答えは「あとがき（p.94）」にあります）

解説図&折り方

菱形用紙で折る箱

伝承の重ね箱の折り手順と比べてみましょう。同じ手順で作られています。

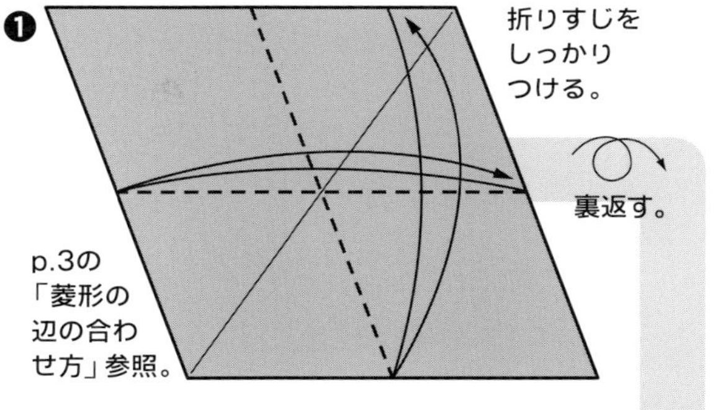

❶
折りすじをしっかりつける。
裏返す。
p.3の「菱形の辺の合わせ方」参照。

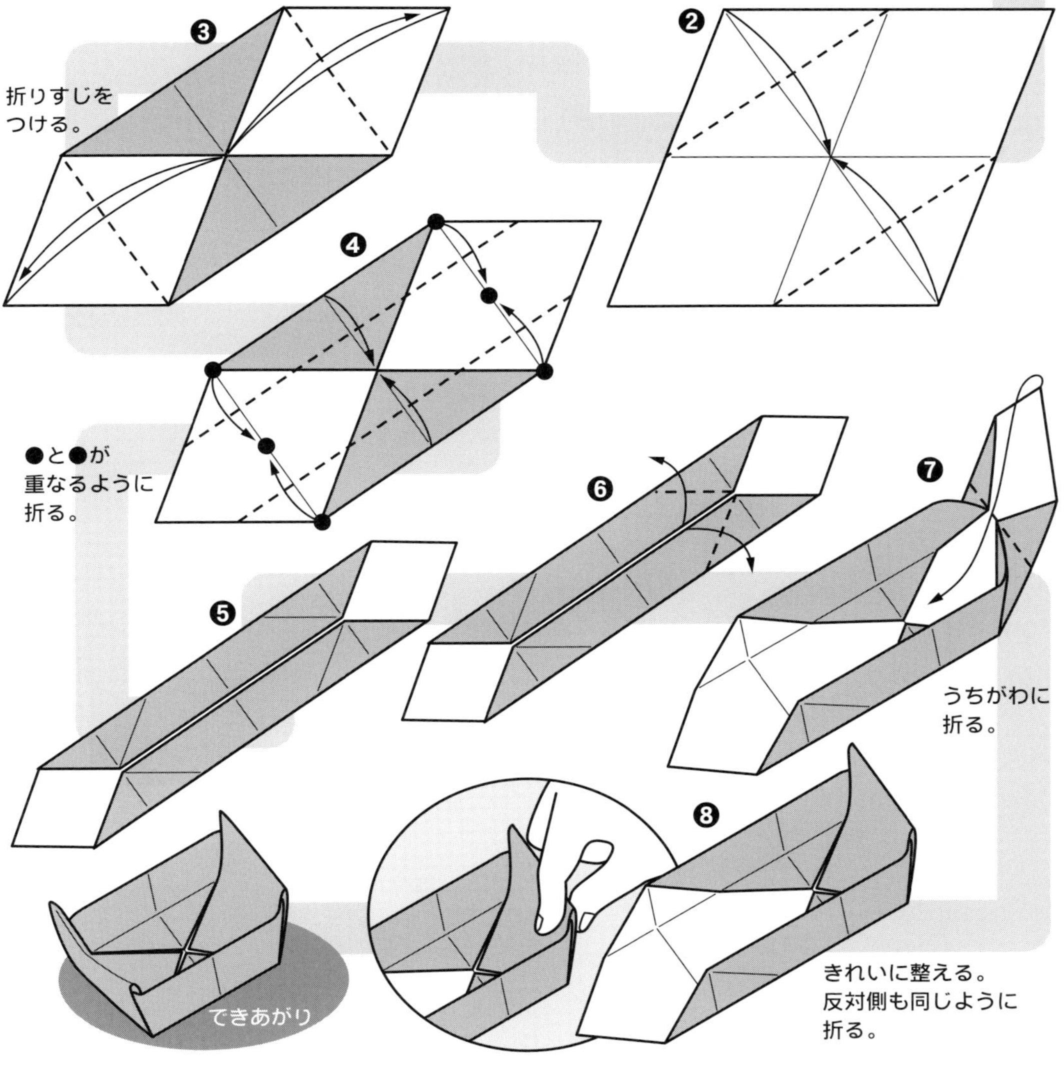

❷
❸
折りすじをつける。
❹
●と●が重なるように折る。
❺
❻
❼
うちがわに折る。
❽
きれいに整える。反対側も同じように折る。
できあがり

解説図&折り方　一枚の紙で作るギフトボックス（蓋つき箱）

伝承の重ね箱は用紙をすき間のない二重折りにして（座布団折りといいます）作りますが、ここでは中央部分にすき間のある二重折りを作ってからスタートさせます。二重折りした部分の一部が蓋の役目をしますので、一枚で蓋つきの箱ができます。

ギフトボックスの折り方

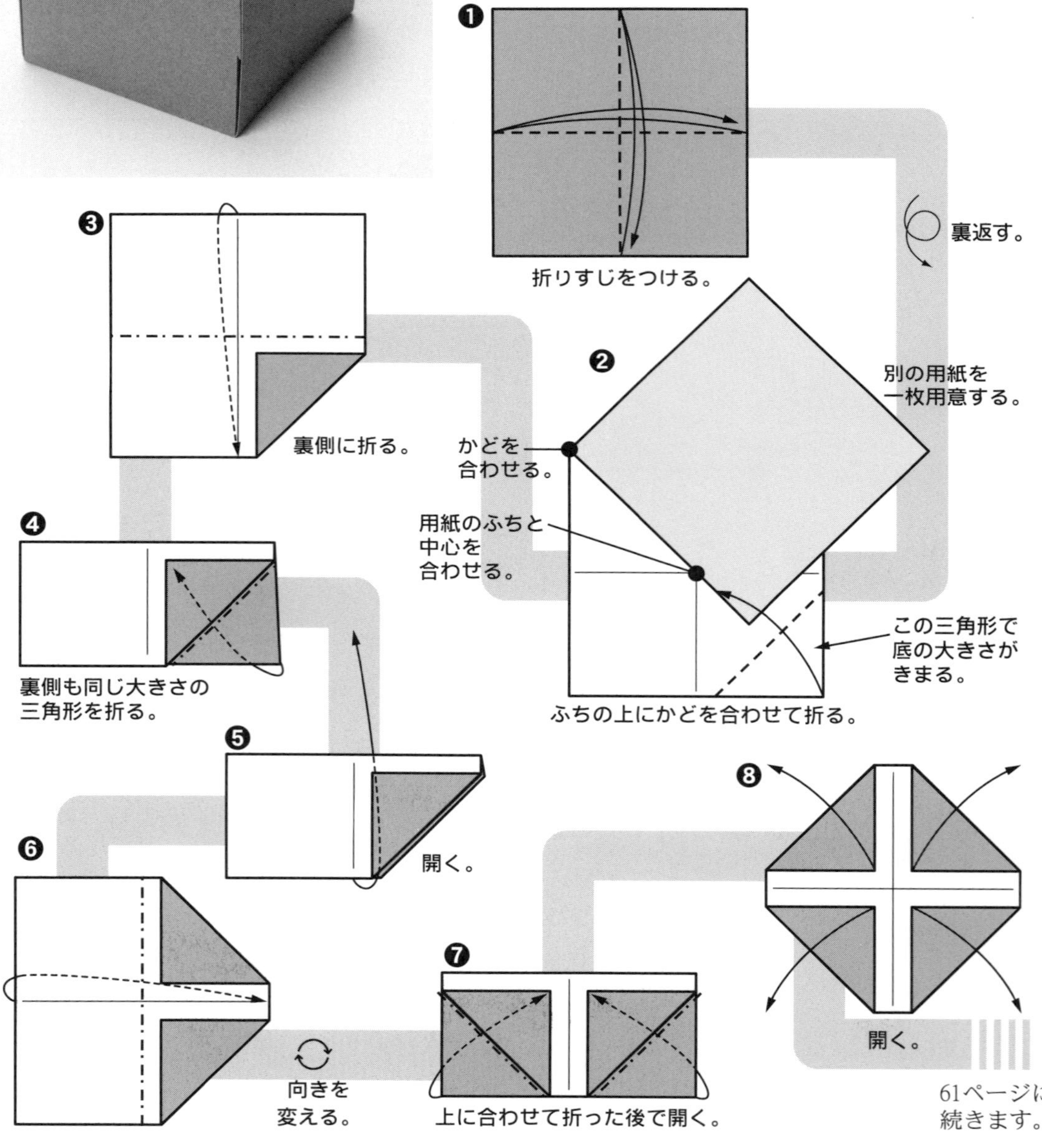
❶
折りすじをつける。
裏返す。
❷
別の用紙を
一枚用意する。
かどを
合わせる。
用紙のふちと
中心を
合わせる。
この三角形で
底の大きさが
きまる。
ふちの上にかどを合わせて折る。
❸
裏側に折る。
❹
裏側も同じ大きさの
三角形を折る。
❺
開く。
❻
向きを
変える。
❼
上に合わせて折った後で開く。
❽
開く。

61ページに
続きます。

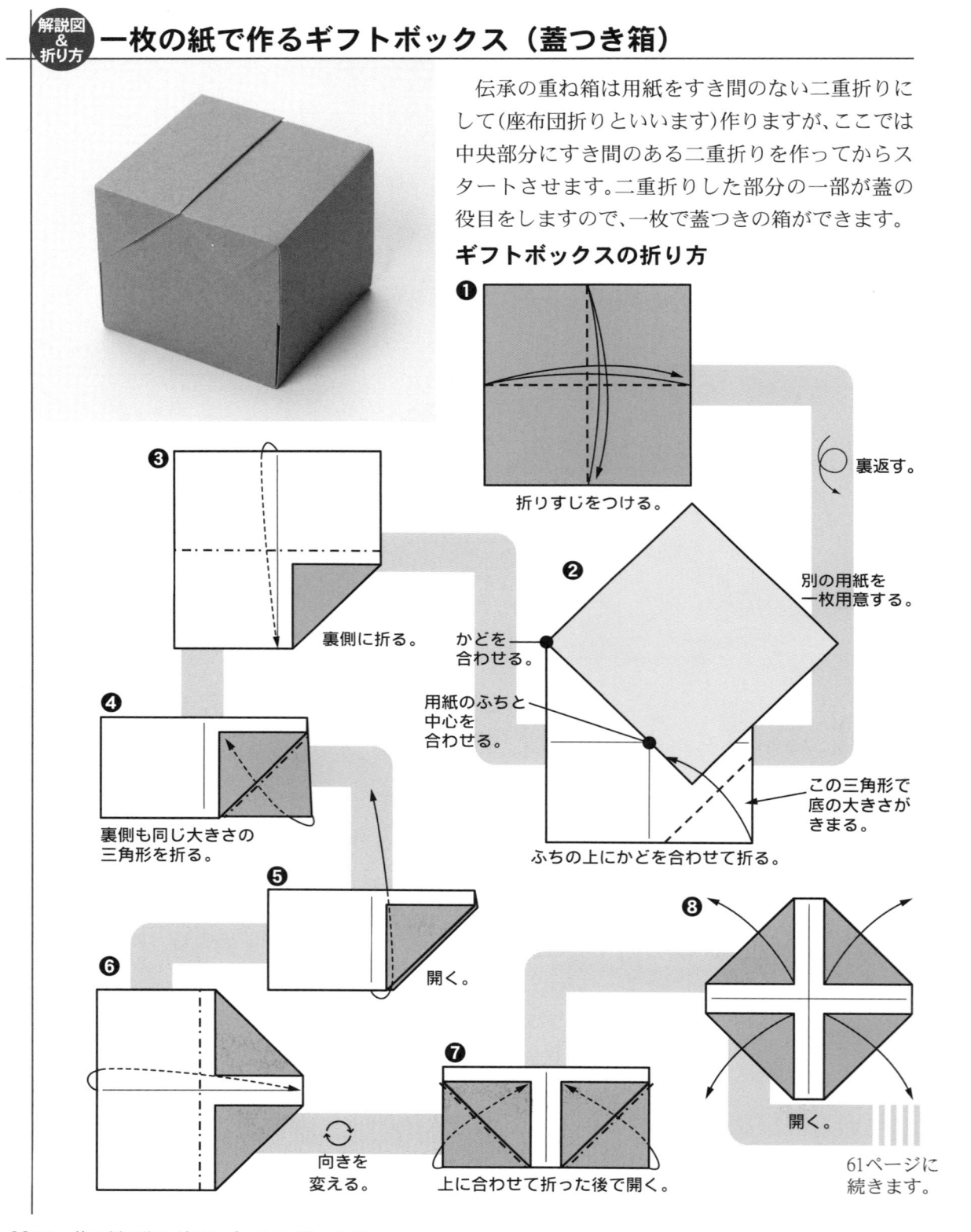

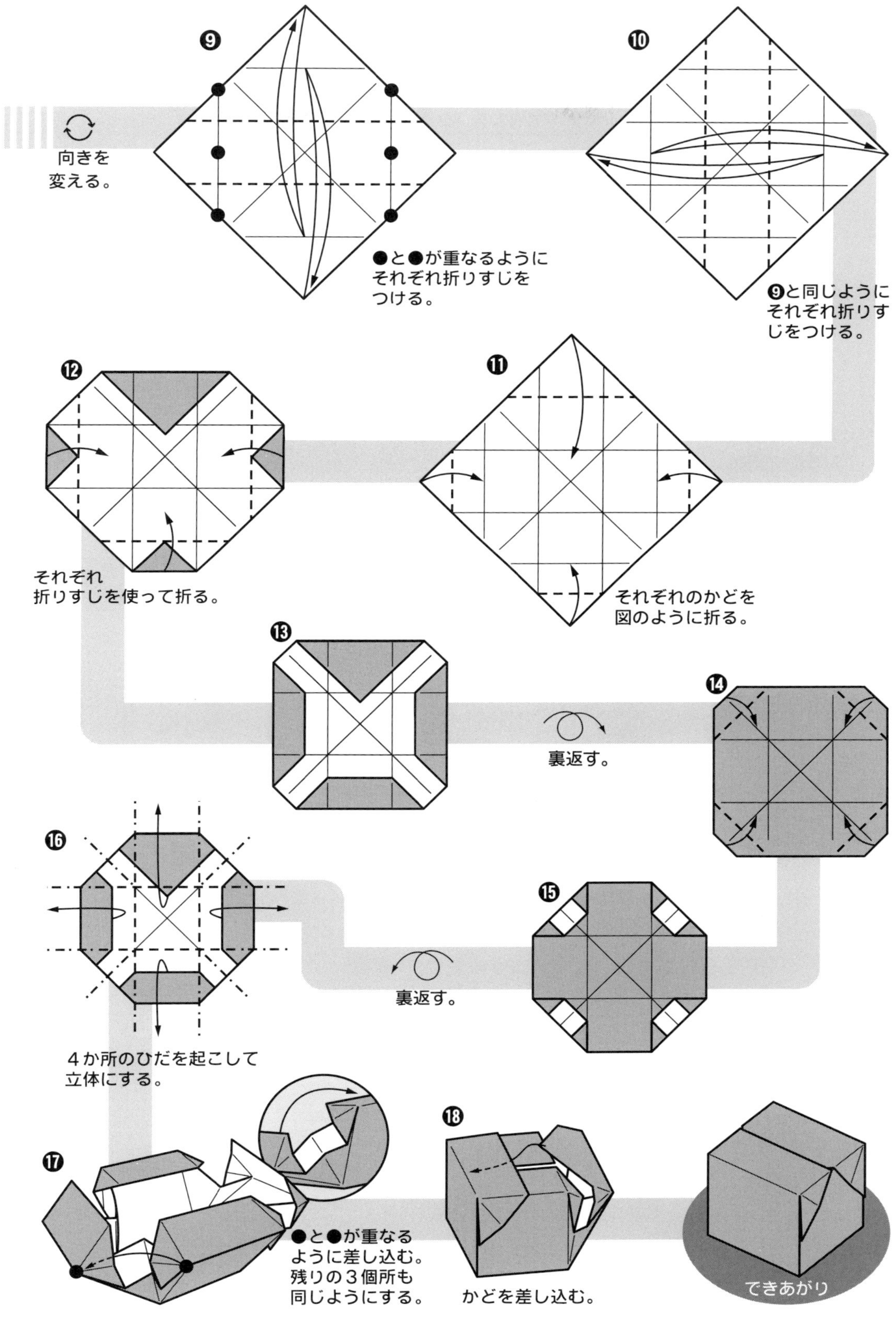
向きを
変える。
9
●と●が重なるように
それぞれ折りすじを
つける。
10
❾と同じように
それぞれ折りす
じをつける。
11
それぞれのかどを
図のように折る。
12
それぞれ
折りすじを使って折る。
13
裏返す。
14
15
裏返す。
16
4か所のひだを起こして
立体にする。
17
●と●が重なる
ように差し込む。
残りの3個所も
同じようにする。
18
かどを差し込む。
できあがり

解説図 座布団折りからスタートする箱群

伝承の重ね箱

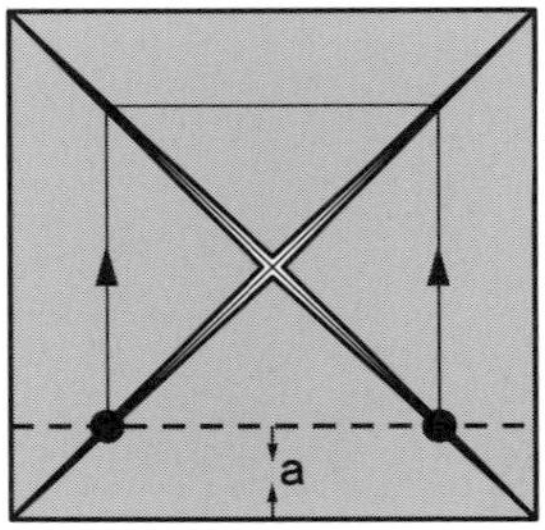

同じ大きさの用紙を使って、折り幅aを大きくすると底面が小さく深い箱ができます。折り幅を小さくすると底面が大きく浅い箱になります。aを少しずつ変えていくと、重ね箱がいっぱいできます。大きさを変えた箱を作れば蓋つきの箱になります。

立方体の箱は、折り幅をどこにとればいいでしょうか。
(答えは「あとがき(p.94)」にあります)

菱形の箱

伸縮できる紙があったとして、正方形から作った座布団折りの両端を持って均一に左右に引っ張ると、座布団折りは右図のように長方形になります。広げると菱形用紙です。菱形の究極の形は正方形ですから、正方形からの「伝承の重ね箱」とほぼ同じような折り工程で菱形の箱を作ることができます。

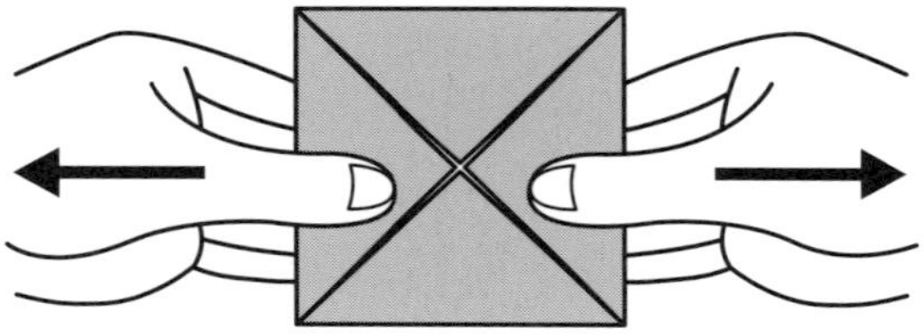

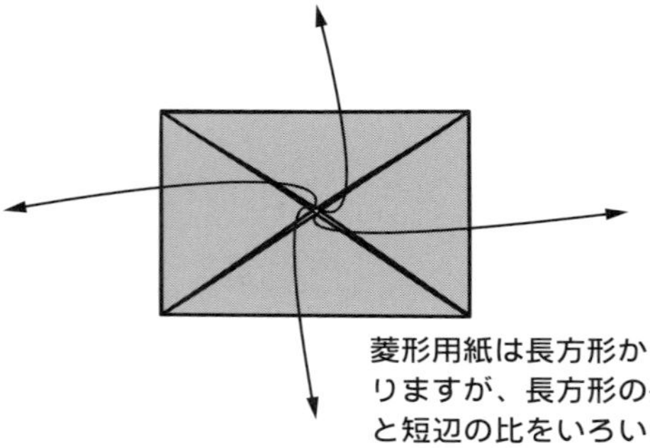

菱形用紙は長方形から作りますが、長方形の長辺と短辺の比をいろいろ変えて作ってみましょう。

一枚の紙で作るギフトボックス（蓋つき箱）

p.60図❽のように、中央に隙間のある座布団折りからスタートする箱です。この隙間の大きさでできあがりの箱の底面の大きさや深さが決まります。隙間が大きいほど底面は小さく深い箱ができます。隙間をどんどん小さくしていけば底面が大きく浅い箱になります。
では隙間をなくしたらどうなるでしょう。
正方形用紙の座布団折りになりますね。底面積がもっとも大きい箱ができます。

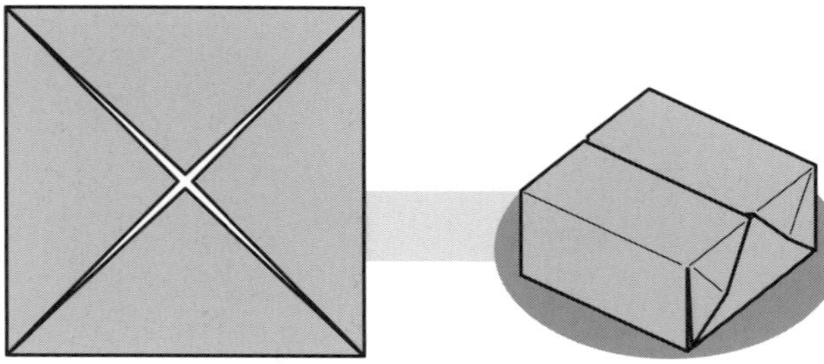

伝承の基本の箱と同じ形、大きさの箱ができます。すなわち底面積は、用紙の$\frac{1}{8}$です。

CHAPTER 6

$\frac{1}{n}$正方形の底面を持つ箱

正方形用紙内に面積が$\frac{1}{2}$、$\frac{1}{4}$、$\frac{1}{8}$になる正方形を折り出すことは簡単にできますね。私は面積が$\frac{1}{n}$になる正方形の折り出し方を拙著『すごいぞ折り紙』『すごいぞ折り紙 入門編』（日本評論社）で紹介しました。その数理に興味を持った折り紙愛好家の永田紀子さんがそれを発展させました。

解説図&折り方

正方形用紙で面積がその$\frac{1}{n}$になる正方形を折りだす

次のような手順で、用紙の中央に$\frac{1}{n}$の面積を持つ正方形を折り出すことができました。折り工程も考え方もきわめてシンプルになっています。詳しくは『すごいぞ折り紙』をご覧ください。

❶

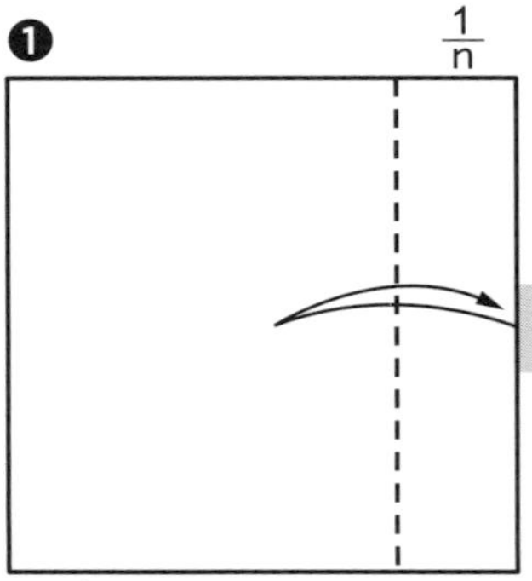

辺の$\frac{1}{n}$の幅の折りすじをつける。

❷

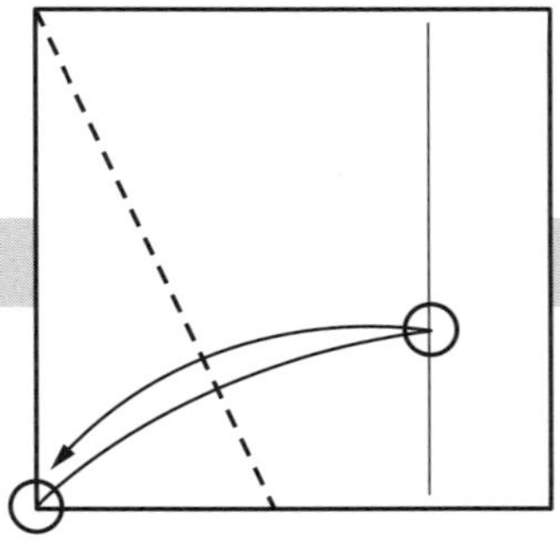

❶でつけた折りすじに左下のかどを合わせて折りすじをつける。

❸

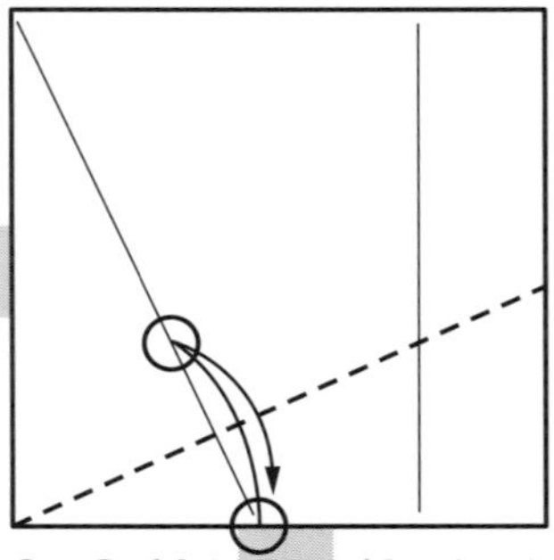

○と○が合うように折りすじをつける。

❹

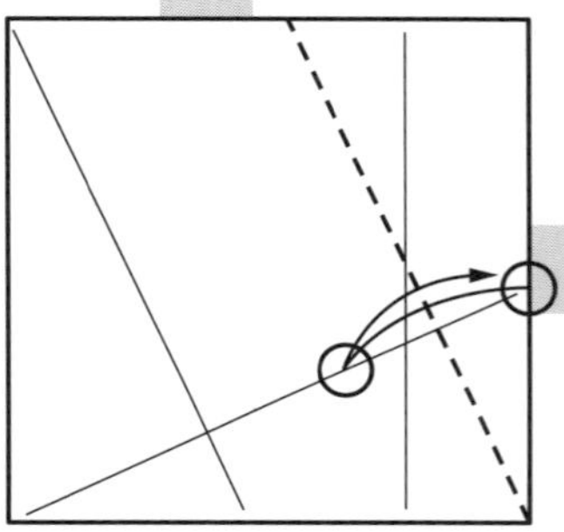

❸と同じ手順で折りすじをつける。

❺

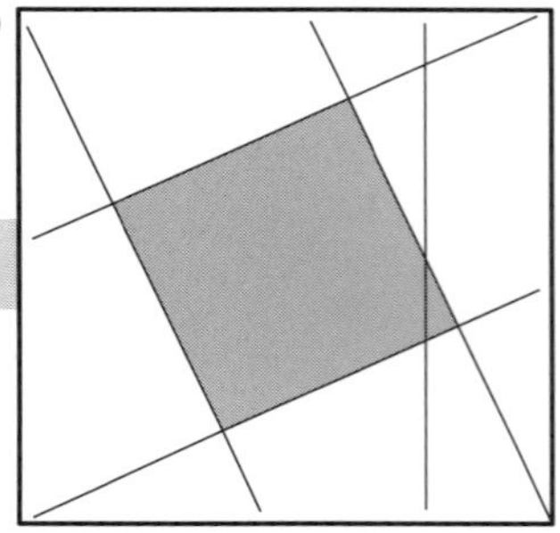

４本目も同じ手順で中央に正方形を作る。

完成した正方形の面積ははじめの用紙の$\frac{1}{n}$になる。

この発見のヒントになったのは、折り紙を楽しむ人たちのあいだではよく知られている下図の図形の性質に注目したからです。

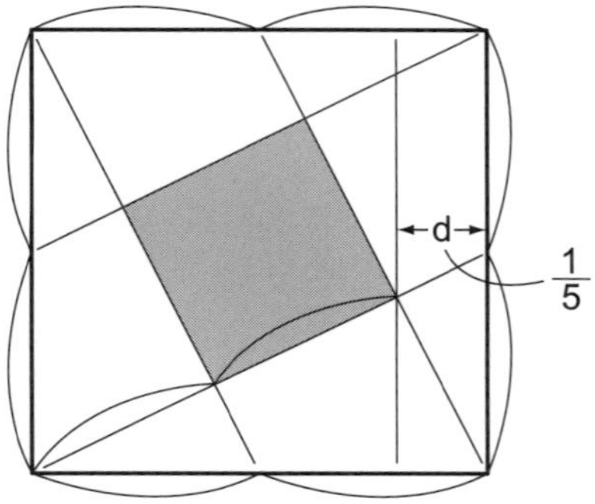

正方形の各辺の中点と頂点を結ぶ線で囲まれた中央の正方形の面積は$\frac{1}{5}$であり、このとき幅ｄも$\frac{1}{5}$になる。

解説図&折り方

$\frac{1}{n}$の正方形を底面とする箱を作る

紹介・考察 永田紀子

永田さんはわたしの$\frac{1}{n}$正方形の数理を活かした作品を紹介し、かつ考察なさっています。底面が$\frac{1}{n}$正方形になる箱をいっぱい折りだすことができるのです。それらの箱の中で特に立方体の入れ物が面白いのでここで紹介しましょう。

$\frac{1}{n}$正方形を底面とする箱を作る

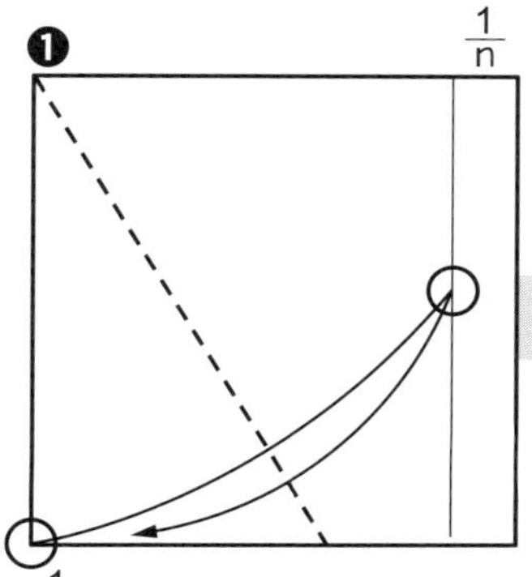
❶
$\frac{1}{n}$

$\frac{1}{n}$幅上に左下のかどを重ねて折りすじをつける。

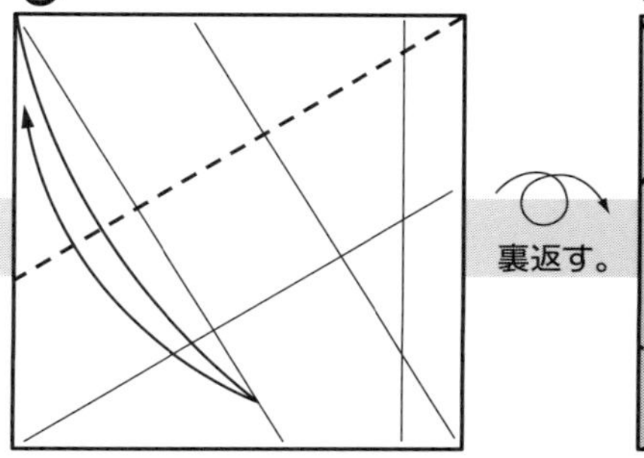
❷
裏返す。

p.64の❸❹と同じ手順で中央に$\frac{1}{n}$正方形を作る。

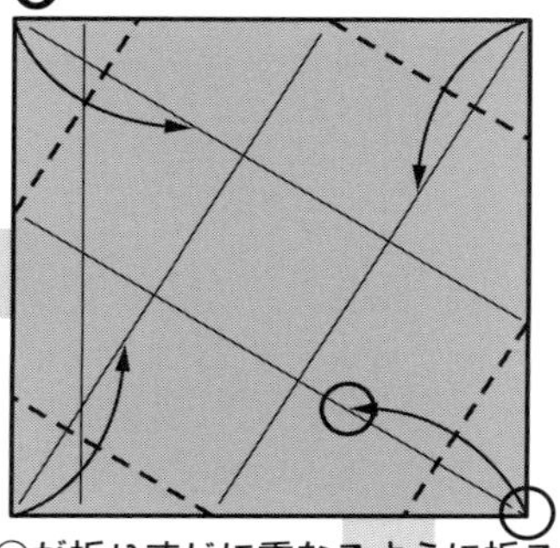
❸

○が折りすじに重なるように折る。残りの3か所も同じように折る。

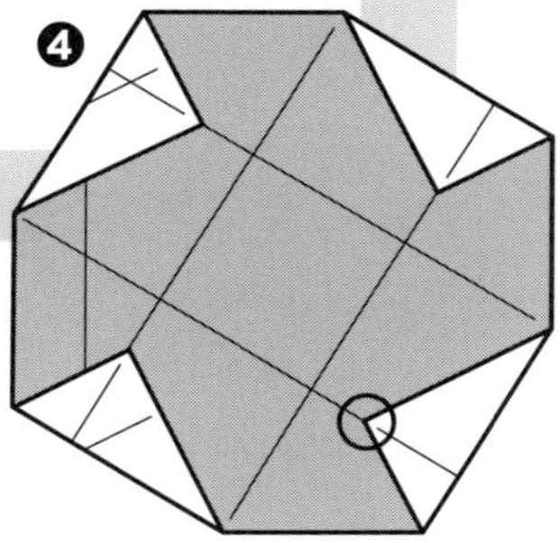
❹
裏返す。

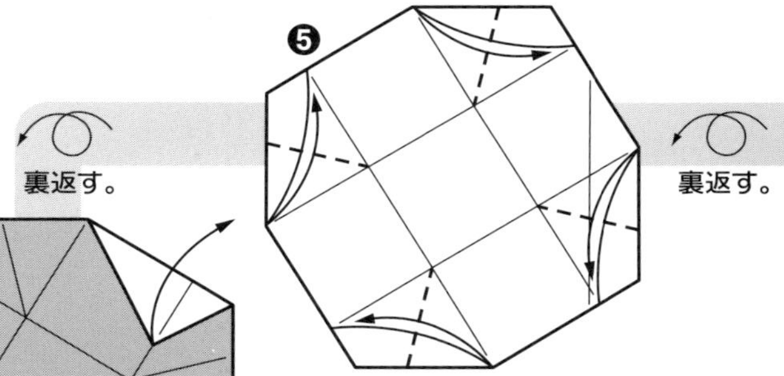
❺
裏返す。

それぞれ折りすじをつける。

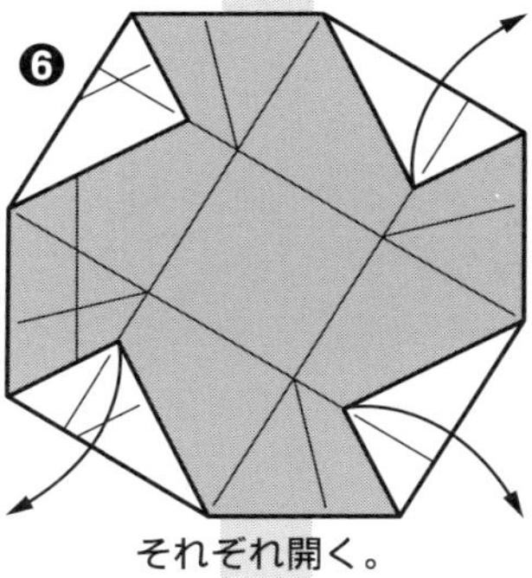
❻

それぞれ開く。

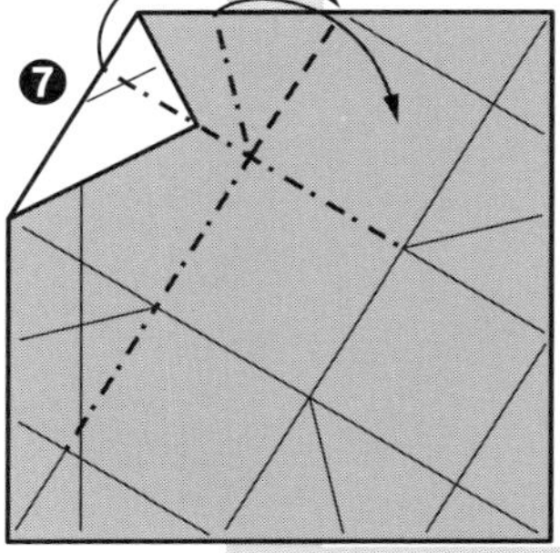
❼

折りすじにあわせて立体になるように折る。

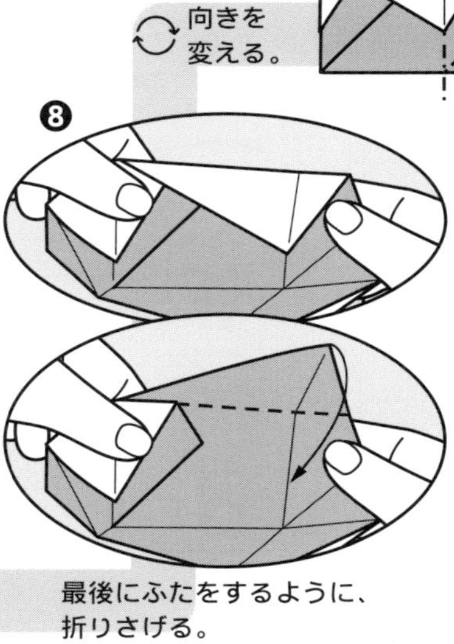
❽
向きを変える。

最後にふたをするように、折りさげる。

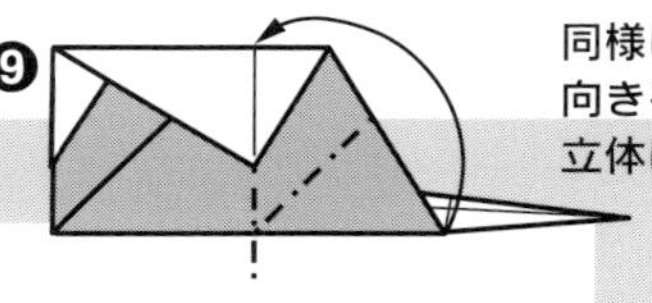
❾

同様にそれぞれ向きを変えながら、立体にする。

できあがり

底面が$\frac{1}{3}$、$\frac{1}{4}$、$\frac{1}{5}$、$\frac{1}{7}$になる箱を作ってみましょう。$\frac{1}{3}$や$\frac{1}{7}$などの折り幅のとりかたはp.79をご覧ください。

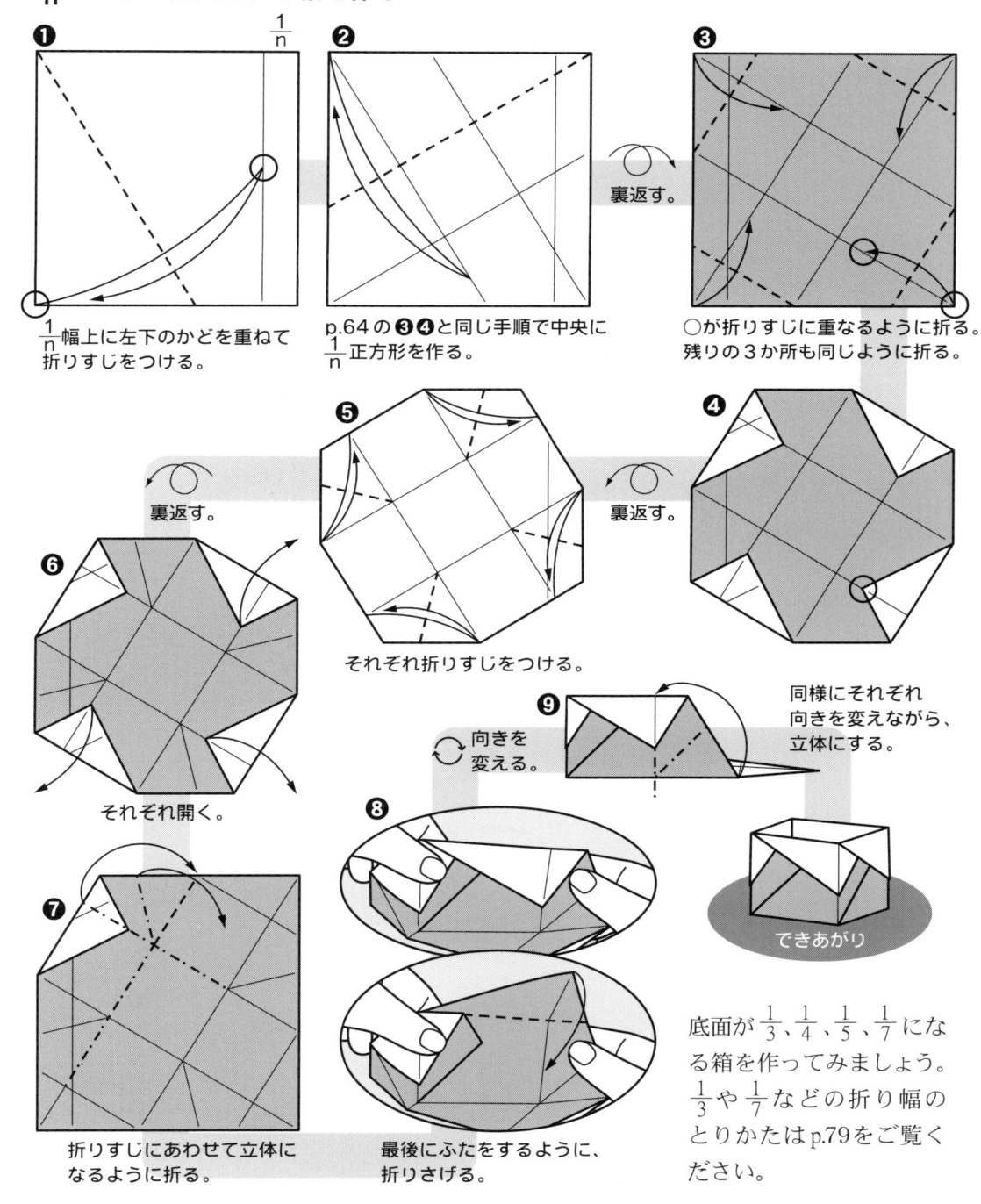

$\frac{1}{n}$の折り幅を取らずに箱を作る

❶

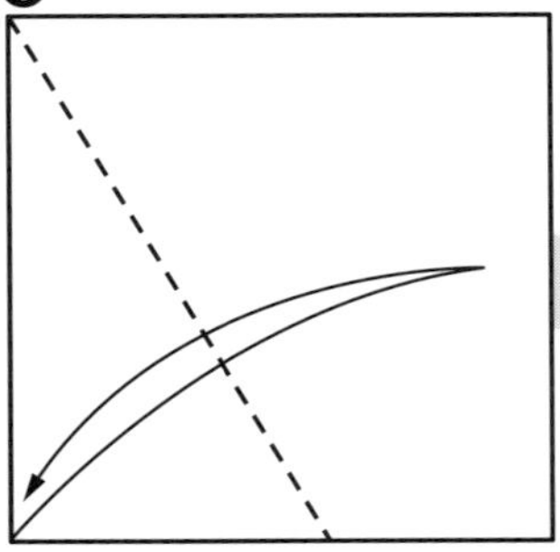

辺上の好きな一点を取り、折りすじをつける。

❷

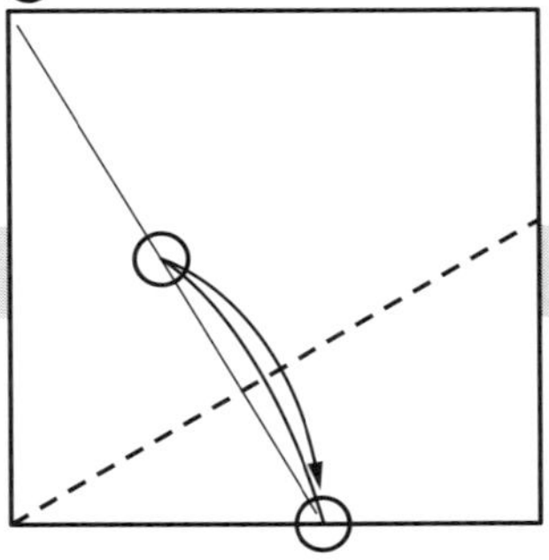

❶でつけた折りすじ上の○と○が重なるように左下のかどを通る折りすじをつける。残りの２本も同じように折りすじをつける。

❸

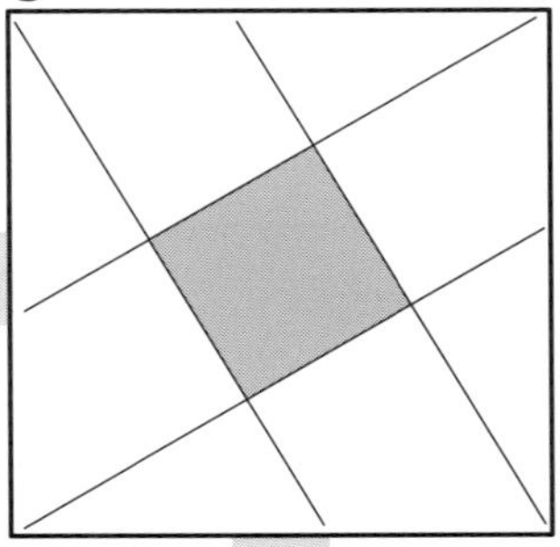

中央にできた正方形を底にしてp.65の❸～❾と同じ手順で箱を作る。

この作り方は、「$\frac{1}{n}$正方形を底面とする箱を作る」とは異なり、底面の大きさを指定しないで作っています。

この作り方で、たくさん箱を作ってみる

左上の角からスタートさせる最初の折りすじの傾きを変えていくと、浅い箱から深い箱まで自由自在に作ることができ、重ね箱にもなります。

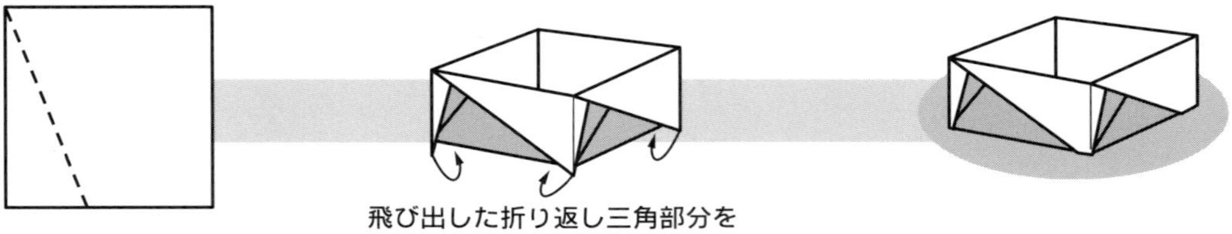

飛び出した折り返し三角部分を箱の深さに合わせます。

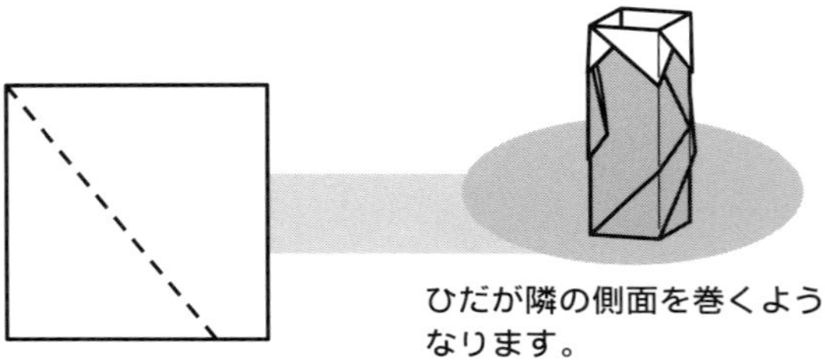

ひだが隣の側面を巻くようになります。

このように重ねることができます。

この作り方からわかることは…

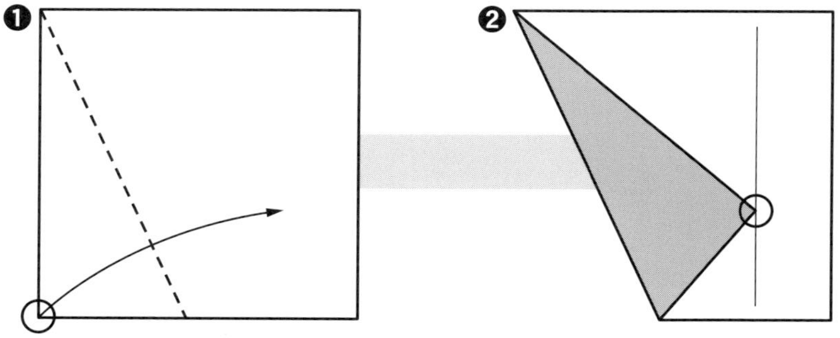

折り工程から最初のひと折り(左図)でこの底面の大きさが決まります。◯を通って辺に平行な折りすじを作ると(右図)、右端にできた長方形の幅がわかれば箱の底面積を求めることができるからです。

まとめ

$\frac{1}{n}$正方形を底面とする箱を作る場合

右端の長方形の幅を決めてから作る。

$\frac{1}{n}$の折り幅を取らずに箱を作る場合

幅を決めないで底面を作り、後から長方形の幅を求めて底面積を求めることができる。

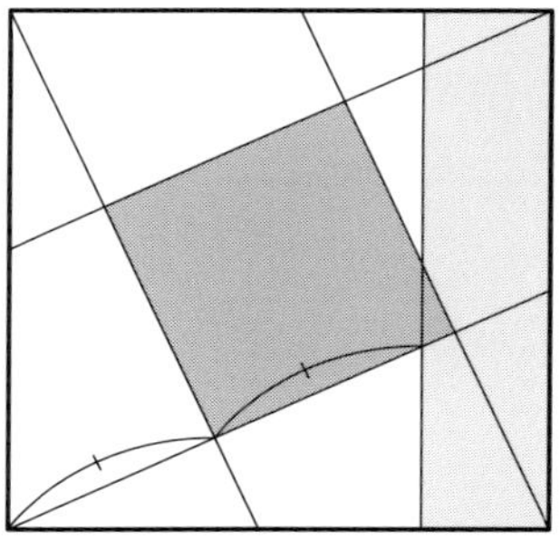

中央の正方形と右側の長方形は同じ面積になる。

※たくさんできる箱の中のひとつがすでに発表されています。

正三角形を折りだすときの最初のひと折りからスタートさせたものです。

タイトル「Bevrijdings doosje」
1995年 作者 Loes Schakel（オランダ）

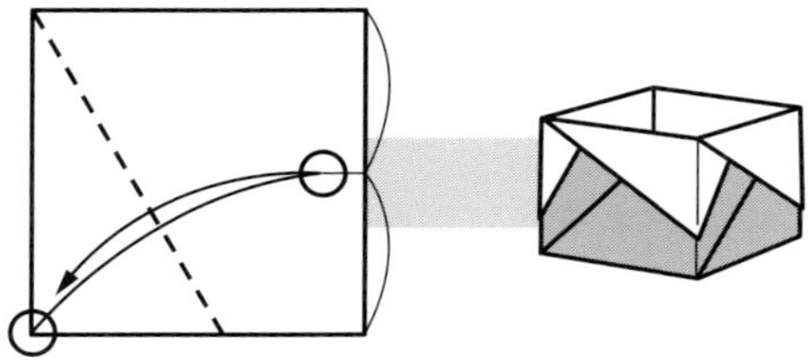

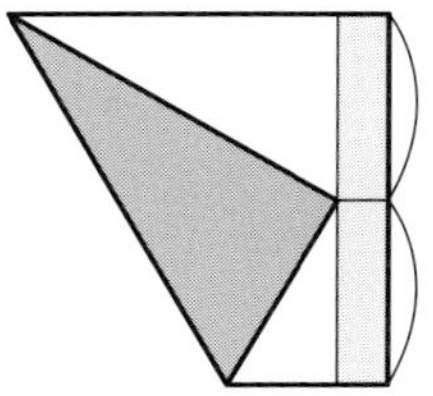

この箱は右端にできる長方形の幅を求めることができるので底面積を計算することができます。はじめの正方形用紙の13.4%の底面積を持つ箱ができています。

箱の中でいくつか特徴のあるものを次のページで紹介します。

解説図&折り方

伝承の箱との大きさ比べ

底面積が用紙の$\frac{1}{8}$になる箱

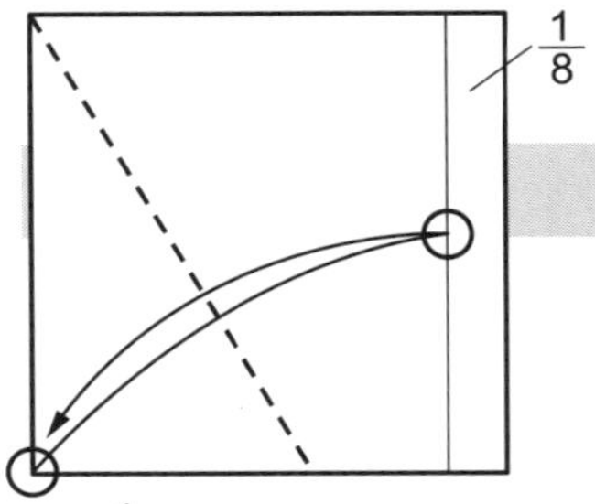

辺上に$\frac{1}{8}$の幅の折りすじをとり、最初の1本を決める。

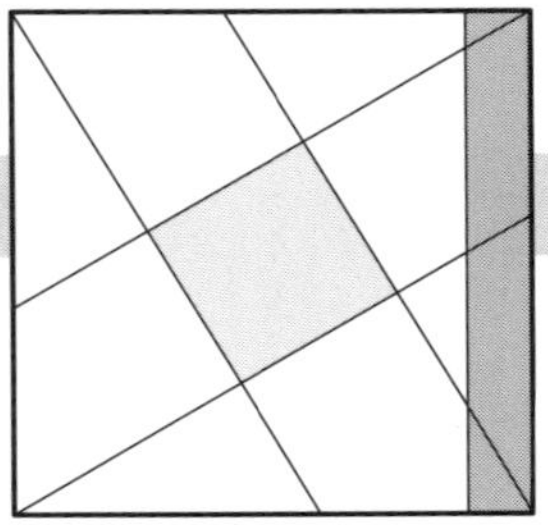

中央に$\frac{1}{8}$の底面ができる。

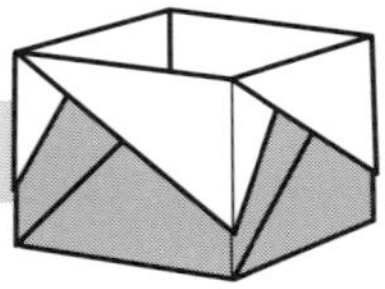

底面積はどちらも$\frac{1}{8}$

p.56の伝承の箱と大きさを比べると…

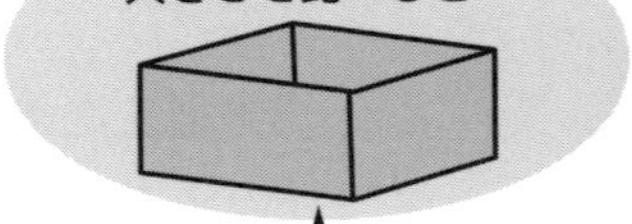

高さが底の一辺の$\frac{1}{2}$というところが同じ

底面積が用紙の$\frac{1}{5}$になる箱

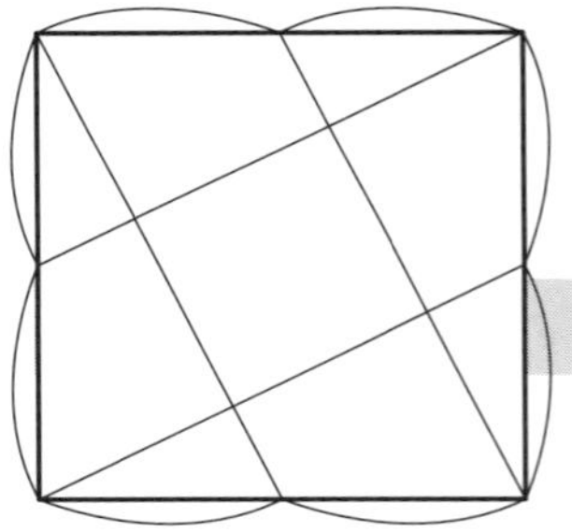

p.64の$\frac{1}{5}$正方形の作り方を使う。

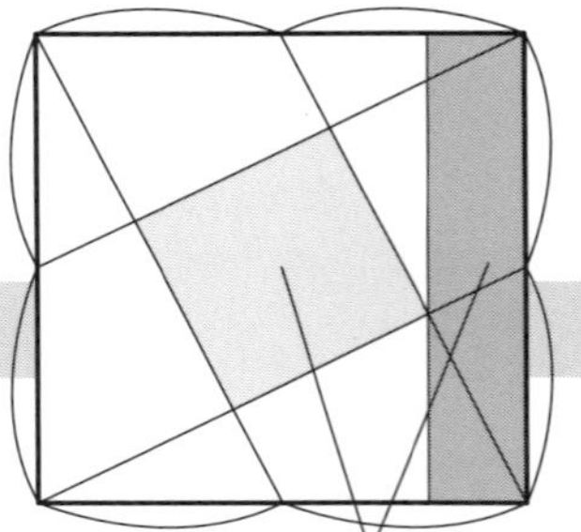

どちらも$\frac{1}{5}$

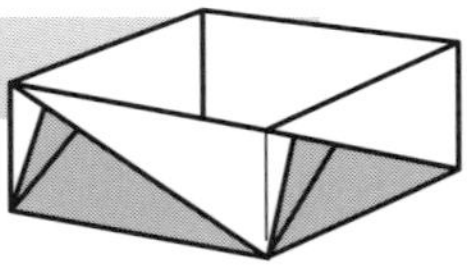

立方体の入れ物を作る

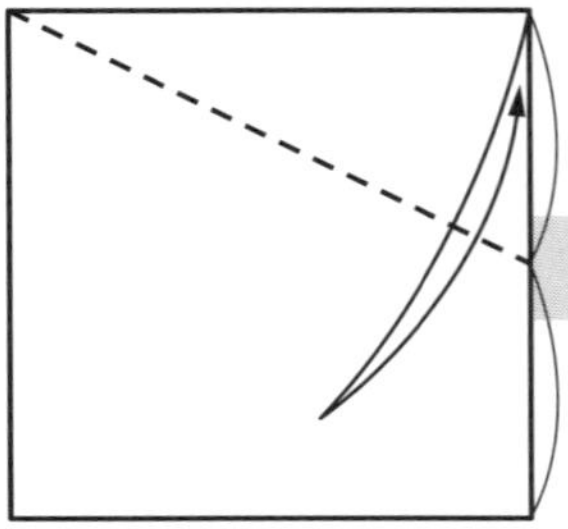

辺の中点と頂点を通る折りすじをつける。

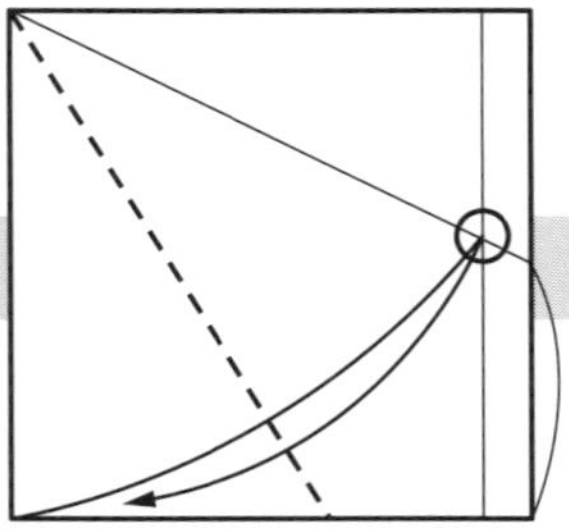

この折りすじをスタートとして、残り3本の折りすじをつけ、○を通る平行線をつける。

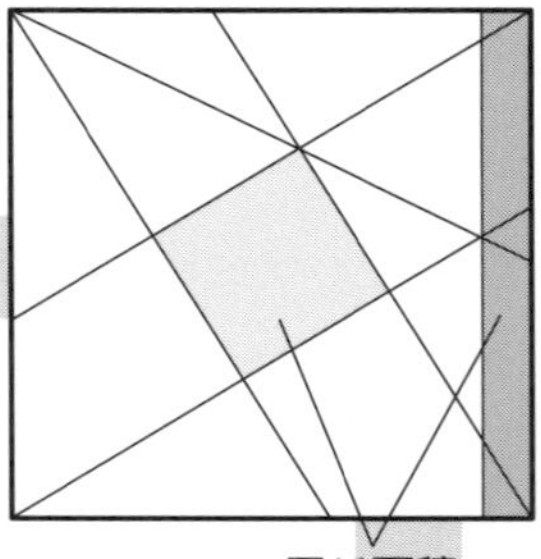

同じ面積

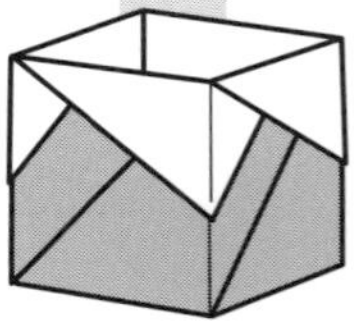

こうして立方体の箱を作ることができます。

この箱の底面の面積ははじめの用紙の10.56％になります。

CHAPTER 7

算数・数学の問題を折り紙で視覚的(ビジュアル)に

折り紙を使って図形の性質をたくさん見てきましたが、分数の通分や式の展開、因数分解などにも使えることがあります。実際に折って視覚的に表してみましょう。

折り紙を使って、数式を視覚的に表してみましょう。

解説図&折り方 異分母の加減を視覚的に

平面図で通分を表すことができます。

例）$\frac{1}{3}+\frac{1}{4}$、$\frac{1}{3}-\frac{1}{4}$

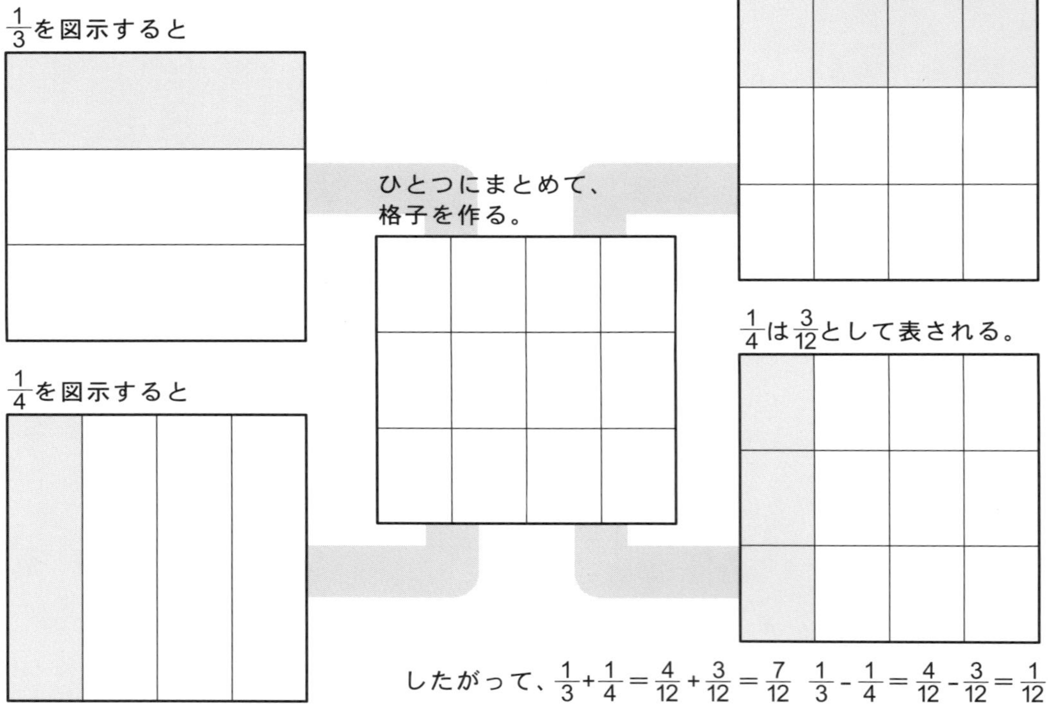

$\frac{1}{3}$を図示すると
$\frac{1}{4}$を図示すると
ひとつにまとめて、
格子を作る。
$\frac{1}{3}$は$\frac{4}{12}$として表される。
$\frac{1}{4}$は$\frac{3}{12}$として表される。

したがって、$\frac{1}{3}+\frac{1}{4}=\frac{4}{12}+\frac{3}{12}=\frac{7}{12}$　$\frac{1}{3}-\frac{1}{4}=\frac{4}{12}-\frac{3}{12}=\frac{1}{12}$

右側の２つの図から、足し算、引き算の両方が理解できます。

解説図&折り方 $(a+b)^2$、$(a-b)^2$

平面図で表すことができます。

$(a+b)^2$

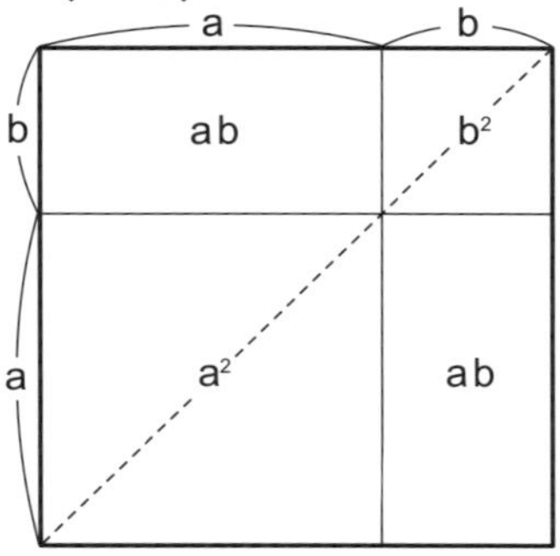

a
b
ab
b^2
a^2
ab

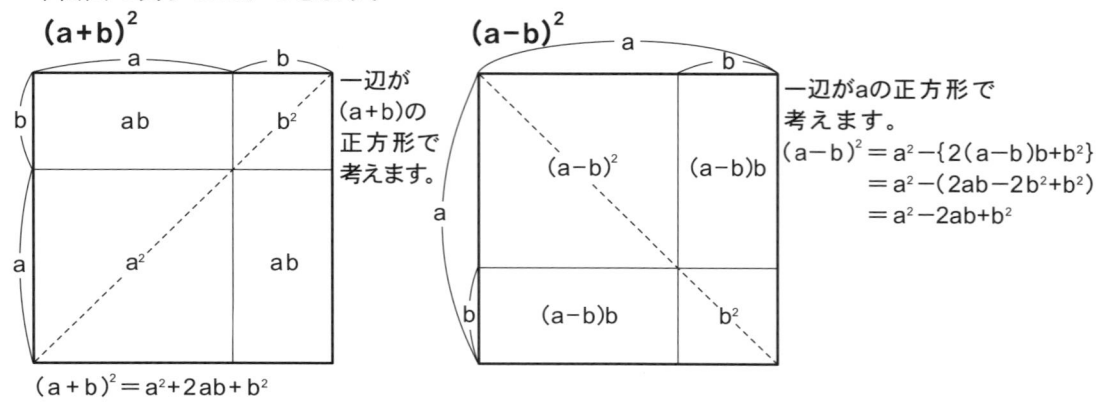

一辺が$(a+b)$の正方形で考えます。

$(a+b)^2=a^2+2ab+b^2$

$(a-b)^2$

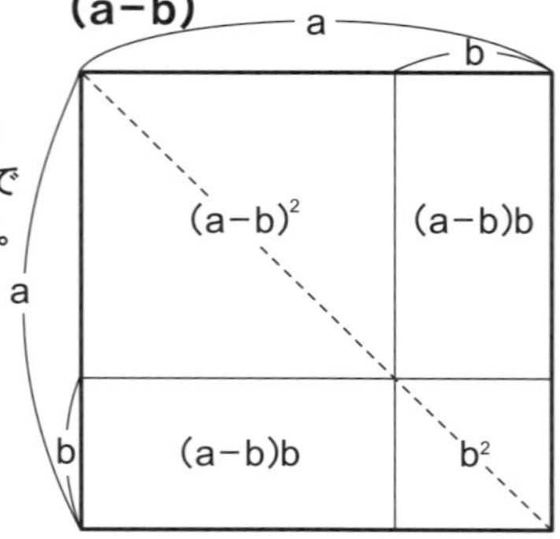

a
b
$(a-b)^2$
$(a-b)b$
$(a-b)b$
b^2

一辺がaの正方形で考えます。

$(a-b)^2=a^2-\{2(a-b)b+b^2\}$
$=a^2-(2ab-2b^2+b^2)$
$=a^2-2ab+b^2$

解説図&折り方　$(a+b)(a-b)=a^2-b^2$

平面図で表すことができます。

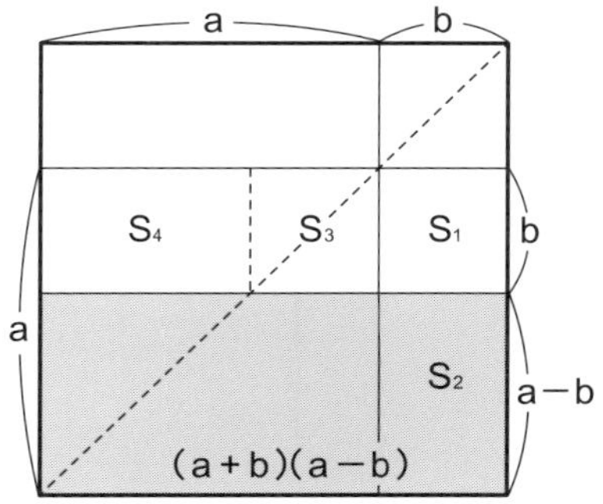

(a+b)を一辺とする正方形を作ると(a+b)(a−b)は、図の□の部分となる。
左図の中で面積を、S_1、S_2、S_3、S_4とする。
図から

$S_1+S_2=S_3+S_4$ → ❶

□の部分の面積は、

$a^2-(S_3+S_4)+S_2$

❶より

$$
\begin{aligned}
& a^2-(S_3+S_4)+S_2 \\
&= a^2-(S_1+S_2)+S_2 \\
&= a^2-S_1 \\
&= a^2-b^2
\end{aligned}
$$

解説図&折り方　$(a+b)^3$

この式は、折り紙で作った立体を使って視覚的に表すことができます。

$$
\begin{aligned}
(a+b)^3 &= (a+b)(a+b)^2 \\
&= (a+b)(a^2+2ab+b^2) \\
&= a^3+2a^2b+ab^2+a^2b+2ab^2+b^3 \\
&= a^3+3a^2b+3ab^2+b^3
\end{aligned}
$$

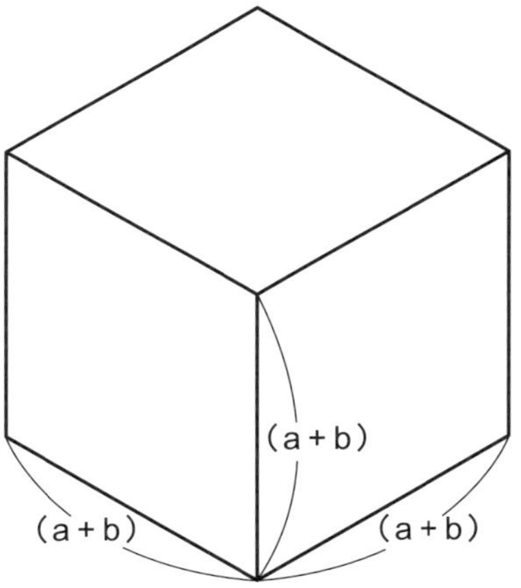

$(a+b)^3$を展開すると右辺のようになりますが、左辺と右辺が等しいことを次のような方法で確かめてみましょう。
左辺の$(a+b)^3$は一辺が(a+b)の立方体の体積を表すと考えます。

右辺の式も4つの立体の体積の和を表すと考えます。

$a^3 \quad + \quad 3a^2b \quad + \quad 3ab^2 \quad + \quad b^3$

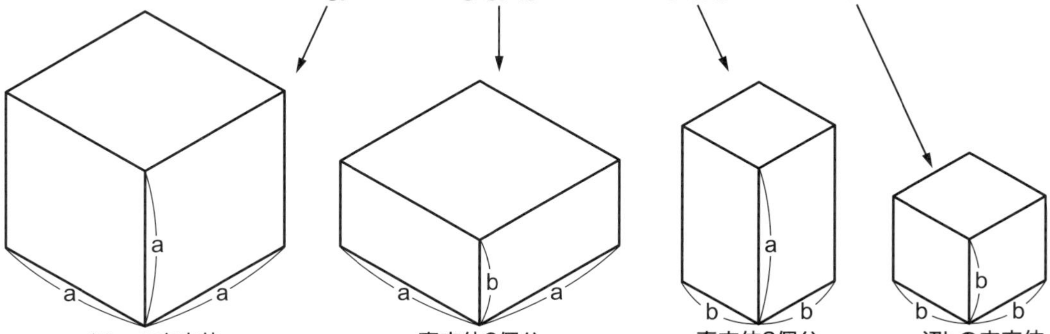

一辺aの立方体　直方体3個分　直方体3個分　一辺bの立方体

一辺mの立方体を作りましょう。

❶
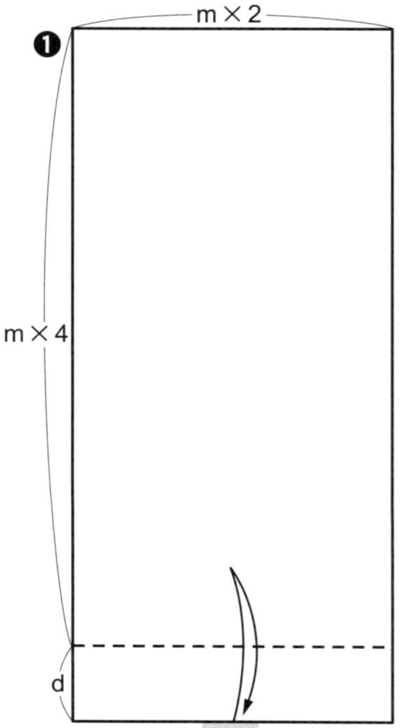

1：2の長方形に重ね分が加わります。

❷
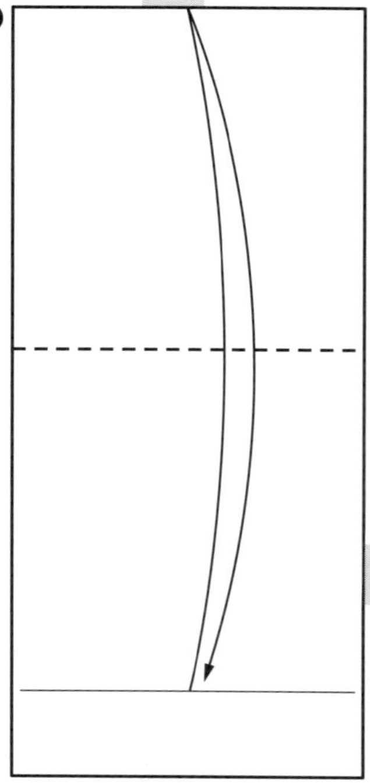

❶でつけた折りすじに合わせて、折りすじをつける。

❸
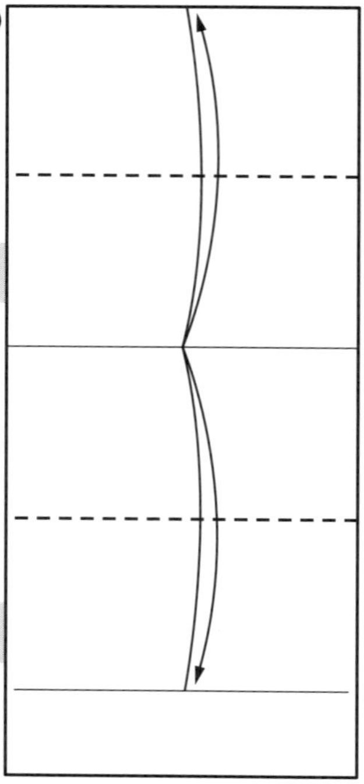

❷でつけた折りすじに合わせて、それぞれ折りすじをつける。

❹

軽く折りすじをつける。

❺
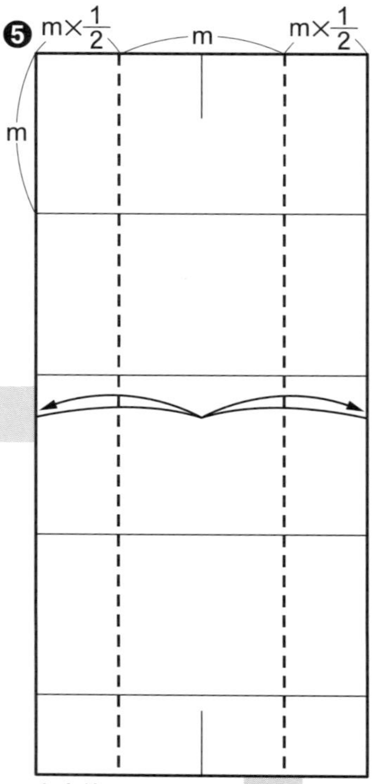

立方体の一辺をきめる折りすじをつける。

73ページに続きます。

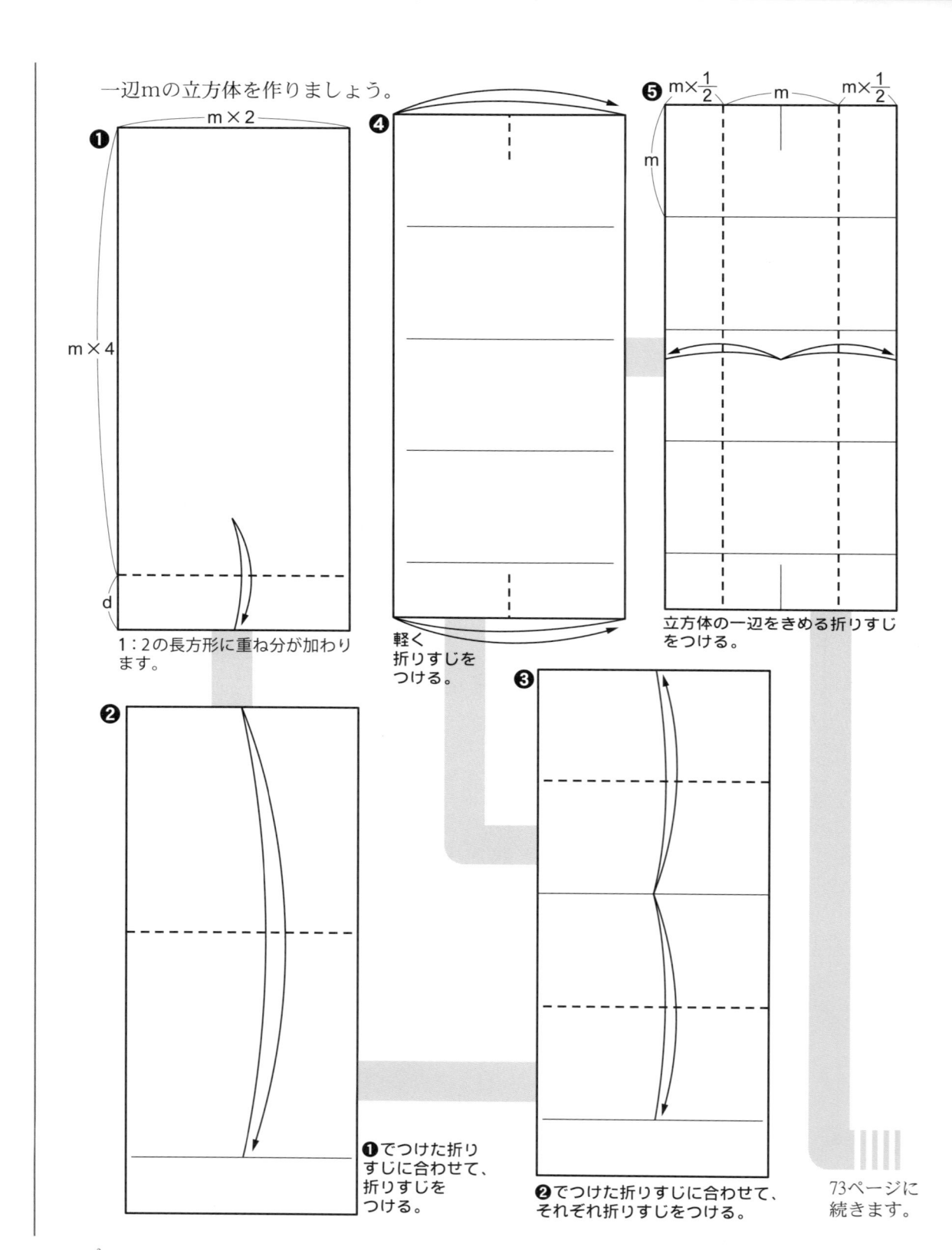

❻

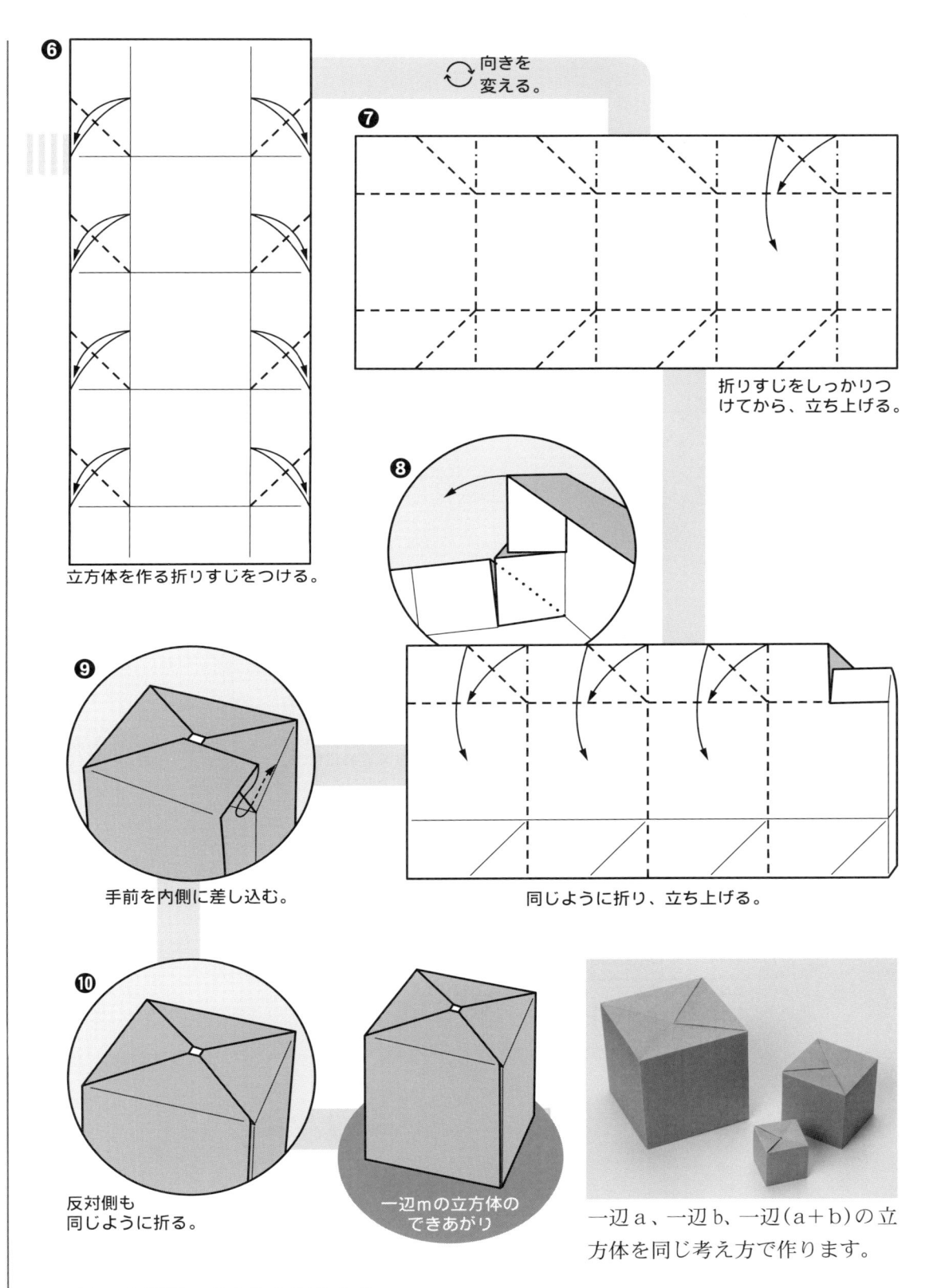

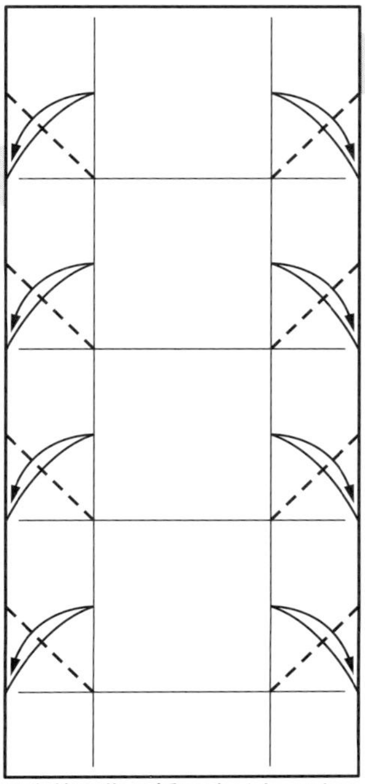

立方体を作る折りすじをつける。

向きを
変える。

❼

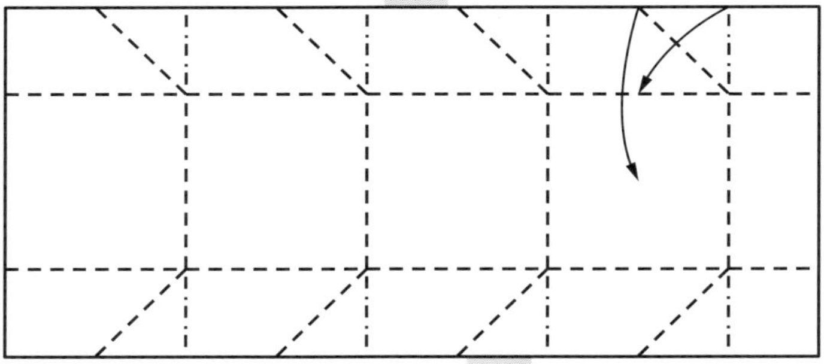

折りすじをしっかりつ
けてから、立ち上げる。

❽

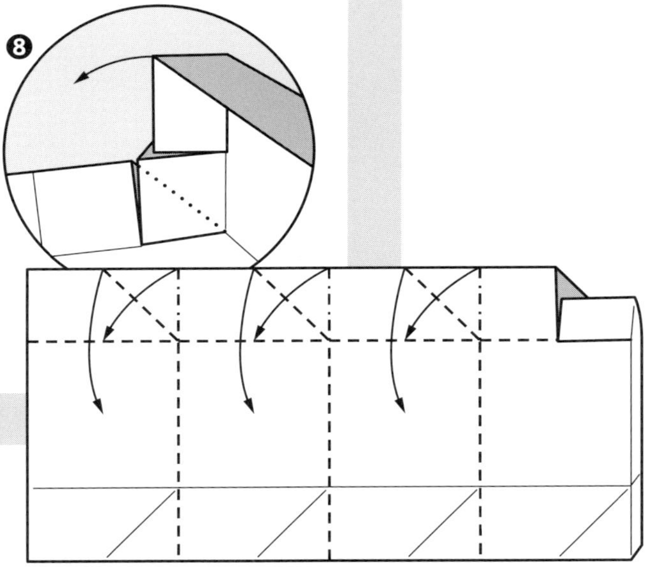

同じように折り、立ち上げる。

❾

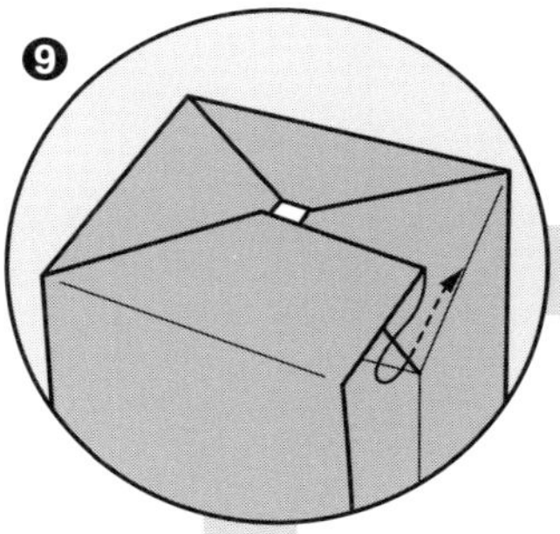

手前を内側に差し込む。

❿

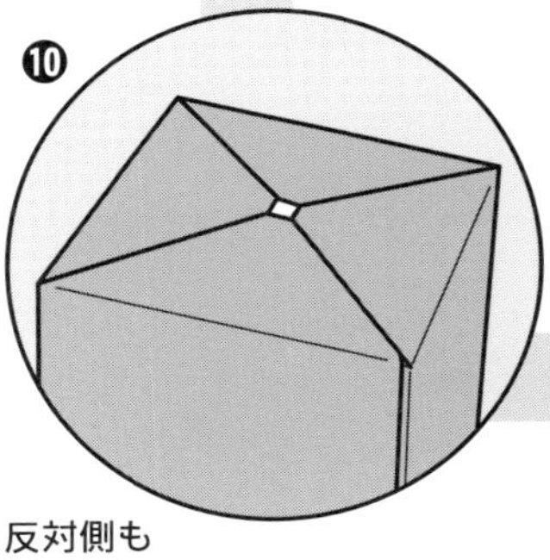

反対側も
同じように折る。

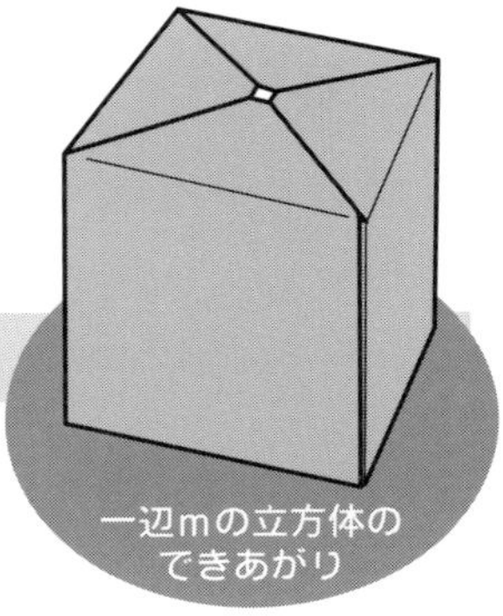

一辺a、一辺b、一辺(a+b)の立方体を同じ考え方で作ります。

次に、2種類の直方体を作ります。

次に、2種類の直方体を作ります。

a^2bのタイプ

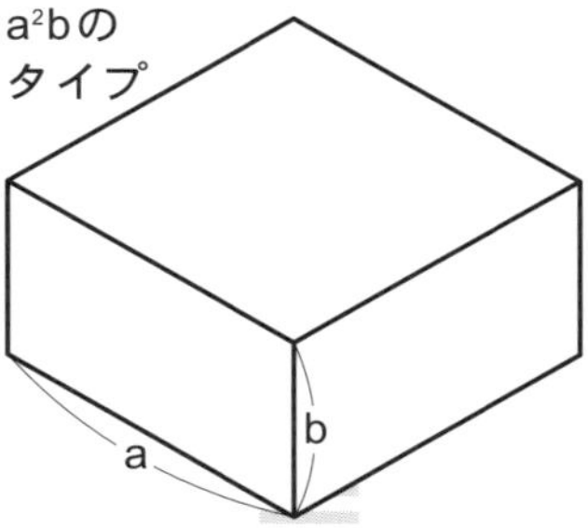

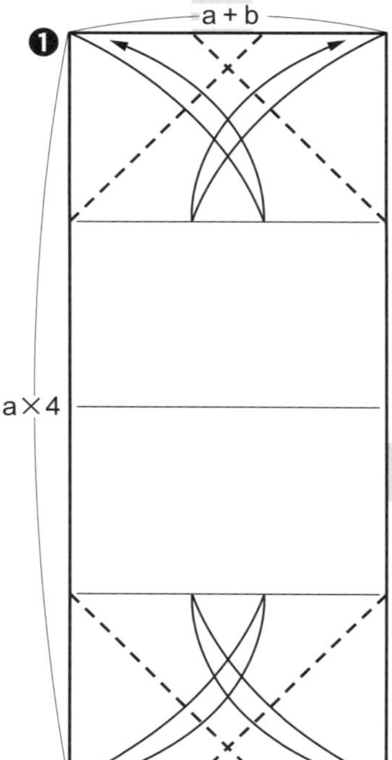

中央にbの幅を求めるためにそれぞれ折りすじをつけます。

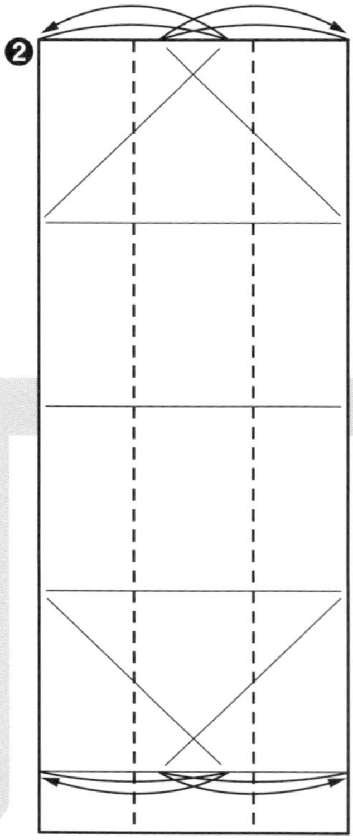

直方体の高さをきめる折りすじをつけます。

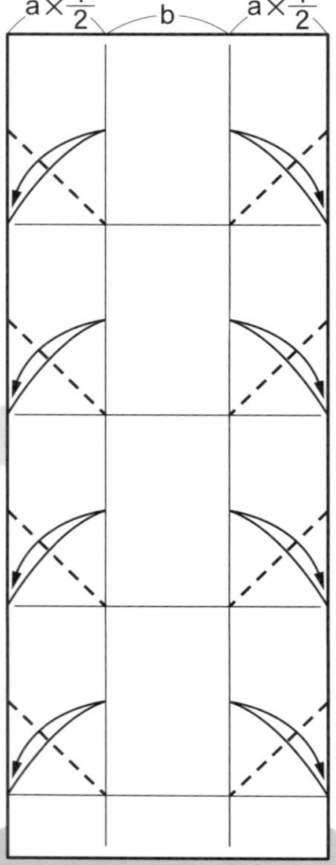

展開図のできあがり。直方体を組み立てる折りすじをつける。

p.73の❼に続きます。

ab^2のタイプ

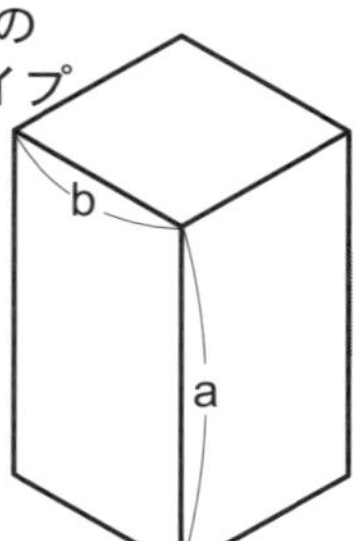

「a^2bのタイプ」と同じように折ります。

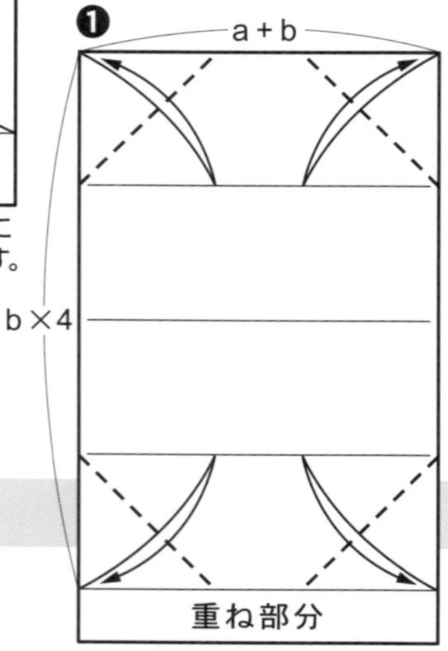

中央にaの幅を求めるためにそれぞれ折りすじをつけます。

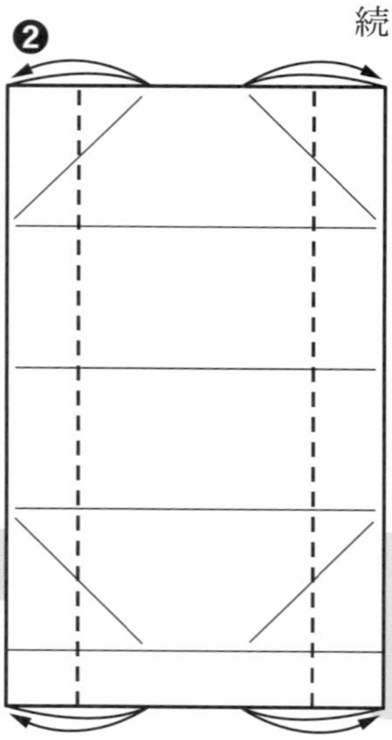

直方体の高さをきめる折りすじをつけます。

75ページに続きます。

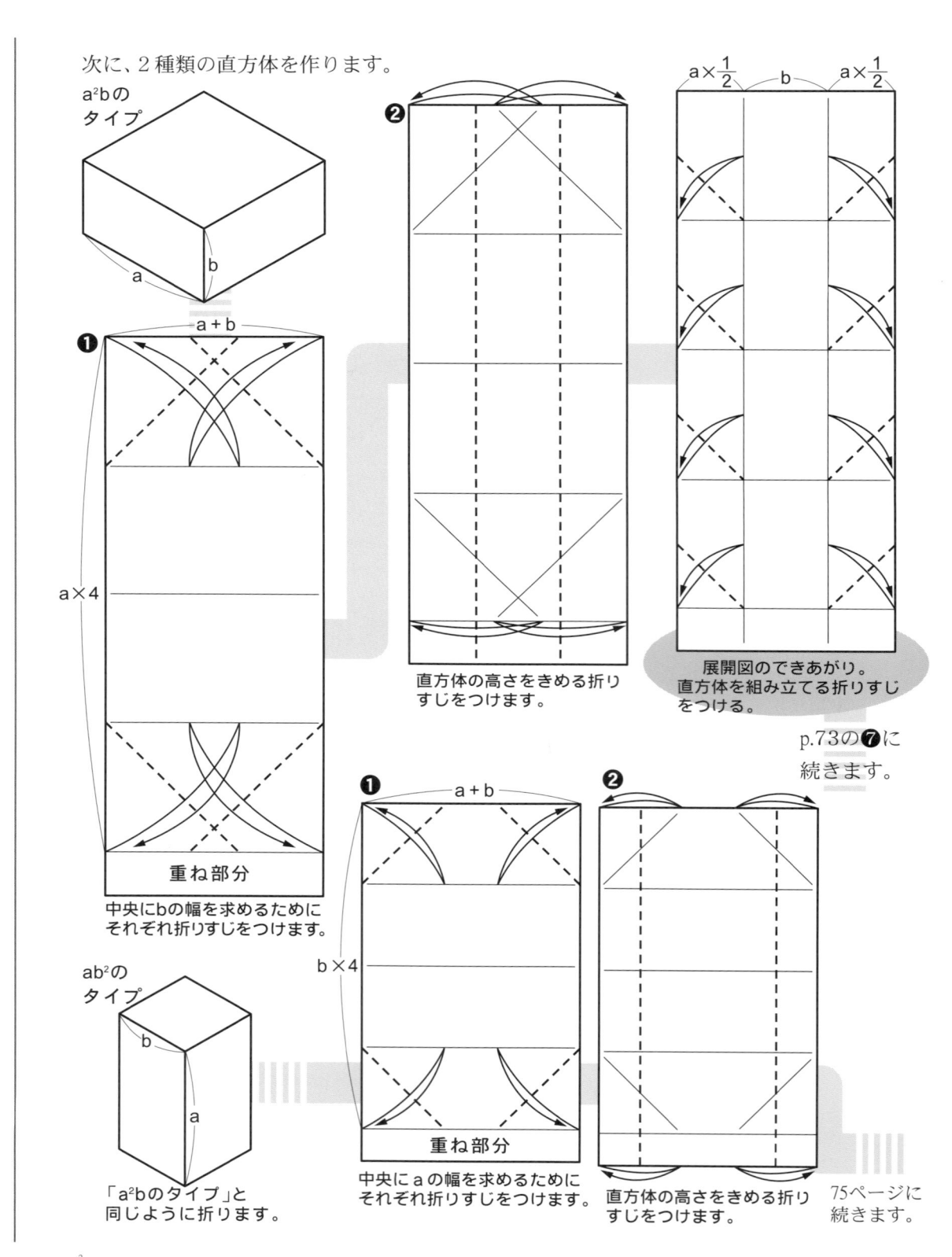

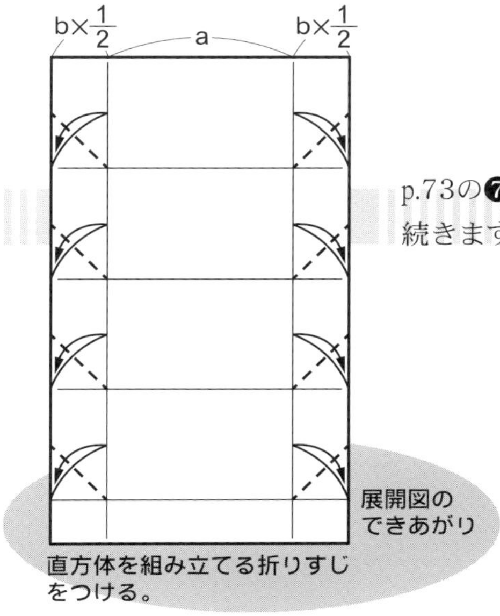
b×1/2
a
b×1/2
展開図の
できあがり
直方体を組み立てる折りすじ
をつける。

p.73の❼に
続きます。

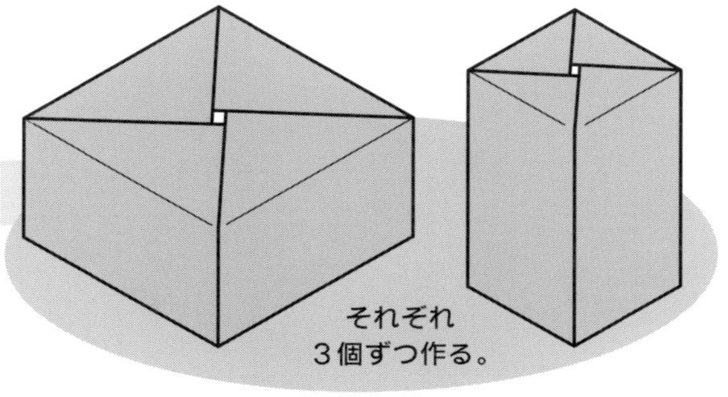
それぞれ
３個ずつ作る。

こうして、
$\mathbf{(a+b)^3 = a^3+3a^2b+3ab^2+b^3}$の証明を、折り紙で作った立体の積木を使って示すことができます。

右辺を表す積木

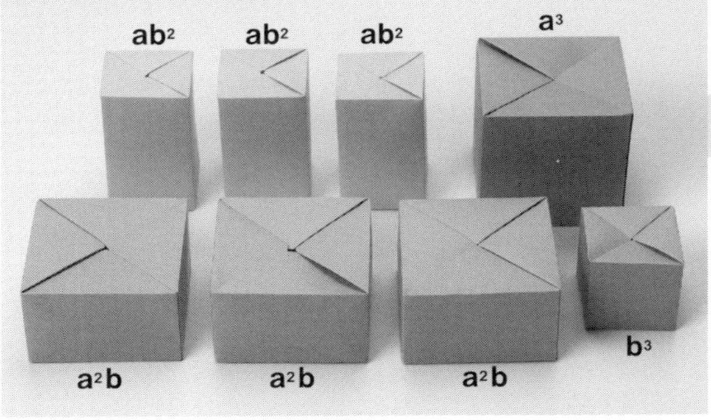
ab2
ab2
ab2
a3
a2b
a2b
a2b
b3

一辺が（a＋b）の立方体になるように８個の立体を積みます。積み方はいろいろ考えられます。

p.72で作った、一辺（a＋b）の立方体と同じ大きさであることが確かめられます。

76ページに
続きます。

したがって、

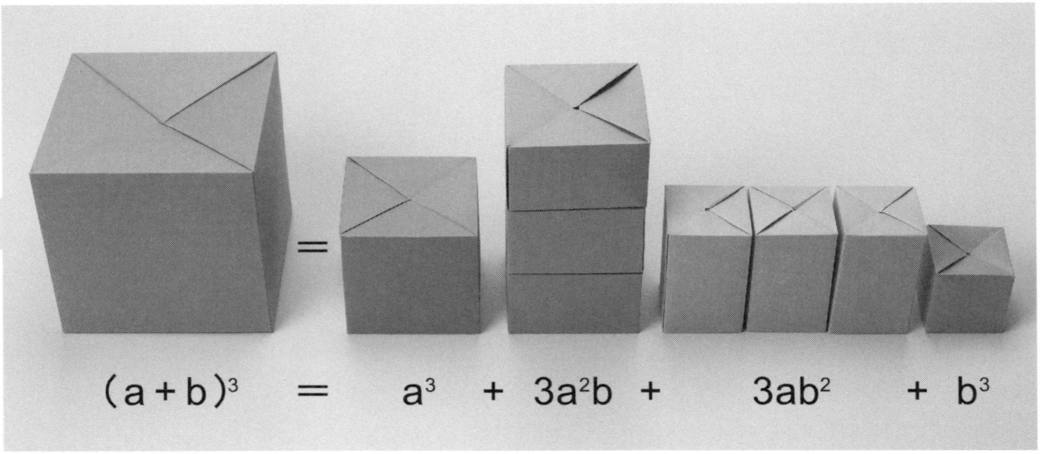
$(a+b)^3 = a^3 + 3a^2b + 3ab^2 + b^3$

が、証明されました。

次に、2枚組立方体に8個のパーツを納めましょう。

解説図&折り方

立方体ー8個のパーツをピッタリ納める入れもの

一辺(a+b)の立方体を納めるには

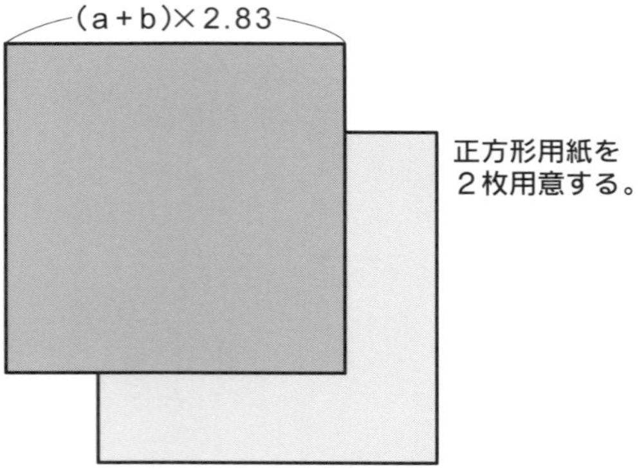
(a+b)×2.83
正方形用紙を
2枚用意する。

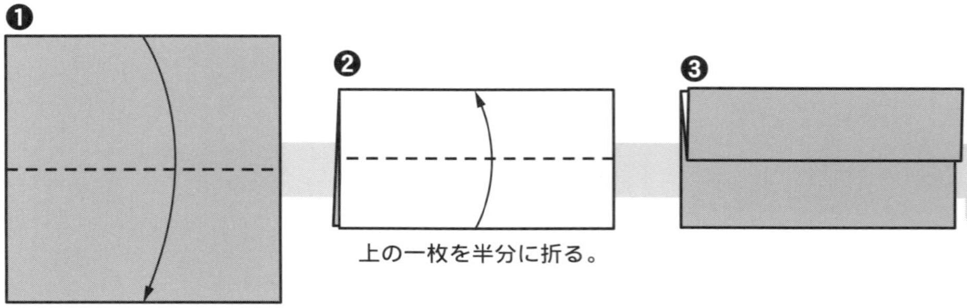
❶
❷
❸
上の一枚を半分に折る。

77ページに
続きます。

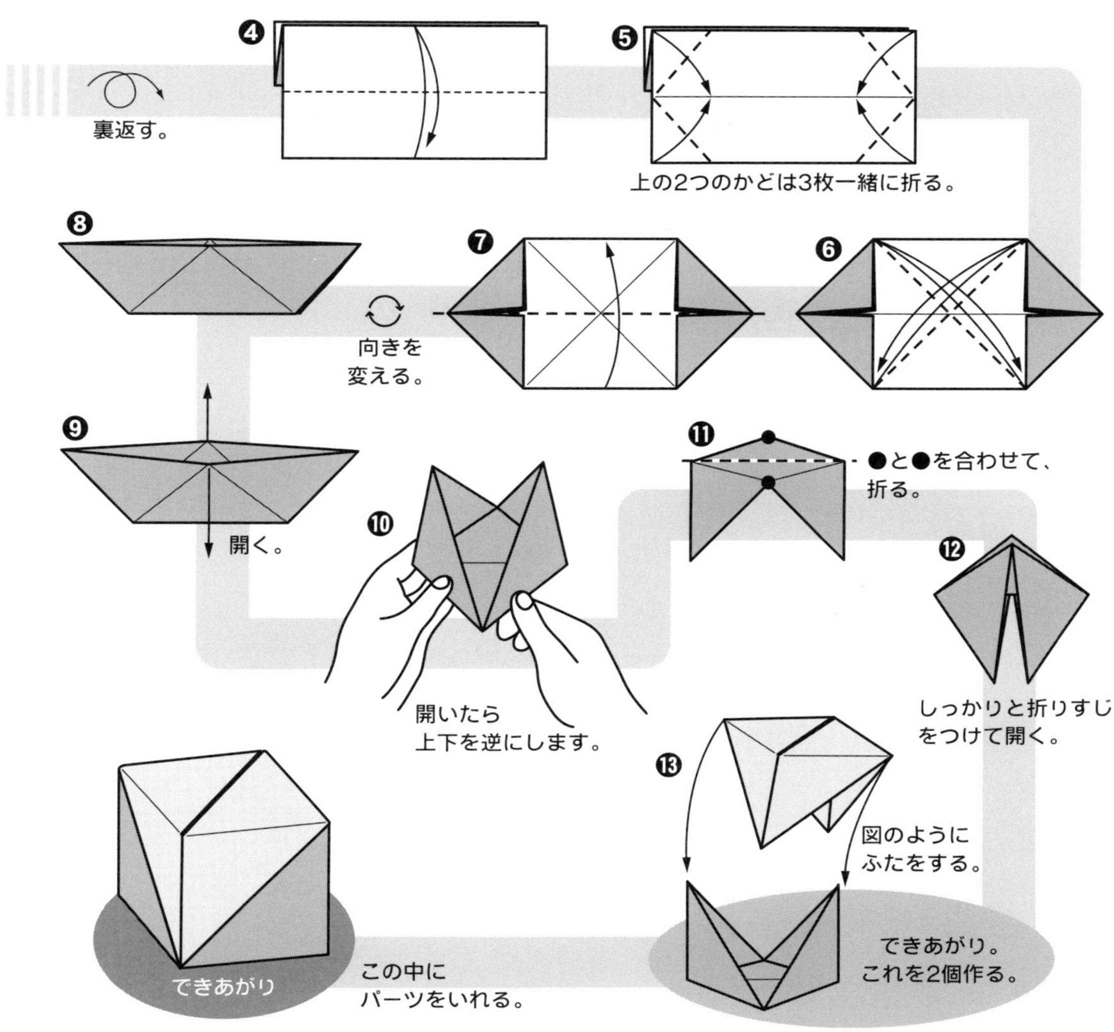
裏返す。
4
5
上の2つのかどは3枚一緒に折る。
6
7
向きを
変える。
8
9
開く。
10
開いたら
上下を逆にします。
11
●と●を合わせて、
折る。
12
しっかりと折りすじ
をつけて開く。
13
図のように
ふたをする。
できあがり。
これを2個作る。
この中に
パーツをいれる。
できあがり

左のように8個のパーツを入れることができます。

解説図&折り方 私立中学の入試問題を折り紙の発想で解く

私立中学の入試問題を折り紙の発想で解いてみましょう。

重なった斜線の部分の面積は（玉川学園中学　2010年）

図❶の四角形 ABCD は１辺が６cmの正方形です。BD を結ぶ対角線を三等分した点を E、F とします。頂点 B と点 F が、頂点Dと点 Eが重なるようにそれぞれ折り曲げたところ図❷のようになりました。図❷の斜線部分の面積をもとめなさい。

図❶

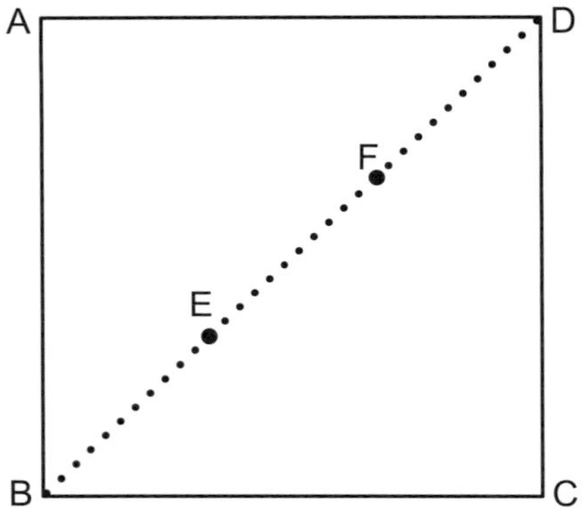
A
D
F
E
B
C

図❷

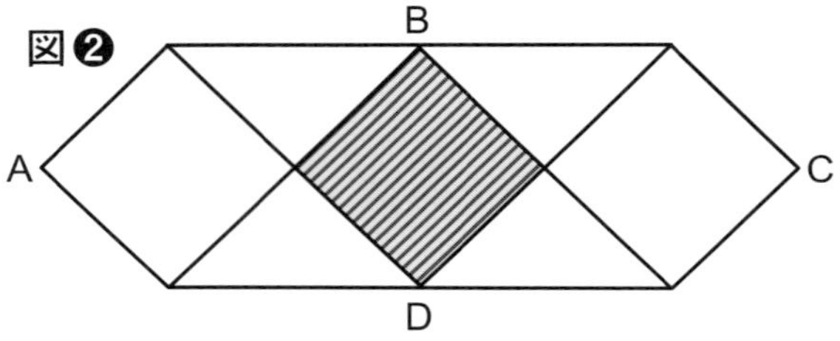
B
A
C
D

まずは、図❷を作ります。

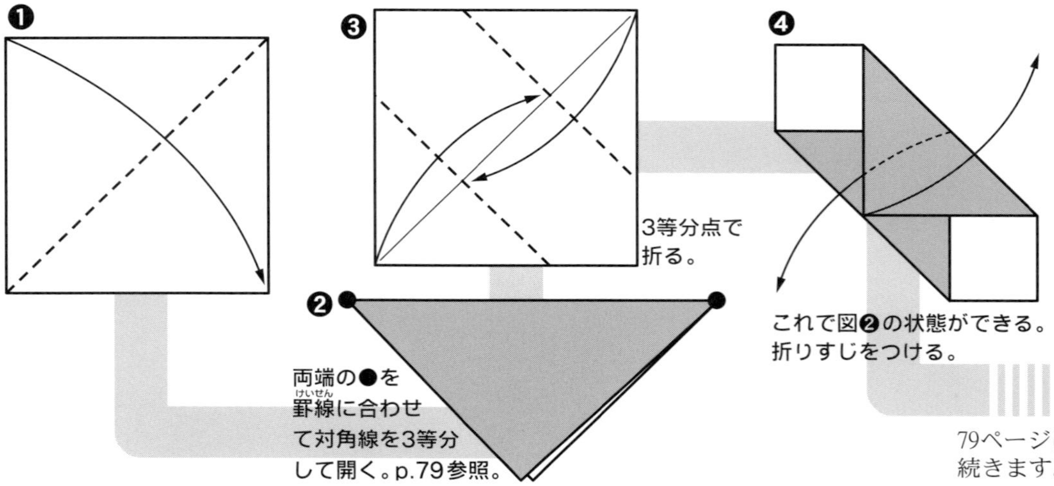
❶
❸
3等分点で
折る。
❹
これで図❷の状態ができる。
折りすじをつける。
❷
両端の●を
罫線《けいせん》に合わせ
て対角線を3等分
して開く。p.79参照。

79ページに
続きます。

❺

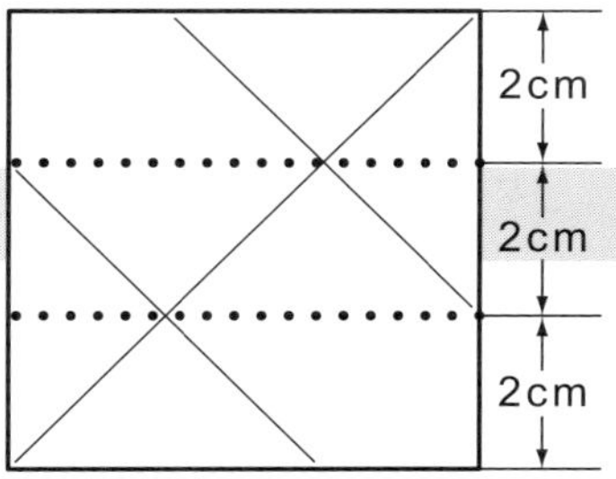

❸でつけた折りすじの交点から辺に平行な線を引くと、1辺を3等分できることがわかります。1辺が6cmですから3等分すると、2cmということがわかります。もう一度❹の状態にたたみます。

向きを変える。

❻

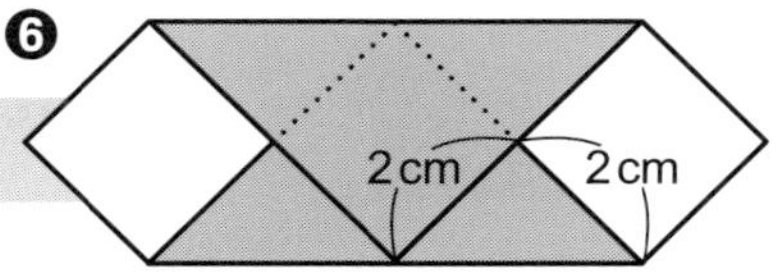

この部分も2cmということがわかります。

このことから、図❷の斜線部分の一辺は、2㎝ということがわかりました。
式にすると

$$2 \times 2 = 4$$

となります。答えは4㎠と求まります。

この問題から、こんなことがわかります。

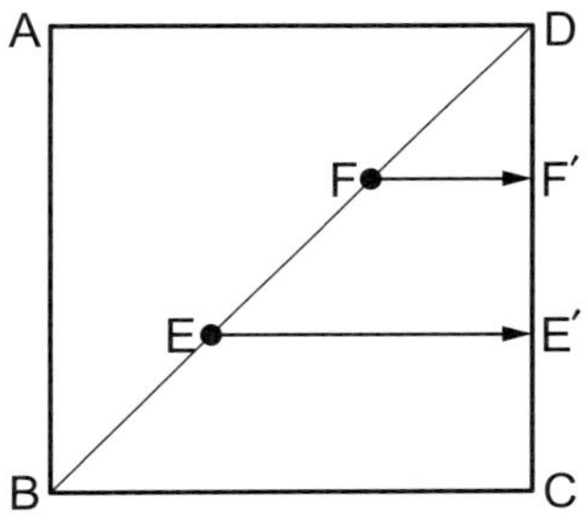

対角線の3等分点E、Fから平行線をひくと、点E′、F′は辺CDの3等分点になっています。
この考え方を使って平行線(罫線《けいせん》)を利用して用紙を等分することができます。

用紙の辺を等分する

3等分の例

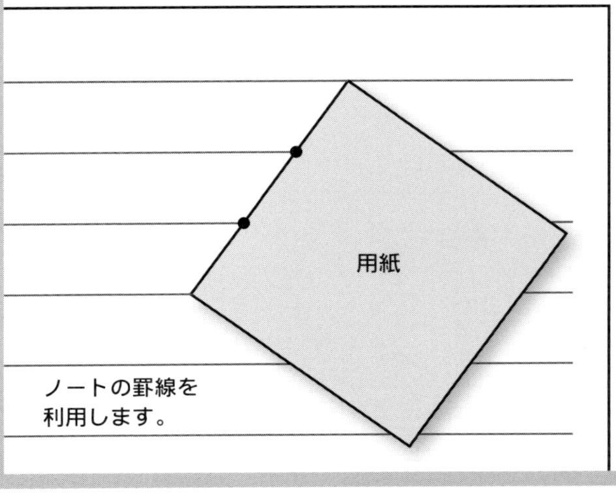

用紙のはしとはしを罫線《けいせん》に重ねて左図のように斜めにおいて目盛りをつける。5等分、7等分など等分しにくいときにとても便利です。
罫線《けいせん》が手元にないときは折り紙に等間隔の平行な折りすじをつけて使いましょう。

コラム 長方形用紙で座布団折り

CHAPTER 5 で座布団折りからスタートした作品を作りました。

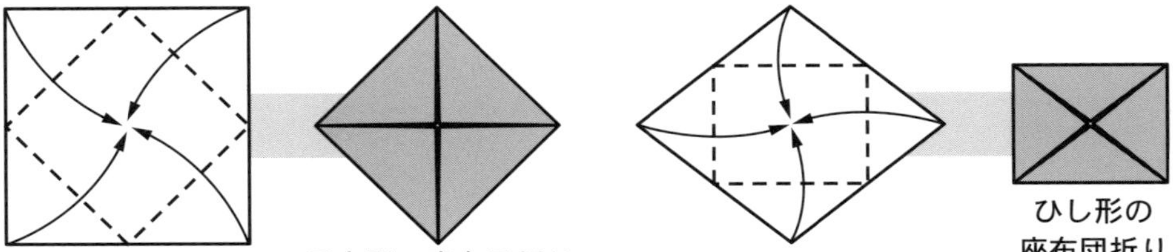

正方形の座布団折り

ひし形の座布団折り

このとき全面がぴったり二重折りになり、面積は $\frac{1}{2}$ になります。
この座布団折りを「角がすべて内側に、また全面がぴったり二重になる」と定義すると、長方形用紙でも折ることができるでしょうか。こんな考え方で予測を立ててみてはどうでしょう。

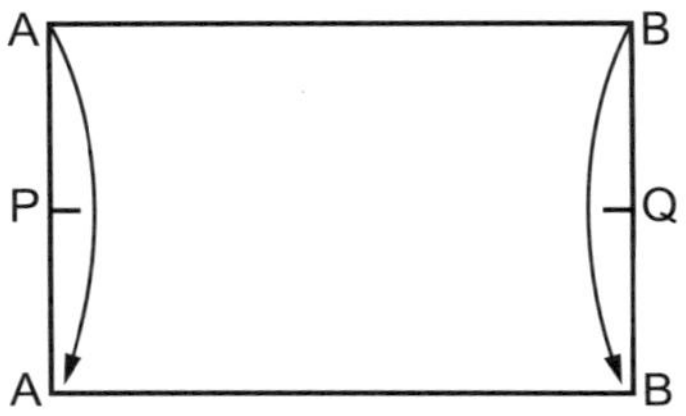

短辺を中点で二つ折りにし、突き合わせてテープで仮止めします。

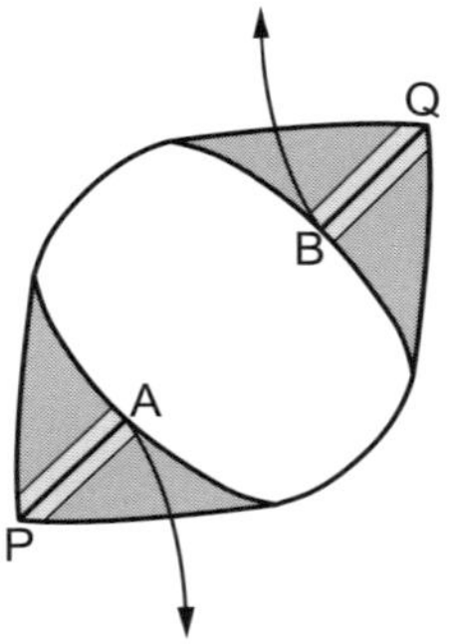

点Pを基点として点Aを、点Qを基点として点Bを、矢印の方向に動かすと長辺がぴったり突き合わさったところで上から押しつぶすと写真のようになります。

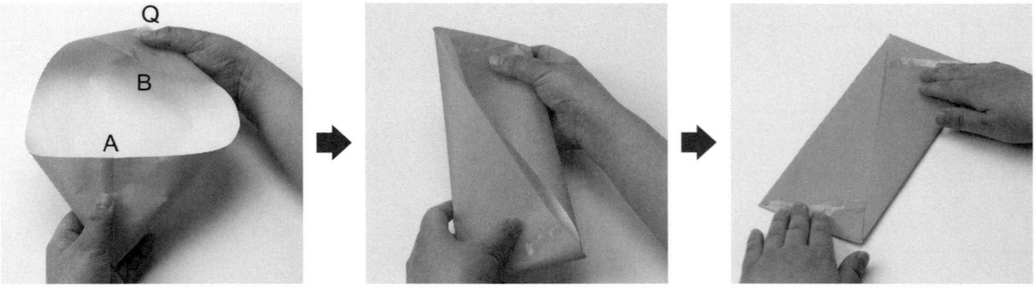

こうして長方形でも座布団折りができます。平行四辺形でも試してみてください。
くわしい折り方は『すごいぞ折り紙 入門編』p.18をご覧ください。

正六角形は？

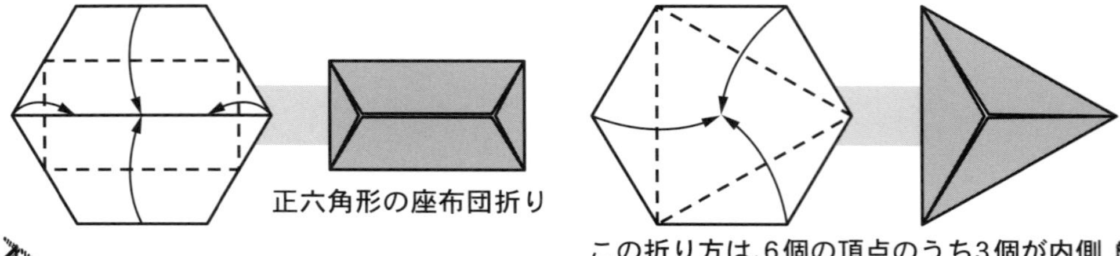

正六角形の座布団折り

この折り方は、6個の頂点のうち3個が内側にないので座布団折りとはいえません。

CHAPTER 8
折り紙パズル

作品が完成したら、もとの展開図に戻してみることをお勧めします。開いてみると、どの線とどの線が、どの角とどの角が等しいかを見つけ出すことができます。この作業をくりかえすと対称な図形が見つけやすくなり、気がつくと図形的センスが身についていることが多いのです。折り紙パズルはその第一歩といえます。

Q1 正方形用紙を折って全面ピッタリ重なった形は何種類作れるか

A1 折ってぴったり重なる下図のような形は作品作りのスタートとしてよく使われます。どれも面積ははじめの正方形の$\frac{1}{2}$になっています。

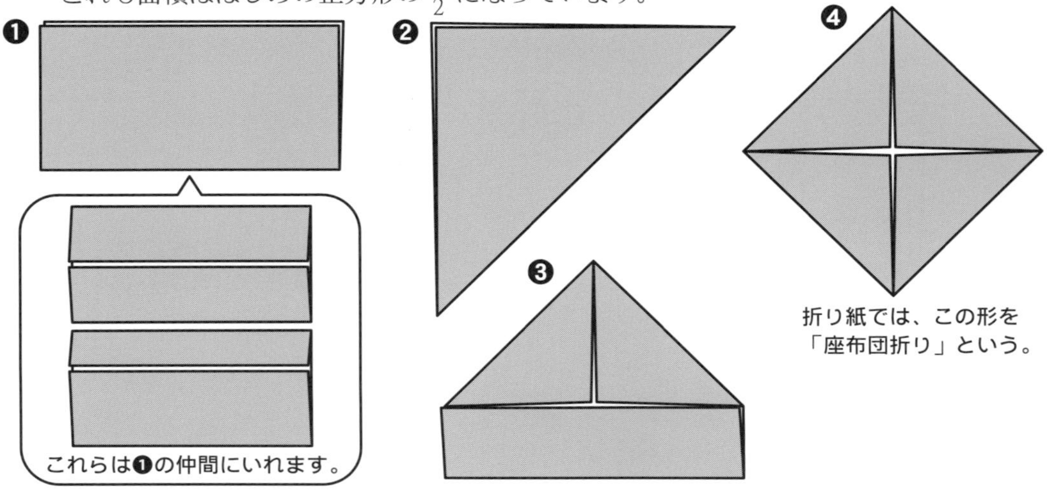
❶
これらは❶の仲間にいれます。
❷
❸
❹
折り紙では、この形を
「座布団折り」という。

Q2 正方形用紙に切れ目を入れて、全面ピッタリ重なった面積$\frac{1}{2}$の形を作れるか

A2

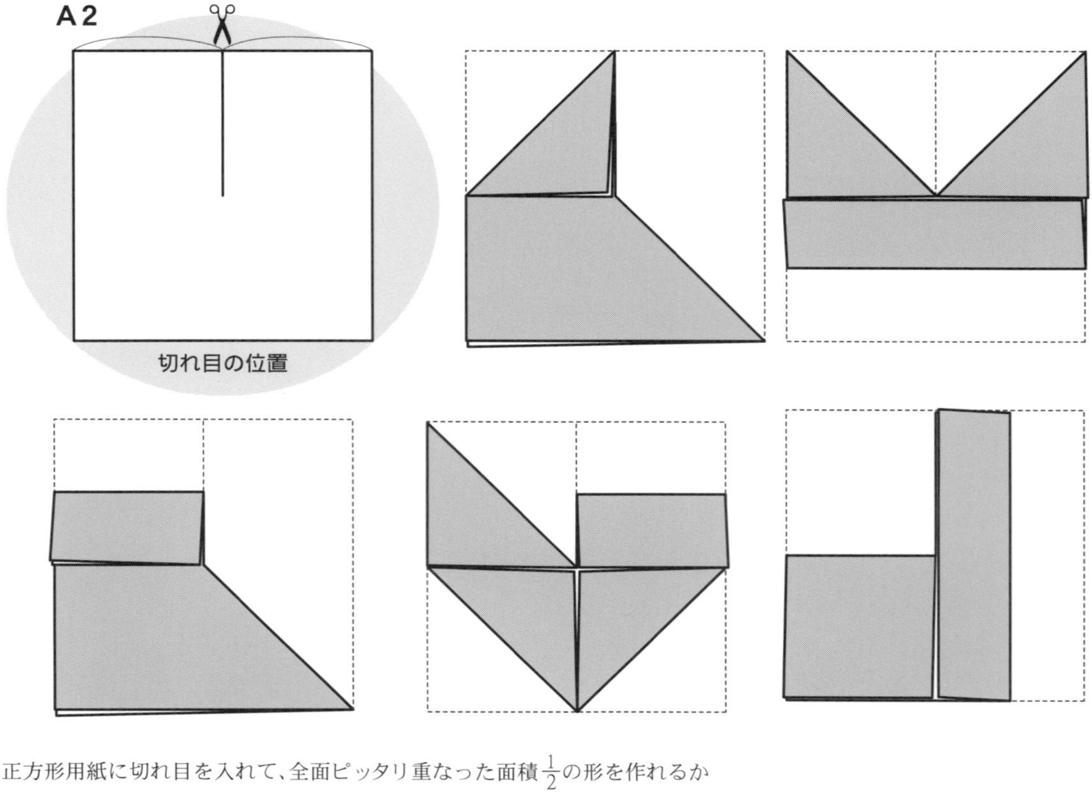
切れ目の位置

p.82を参考にして、これらの折り図のもとの形を考えてみましょう。

中心まで入れた切れ目でなく、$\frac{1}{4}$まで切れ目を入れたものも考えてみましょう。

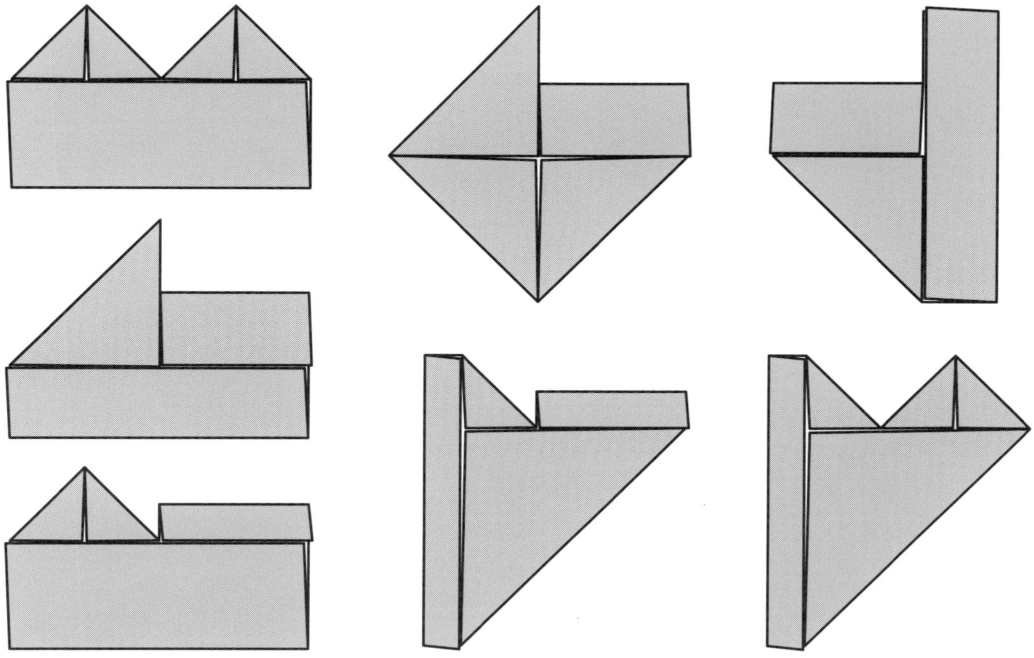

合計24種類できます。

解説図&折り方

正十二面体を四色で色分けできるか

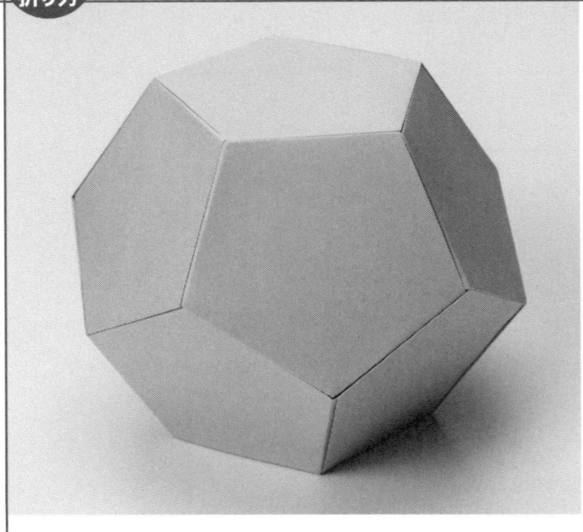

４色のユニットを３枚ずつ作り、隣のユニットが必ず違う色になるように組み立ててください。
正十二面体を作るために、４色のユニットを３枚ずつ計１２枚作ります。
※正十二面体のくわしい解説は『すごいぞ折り紙』を参照。

正五角形ユニットの折り方

用紙はp.31の長方形を使います。

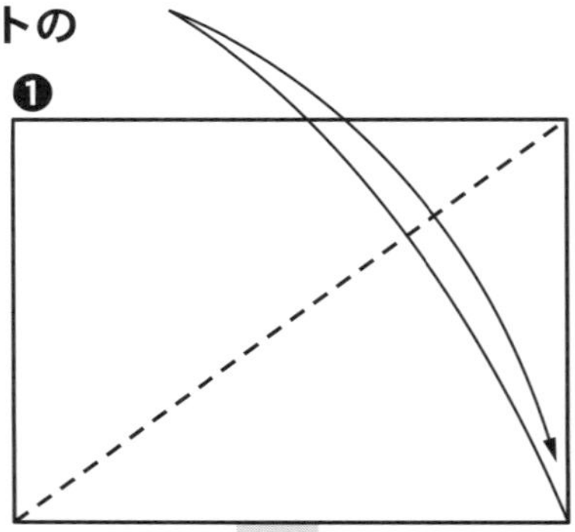
❶

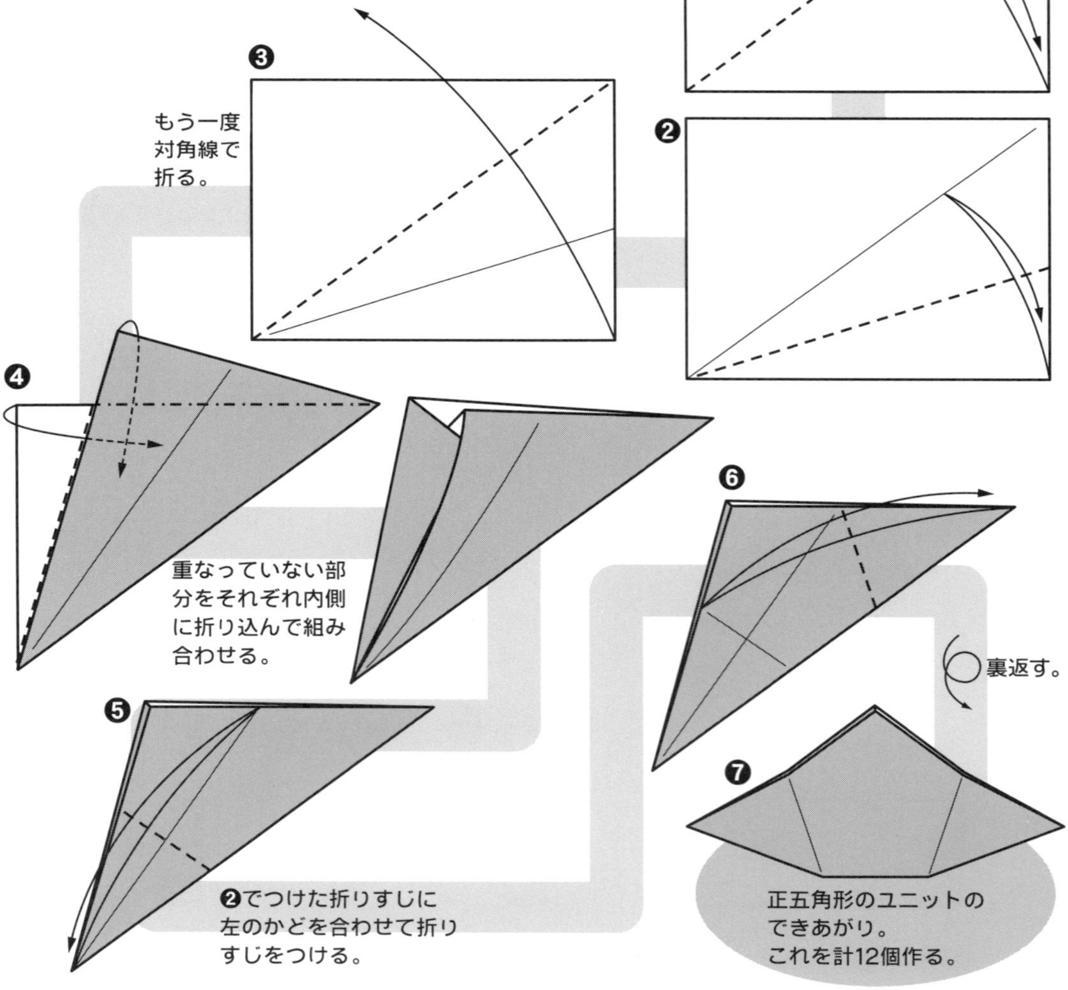
❷
❸
もう一度
対角線で
折る。
❹
重なっていない部
分をそれぞれ内側
に折り込んで組み
合わせる。
❺
❷でつけた折りすじに
左のかどを合わせて折り
すじをつける。
❻
裏返す。
❼
正五角形のユニットの
できあがり。
これを計12個作る。

正五角形ユニットの組み合わせ方

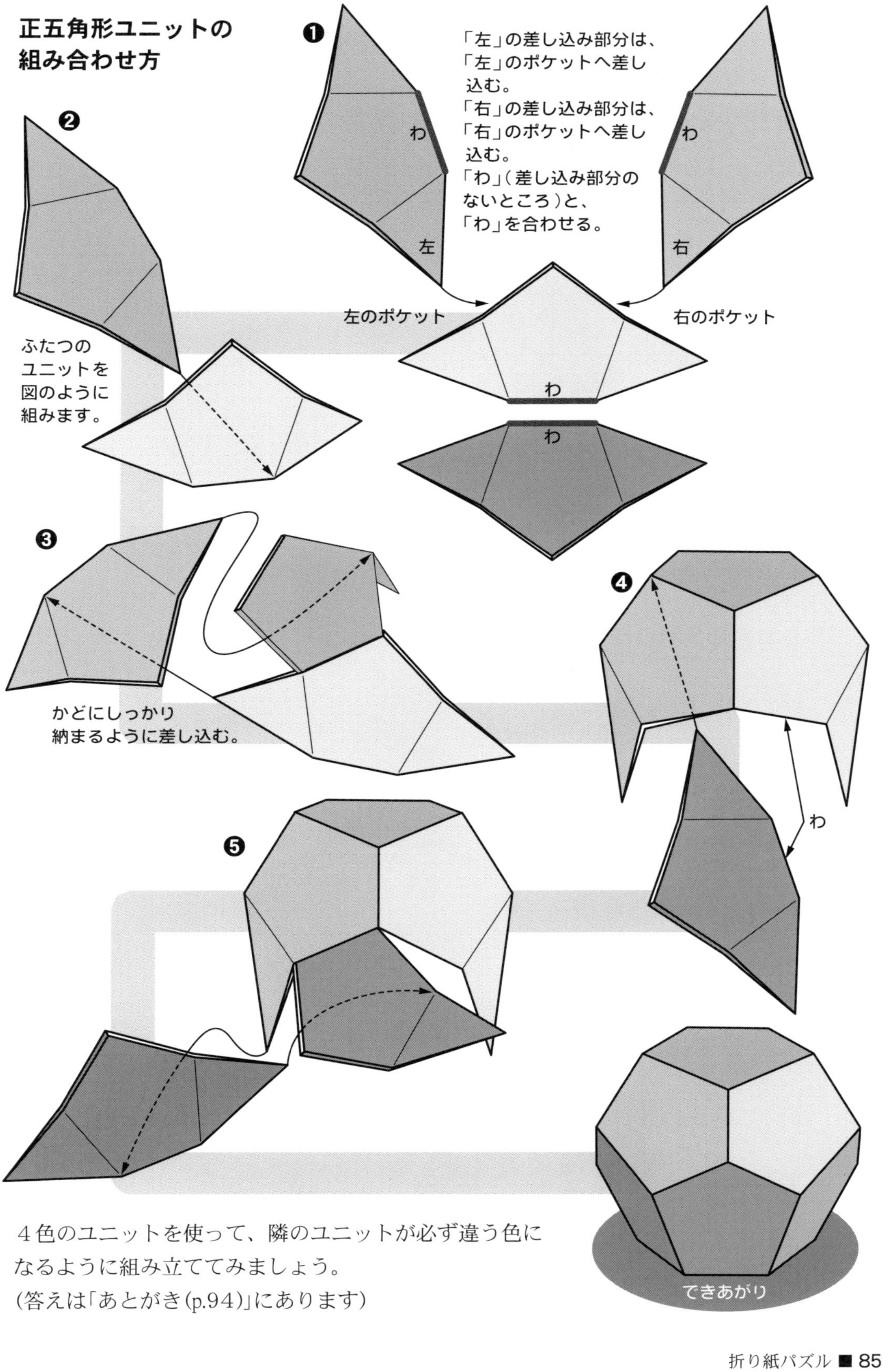
❶
「左」の差し込み部分は、「左」のポケットへ差し込む。
「右」の差し込み部分は、「右」のポケットへ差し込む。
「わ」(差し込み部分のないところ)と、「わ」を合わせる。
わ
左
わ
右
左のポケット
右のポケット
わ
わ
❷
ふたつのユニットを図のように組みます。
❸
かどにしっかり納まるように差し込む。
❹
わ
❺
できあがり

４色のユニットを使って、隣のユニットが必ず違う色になるように組み立ててみましょう。
(答えは「あとがき(p.94)」にあります)

コラム 1:1.376(または、0.726:1)の比を持つ長方形からできる正五角形

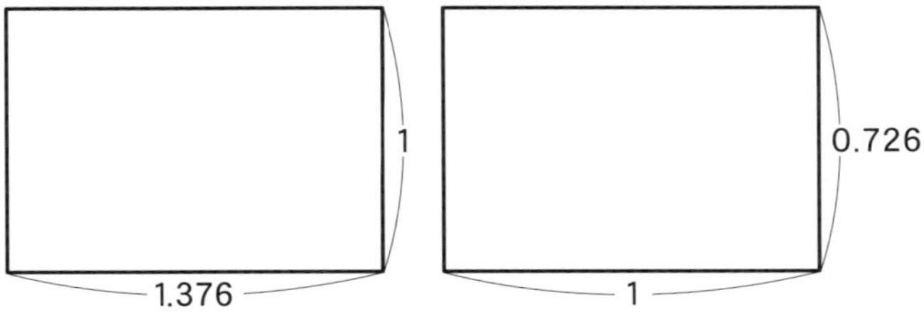
1
1.376
0.726
1

p.30の正五角形リングやp.84の正十二面体に使われている長方形から次のような正五角形を作ることができます。

正十二面体に使う正五角形

右図はp.84の正十二面体に使われている正五角形ユニットです。それ以外に下記の方法で正五角形を折ることができます。

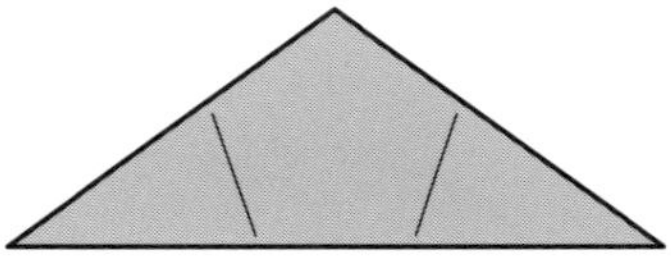

正五角形を別の作り方で作る

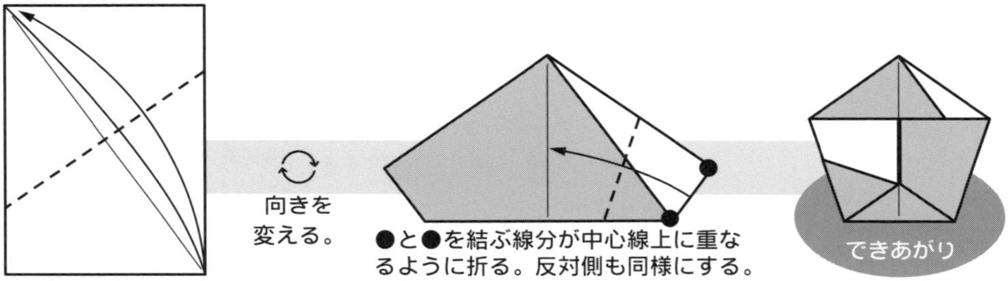
向きを
変える。
●と●を結ぶ線分が中心線上に重なるように折る。反対側も同様にする。
できあがり

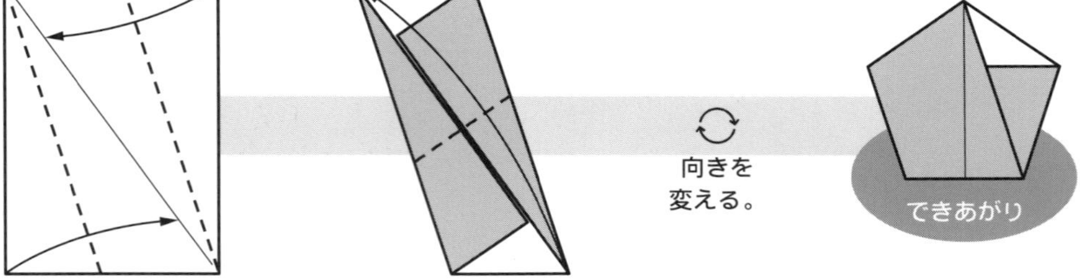
向きを
変える。
できあがり

それぞれ折って確認してください。

CHAPTER 9

実用的な折り紙

CHAPTER 3で正方形や長方形用紙を使った「風船の基礎折り」から作るプレートやリングを紹介しましたが、ここでは基礎折りを使わないで作る実用的なリング、コースターや楽しい豆本の作り方を紹介します。

解説図&折り方

八角形(リング)コースター

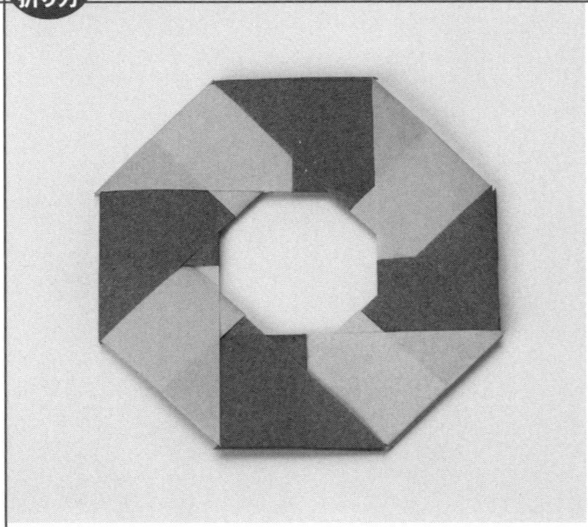

八角形(リング)コースターのユニットの折り方

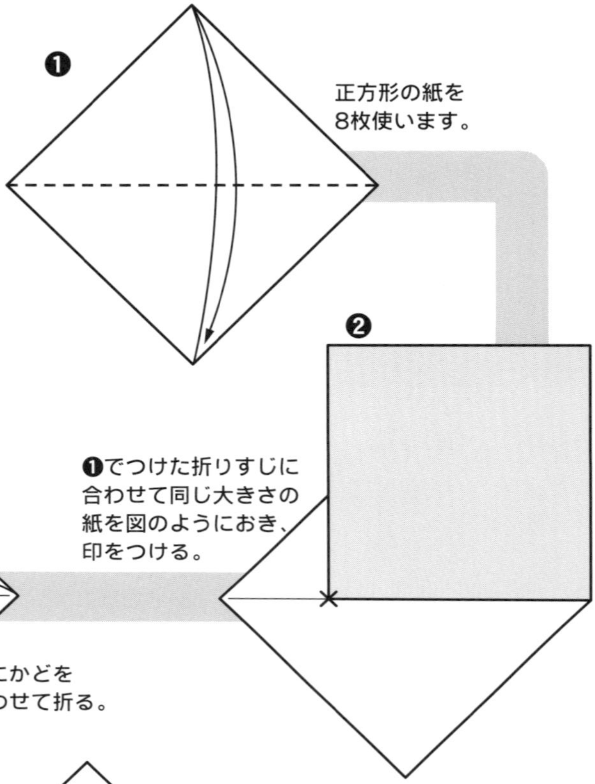
❶
正方形の紙を
8枚使います。
❷
❶でつけた折りすじに
合わせて同じ大きさの
紙を図のようにおき、
印をつける。

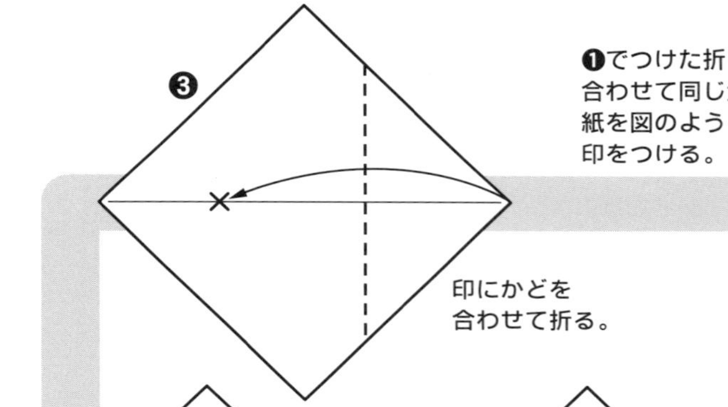
❸
印にかどを
合わせて折る。

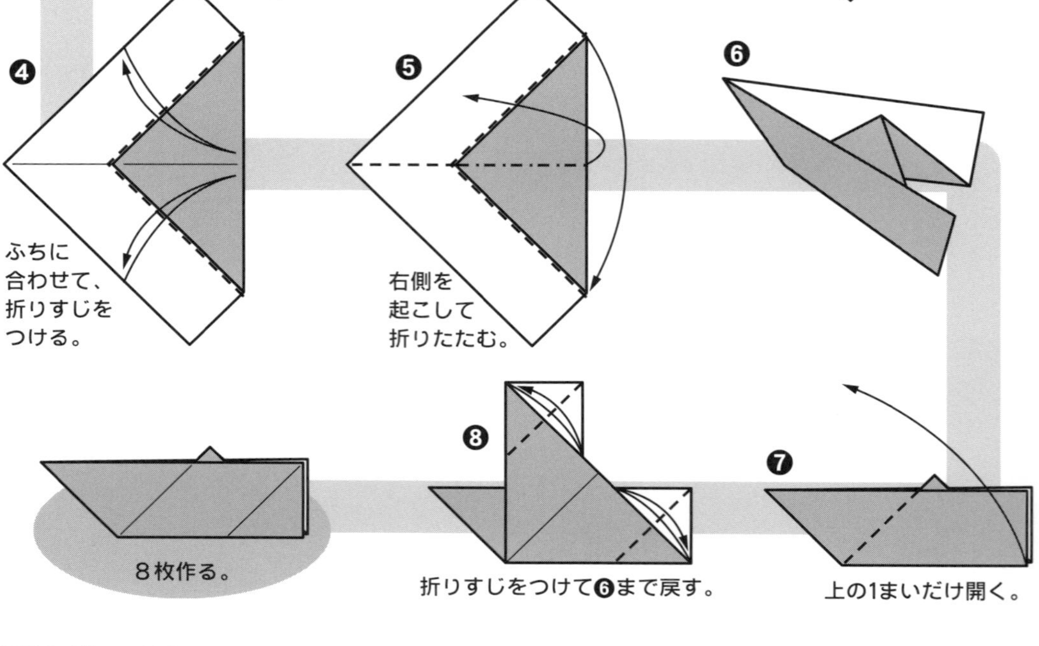
❹
ふちに
合わせて、
折りすじを
つける。
❺
右側を
起こして
折りたたむ。
❻
❼
上の1まいだけ開く。
❽
折りすじをつけて❻まで戻す。
8枚作る。

組み方

❶

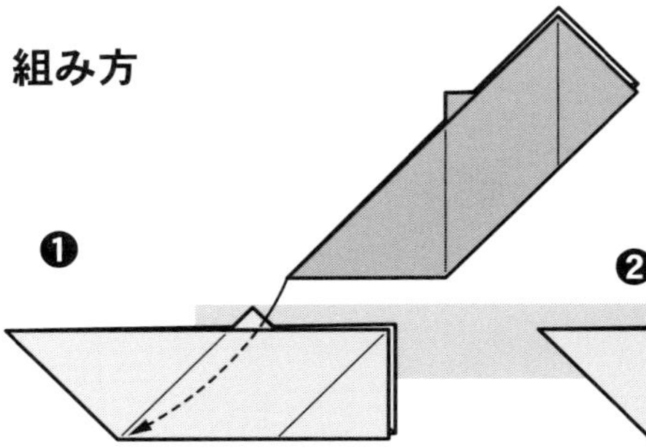

2枚を図のように差し込む。

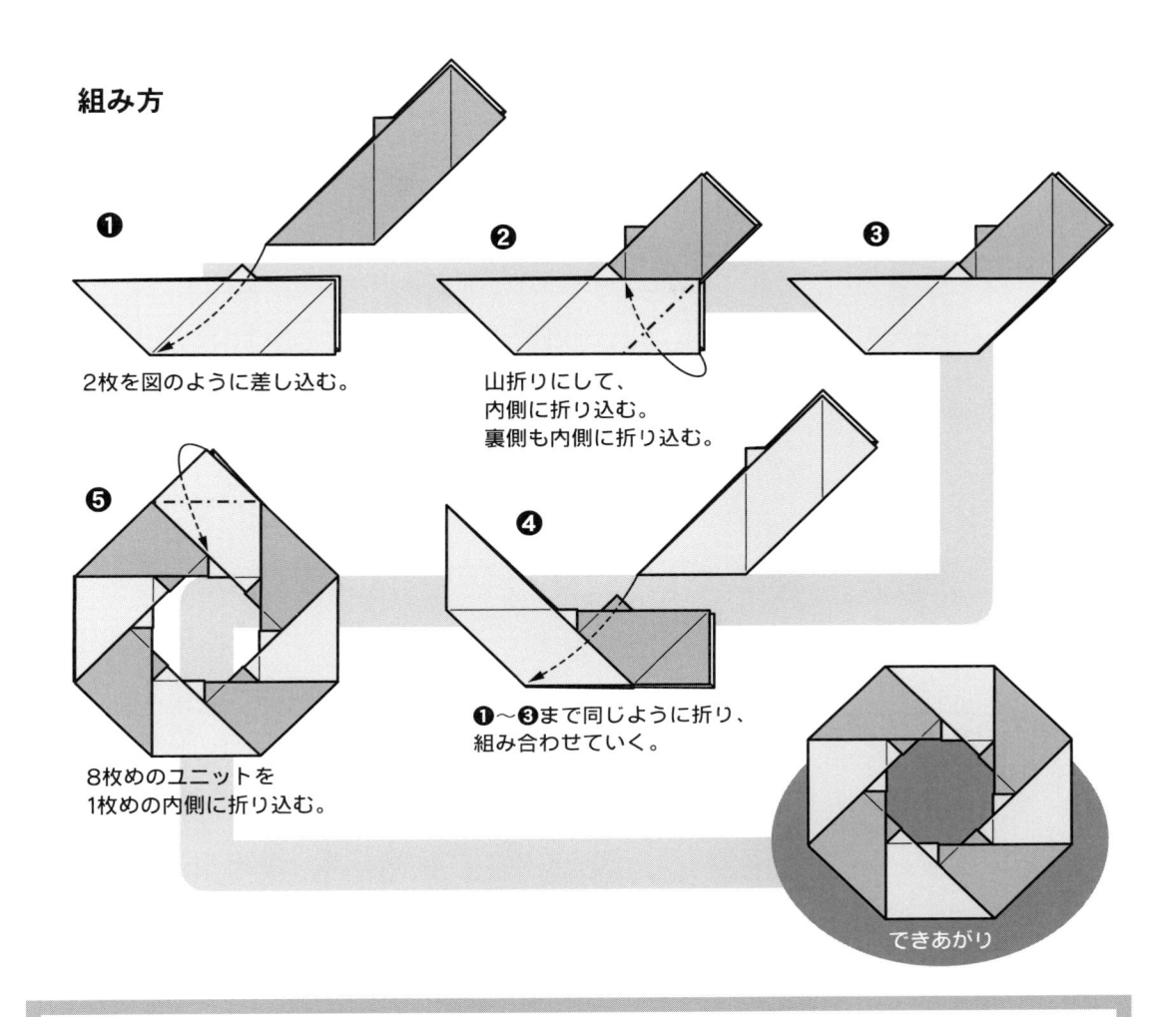

❷

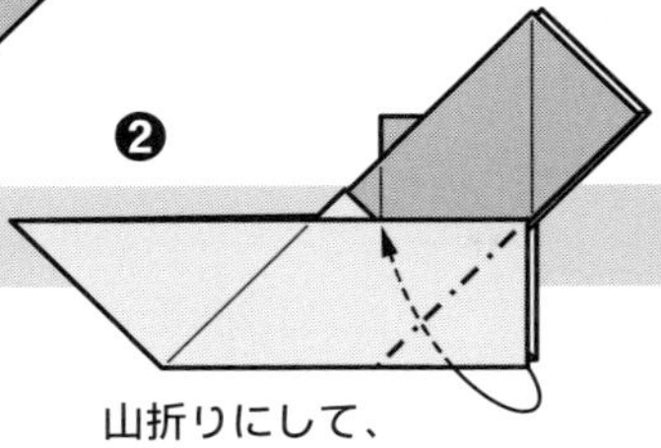

山折りにして、
内側に折り込む。
裏側も内側に折り込む。

❸

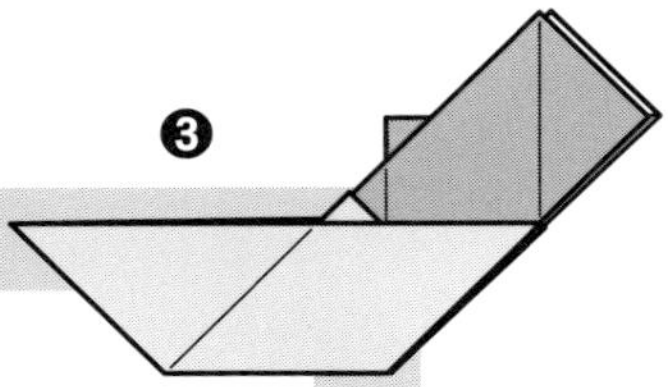

❹

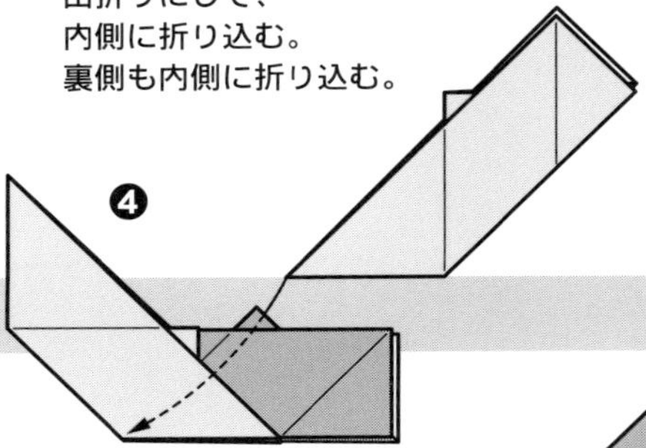

❶〜❸まで同じように折り、
組み合わせていく。

❺

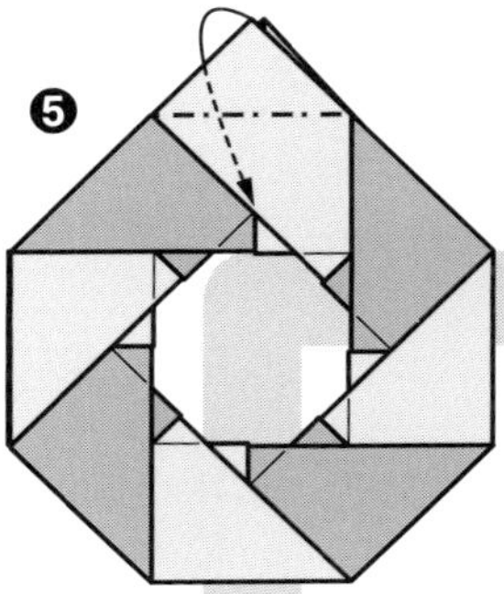

8枚めのユニットを
1枚めの内側に折り込む。

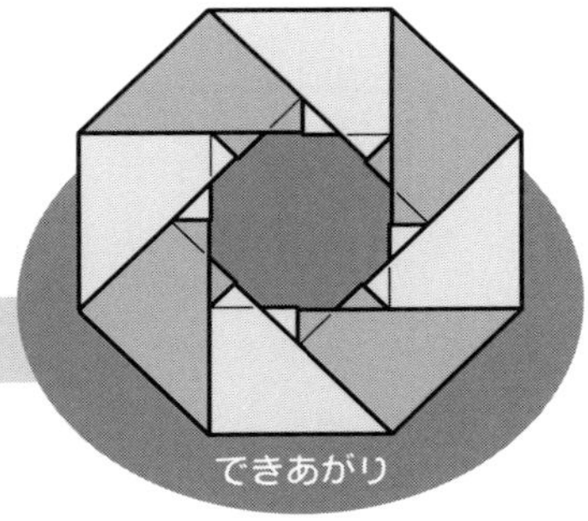

しっかりと組む方法

次のようにするとリングをしっかり組むことができます。

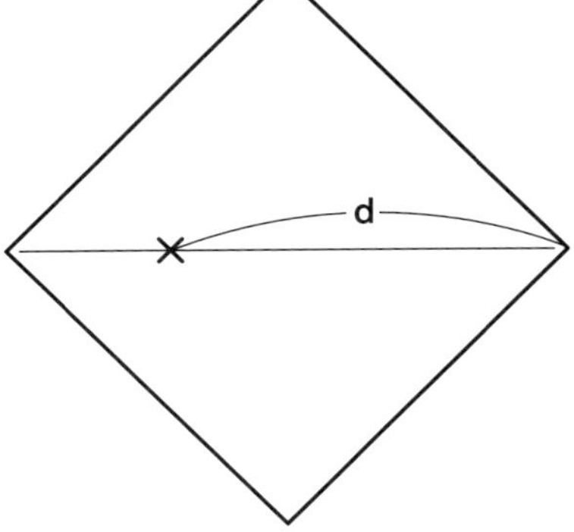

p.88の図❸の長さdを正方形の
一辺の長さ×1.044の計算をし
てとります。

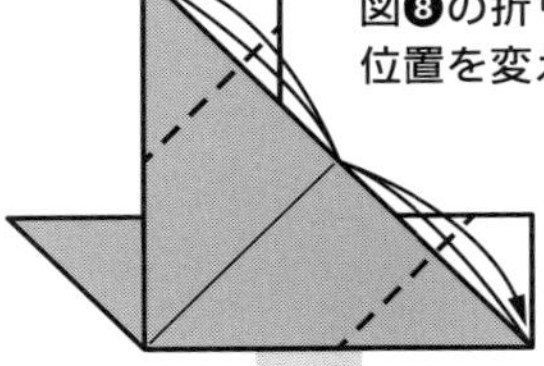

図❽の折りすじの
位置を変えます。

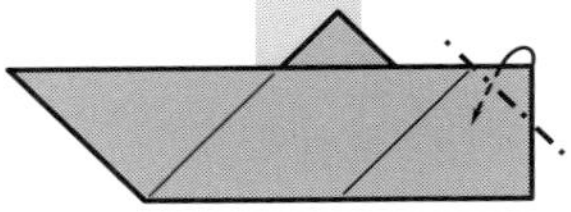

組むとき、最後のユニットだけ
右かどの三角部分を内側に折っておきます。

解説図 & 折り方

六角形コースター

ユニットの折り方

ユニット用紙の折り出し方はp. 29参照。
用紙を6枚使います。

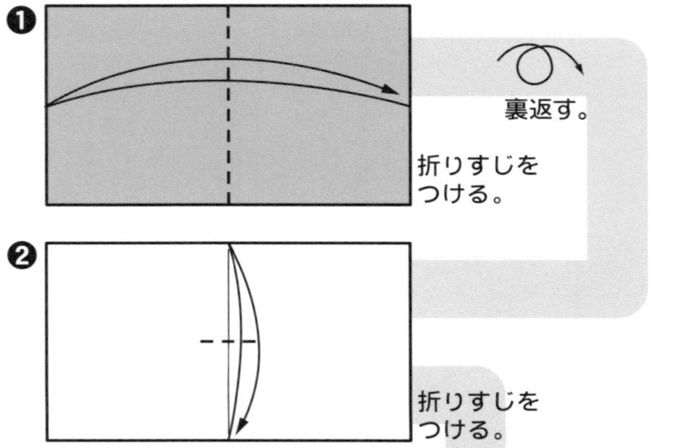

❶
折りすじをつける。
裏返す。
❷
折りすじをつける。

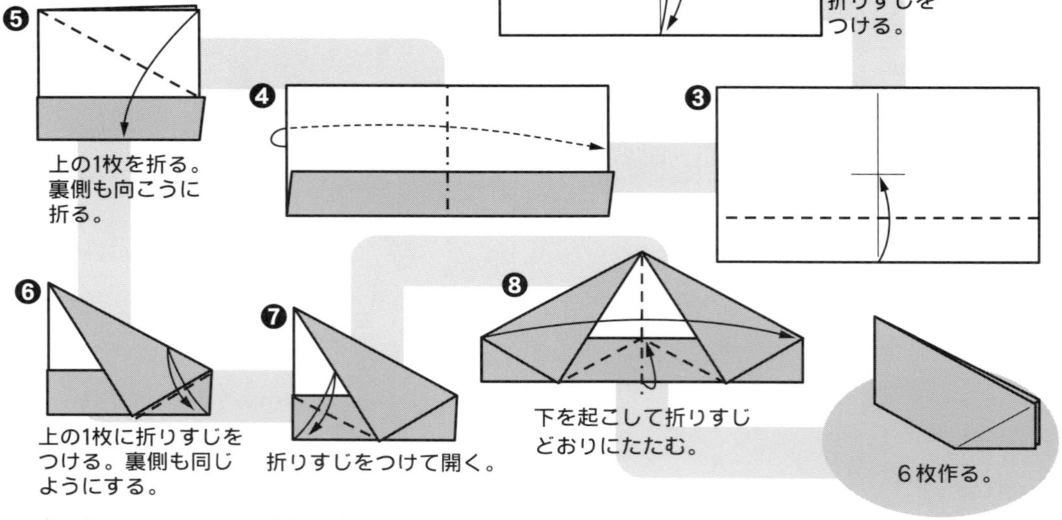

❸
❹
❺
上の1枚を折る。裏側も向こうに折る。
❻
上の1枚に折りすじをつける。裏側も同じようにする。
❼
折りすじをつけて開く。
❽
下を起こして折りすじどおりにたたむ。
6枚作る。

六角形コースターの組み方

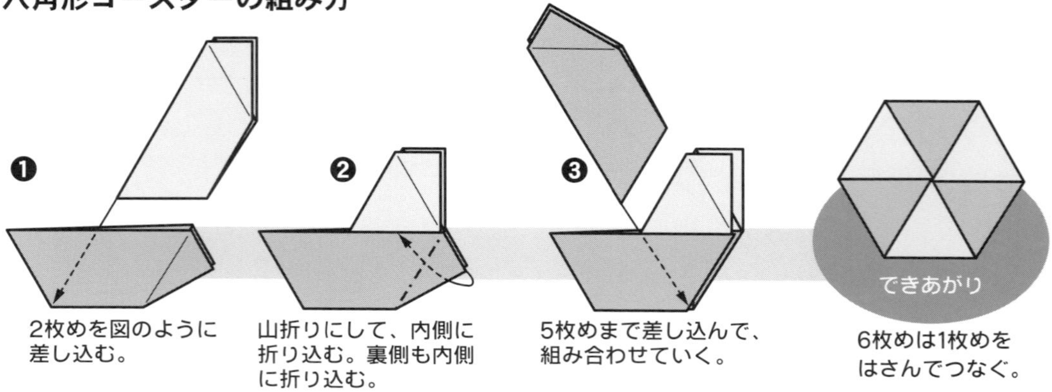

❶
2枚めを図のように差し込む。
❷
山折りにして、内側に折り込む。裏側も内側に折り込む。
❸
5枚めまで差し込んで、組み合わせていく。
できあがり
6枚めは1枚めをはさんでつなぐ。

解説図&折り方

豆本

プリクラやシールを貼ったり、絵本にしたり、工夫して楽しめます。ここでは、市販の折り紙を半分に切って使っています。

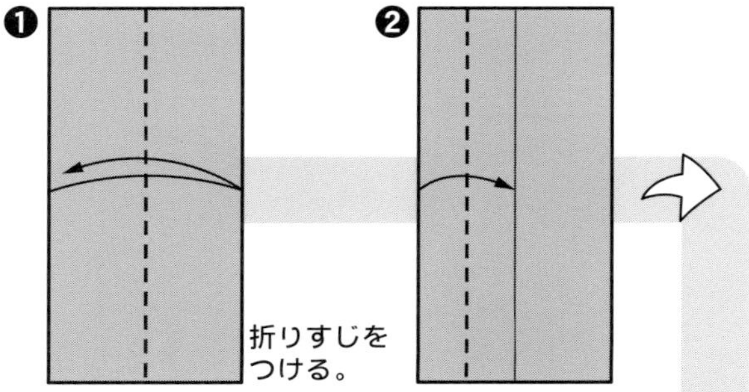

❶
折りすじをつける。
❷

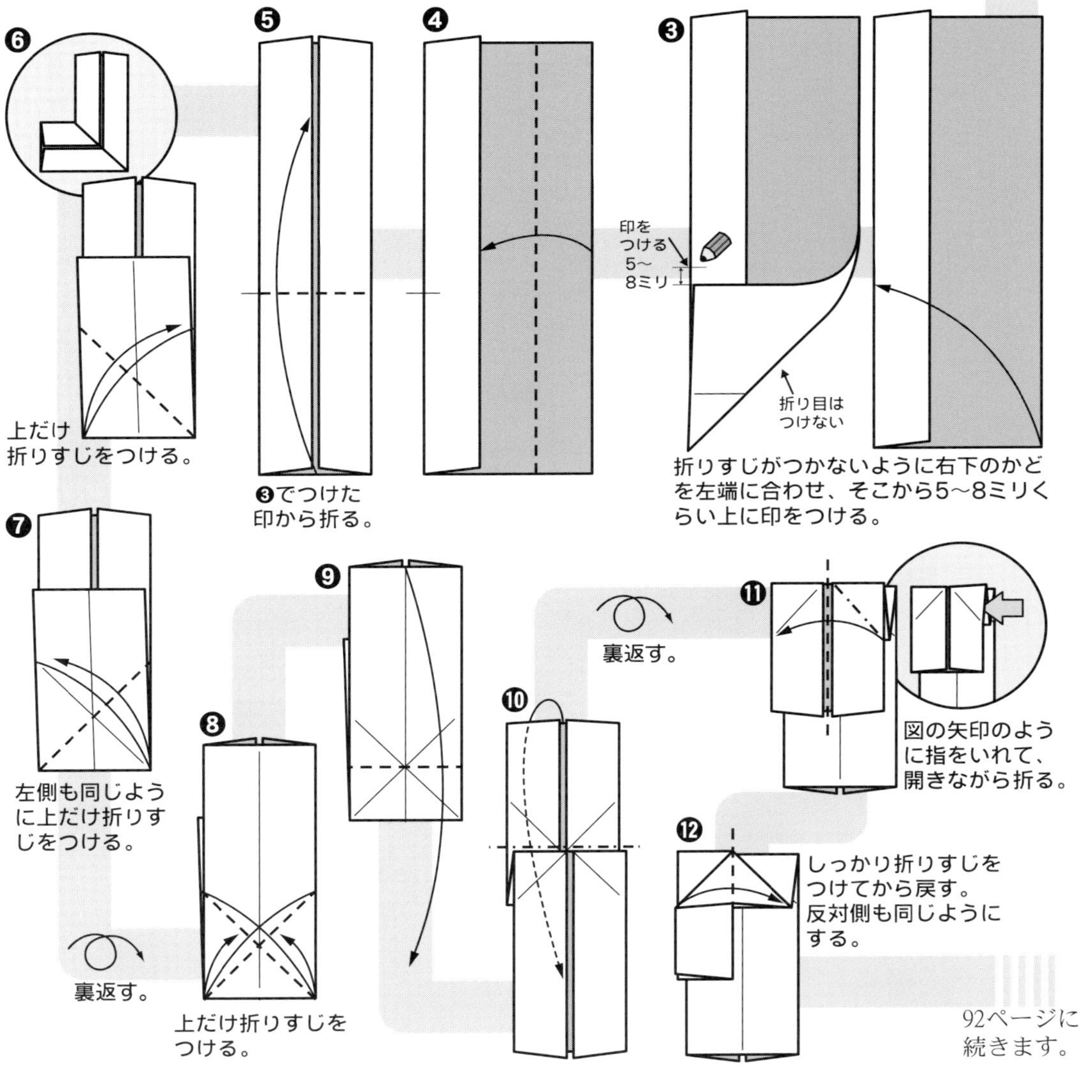

❸
印をつける
5〜8ミリ
折り目はつけない
折りすじがつかないように右下のかどを左端に合わせ、そこから5〜8ミリくらい上に印をつける。
❹
❺
❸でつけた印から折る。
❻
上だけ折りすじをつける。
❼
左側も同じように上だけ折りすじをつける。
裏返す。
❽
上だけ折りすじをつける。
❾
❿
裏返す。
⓫
図の矢印のように指をいれて、開きながら折る。
⓬
しっかり折りすじをつけてから戻す。反対側も同じようにする。

92ページに続きます。

⑬
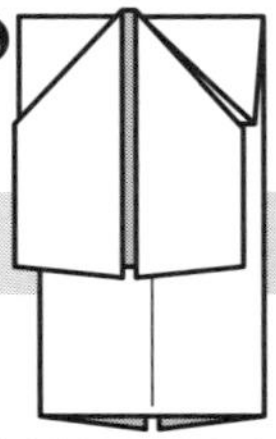
裏側も同じように
折る。

⑭
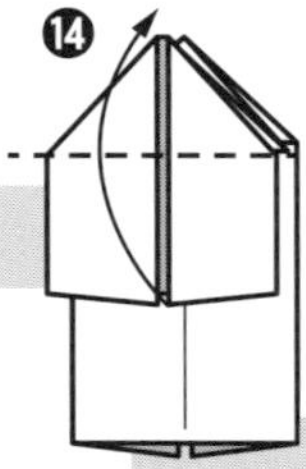

⑮
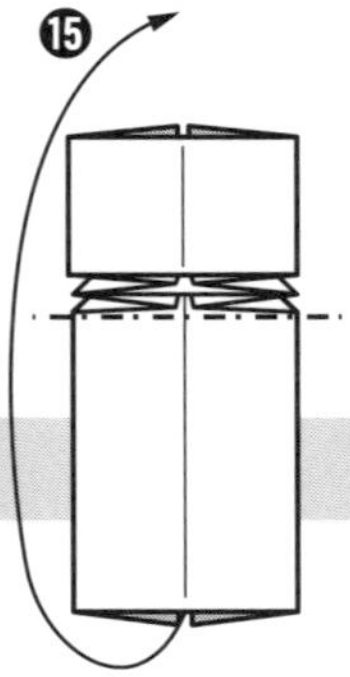

⑯
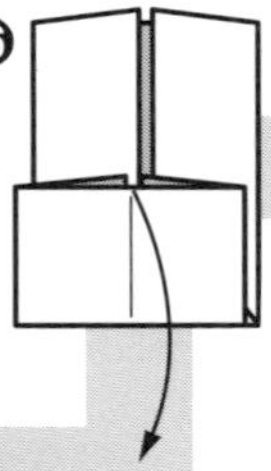

⑰
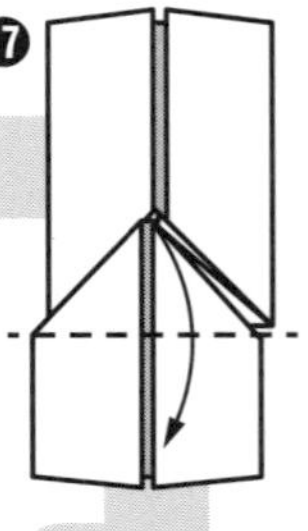

⑱
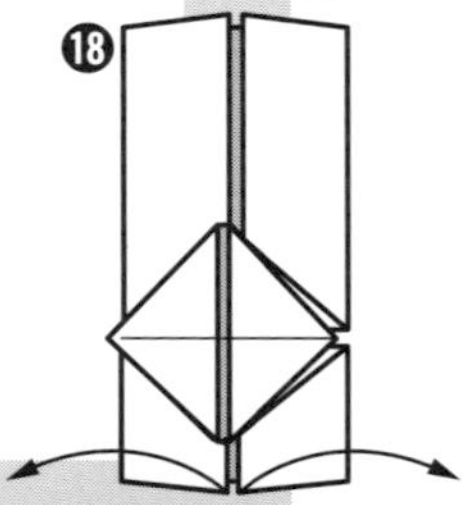
左右に開いてつぶす。

⑲
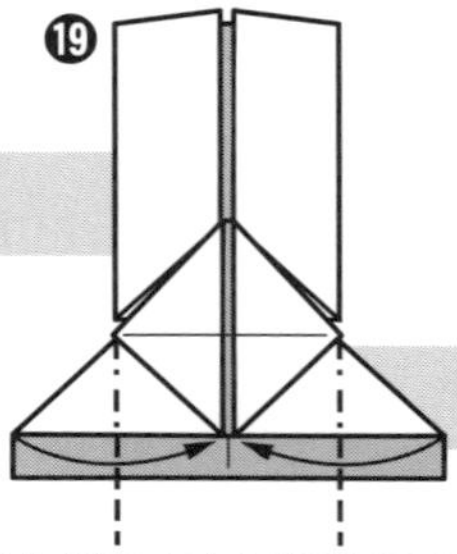
それぞれ中わり折りをする。

⑳
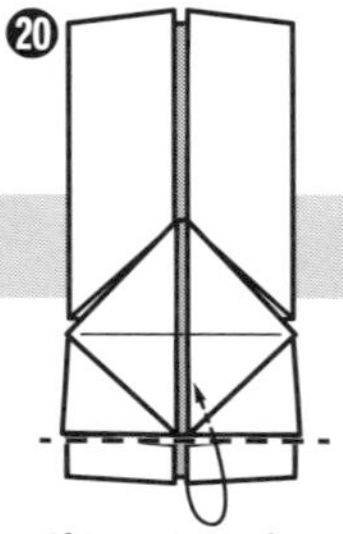
ポケットの中に
差し込む。

㉑
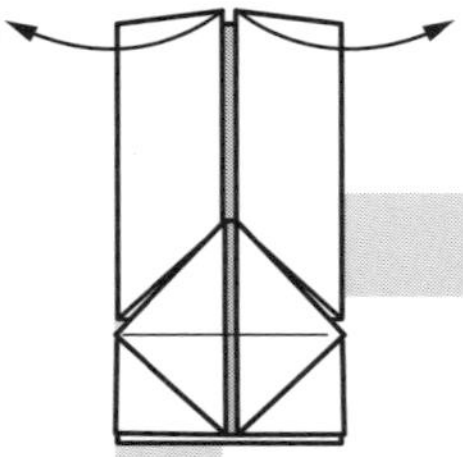
左右に開いてつぶす。

㉒
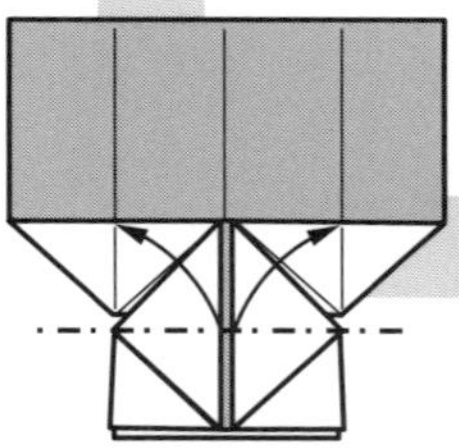
両側に開いてつぶす。

㉓
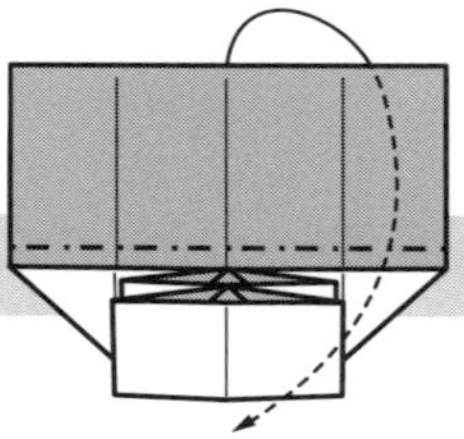
折りひだの少し上を
山折りする。

㉔
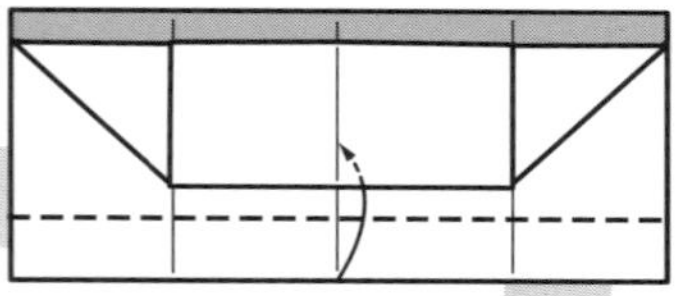
折り上げてひだの下に差し込む。外
側の長方形部分が豆本の表紙になる。

向きを
変える。

㉕
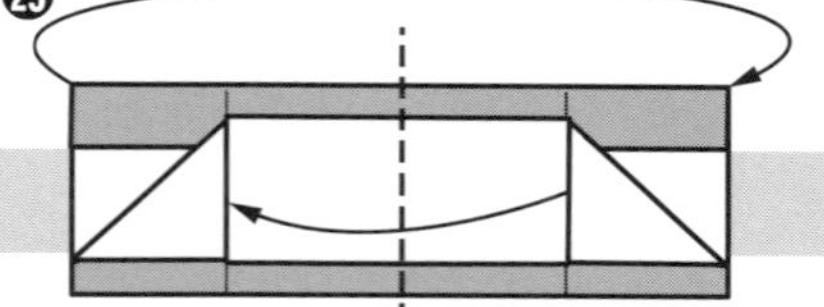
ページ部分を谷折りにして、片側にまとめ、
表紙は反対側にまとめる。

㉖
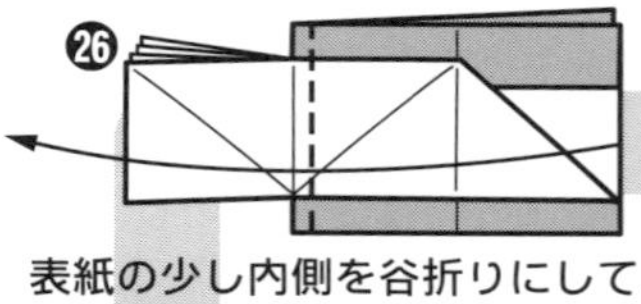
表紙の少し内側を谷折りにして、
裏も同じように折る。

㉗
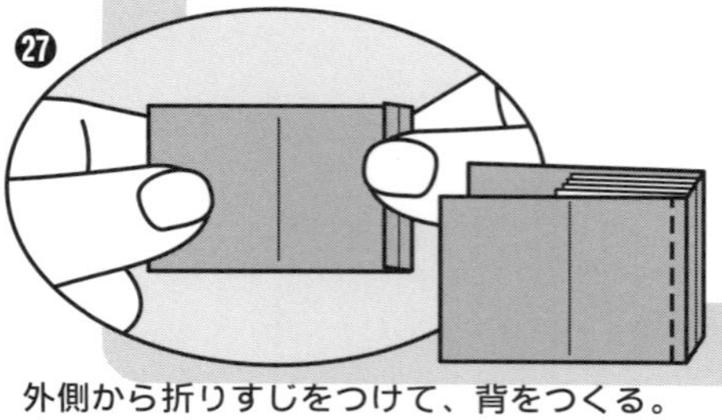
外側から折りすじをつけて、背をつくる。
裏も同じように折りすじをつけて仕上げる。

㉘
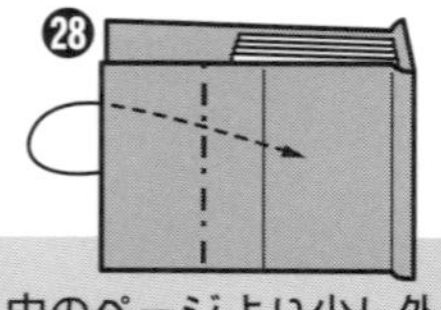
中のページより少し外側を
山折りして内側に折る。
裏も同じように折る。

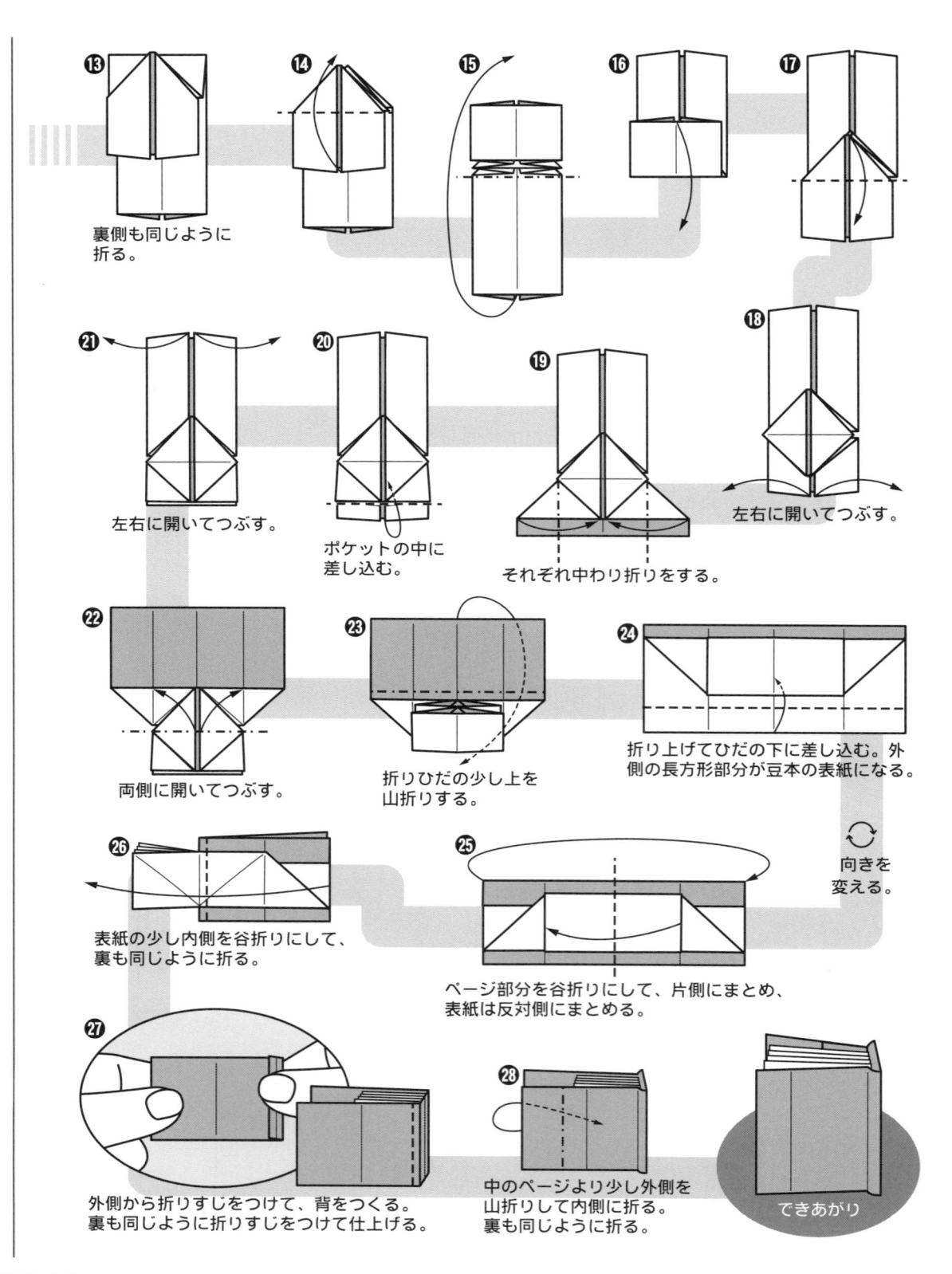

コラム　用途に合わせた大きさの用紙を作る

実用品は用途に合わせた大きさを作る必要があります。展開図で考えていきます。

プリクラ（豆本）

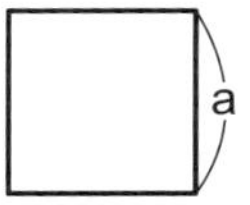

プリクラの
長い方の辺を
aとすると

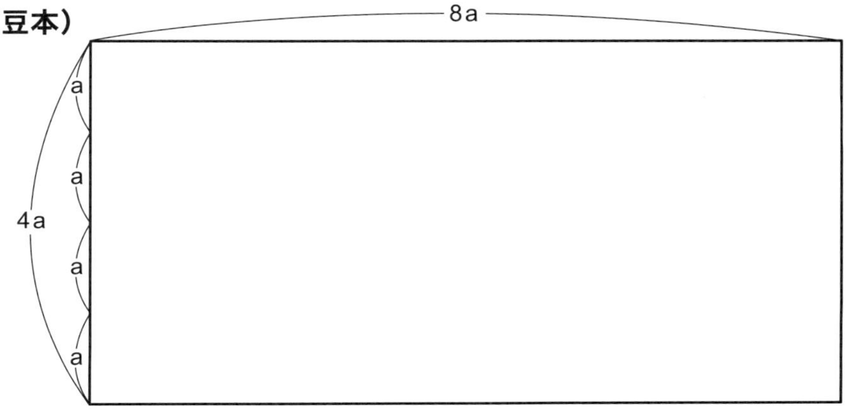

短辺４a、長辺８aの用紙を準備する

六角形コースター

ユニットを開くと正三角形が２つ収まっている。展開図のaがユニットの図の部分の長さになる。

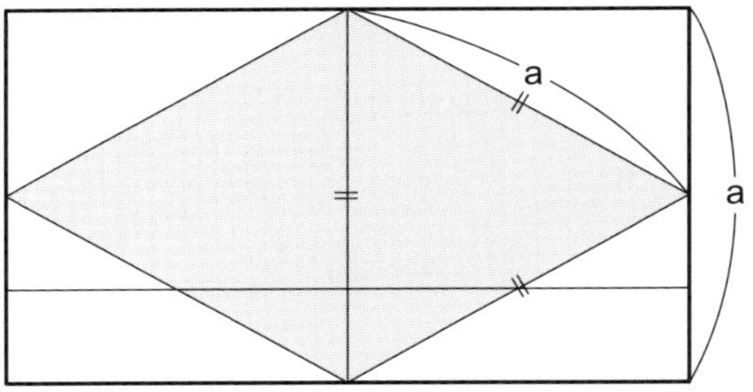

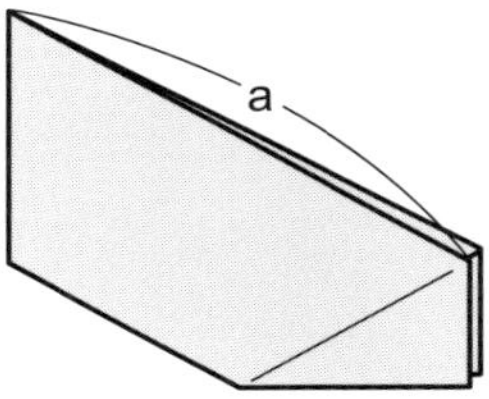

コースターの対角線の長さaが短辺となる長方形を６枚準備する

八角形コースター

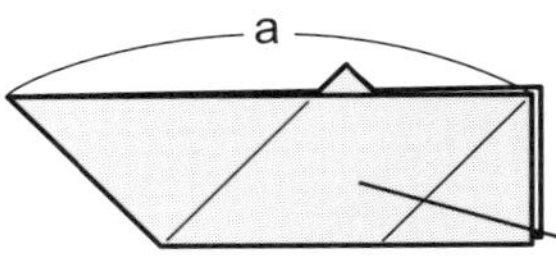

展開するとユニットのaがもとの正方形の一辺の長さだとわかる。

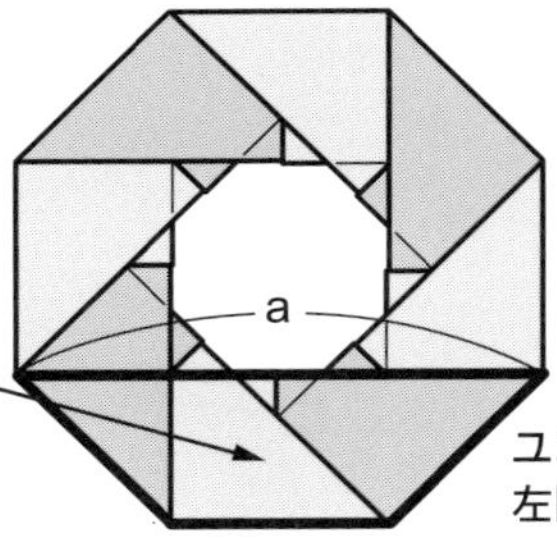

ユニットは八角形コースターに左図のように組まれている。

したがって、八角形コースターの幅aが一辺となる正方形８枚を用意する

あとがき

紀元前400年以上も昔のギリシャ時代には三大作図問題というのがあり、その一つ、与えられた角を三等分すること(角の三等分問題)は、定規とコンパスだけでは作図できない難問とされていました。いまでは、数学的にできないことが証明されています。

でも、折り紙を使えばそれは可能なのです。私がこれを発見したとき、折り紙にも造詣の深い物理学者の伏見康治先生にお話ししたところ絶賛され、『数学セミナー』に発表する機会を与えてくださいました。こうした折り紙のもっているすごい能力を多くの方に知っていただきたいと思いこの本をまとめました。

わたしは、東京都立桐ヶ丘高校の市民講師を長らく続けさせてもらいました。そこで多くの高校生に接していると、本当は数学が嫌いではないのに、教科書や授業で使われる表記方法や記号を読み取るのが苦手なため、数学嫌いになっている高校生が数多くいたのです。わたしが教えるときは、紙を折りながら、折り線をつけていくので、面倒な計算をせずに、見ただけで面積を求めたりすることができます。この本には、そうした経験も盛り込みました。

最後になりましたが、永田紀子さんのご協力なくしてこの本はできあがりませんでした。ここにお礼を申し上げます。

２０１５年　４月

阿部　恒

菱形用紙を作る(p.58)

細長い長方形からとったひし形で作るとこのようになります。

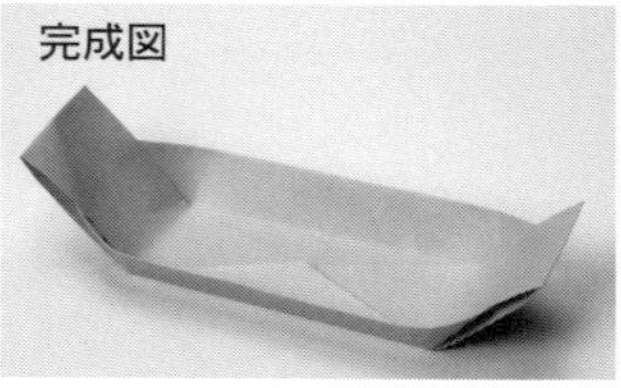

正十二面体を四色で色分けできるか(p.84)

この位置が決まれば、あとは隣合わないように組み立てていくだけです。

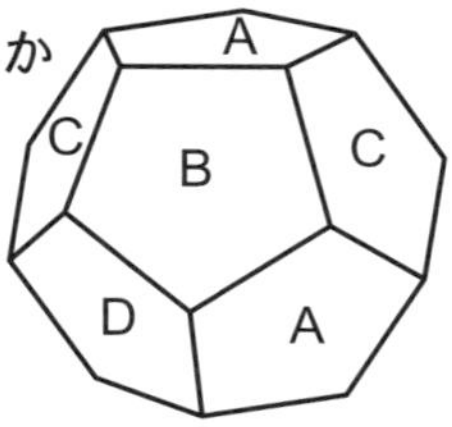

座布団折りからスタートする箱群(p.62)

座布団折りを3等分して作ります。

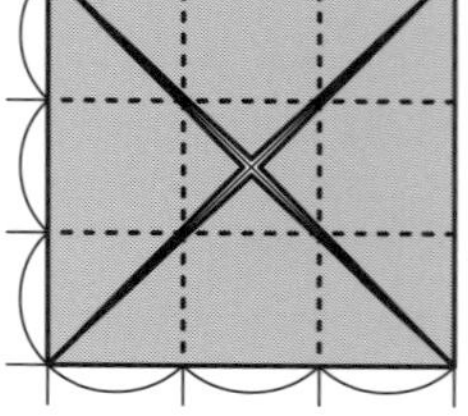

阿部　恒（あべ・ひさし）

1929年1月19日東京生まれ。
『数学セミナー』（1980年7月号）でユークリッド幾何学では、作図不可能な問題である〔任意の角の三等分〕が折り紙の技法で可能なことを発表。
その後、同じギリシャ三大作図不可能問題の一つ、体積が二倍の立方体の一辺の長さの作図も折り紙の技法で可能であることを証明。
元日本折紙協会事務局長。
2015年4月25日歿。
主な著書に『お母さんと折る 折り紙』『おりがみ大集合』『おりがみのメッセージ』『HELLO KITTY おしゃれなパッケージおりがみ』（サンリオ出版）、『かんたんおりがみ全5巻』（小峰書店）、『かならずおれる おりがみえほん』（瑞雲舎）、『すごいぞ折り紙』（日本評論社）、『大人の折り紙 遊ぶ・楽しむ・考える』（瑞雲舎）、『すごいぞ折り紙 入門編』（日本評論社）、『算数おりがみ全3巻』（小峰書店）ほか多数。

横浜にて（2013年 撮影(柳北)）

すごいぞ折《お》り紙《がみ》2

折《お》り紙《がみ》の発想《はっそう》で幾何《きか》を楽《たの》しむ

2015年6月25日　第1版1刷発行

著　者　阿部　恒

発行者　串崎 浩

発行所　株式会社　日本評論社

〒170-8474 東京都豊島区南大塚3-12-4
電話　(03) 3987-8621（販売）
　　　(03) 3987-8599（編集）

構成・作品制作(撮影用)協力　永田紀子
編集協力・デザイン・作品制作(撮影用)　柳北幸子
ブックデザイン　柳北幸子
撮　影　宮島正信
印　刷　藤原印刷株式会社
製　本　株式会社 難波製本

©Michi Abe 2015

ISBN 978-4-535-78729-2 Printed in Japan

JCOPY 〈(社)出版者著作権管理機構 委託出版物〉

本書の無断複写は著作権法上での例外を除き禁じられています。複写される場合は、そのつど事前に、(社)出版者著作権管理機構（電話 03-3513-6969、FAX03-3513-6979、e-mail: info@jcopy.or.jp）の許諾を得てください。また、本書を代行業者等の第三者に依頼してスキャニング等の行為によりデジタル化することは、個人の家庭内の利用であっても、一切認められておりません。

すごいぞ折り紙シリーズ 好評既刊

すごいぞ折り紙

折り紙の発想で幾何を楽しむ

阿部 恒 ISBN 978-4-535-78409-3
本体 1200 円＋税 B5 判

数学では不可能な角の三等分問題を折り紙で折ると可能になる（著者の発見）。紙は２次元の世界だが折ると３次元になり、そのすばらしさと可能性は無限に広がる。「折り紙ユークリッド幾何学」への入門書。

すごいぞ折り紙 入門編

折り紙の発想で幾何を楽しむ

阿部 恒 ISBN 978-4-535-78702-5
本体 1400 円＋税 B5 判

「幾何の面白さは、ひらめきで解けることにあるが、苦手な人にはむずかしい。
阿部氏は、折り紙の発想で、幾何をパズルのように解き明かしている。手と脳を使って楽しむ折り紙は、子どもから大人までを夢中にさせる。」 茂木健一郎

折り紙をとおして、幾何をパズルのような実験で楽しめる。折り紙の発想で、考えるおもしろさが身につく。リクエストにお応えして入門編刊行。

日本評論社 http://www.nippyo.co.jp/

正多角形用紙の実物大型紙❷

正多角形用紙は折って作ることができます(p.4-5参照)。15 cmの折り紙用紙を使う場合は、写しとって使うこともできます。

■正六角形用紙の切り出し方

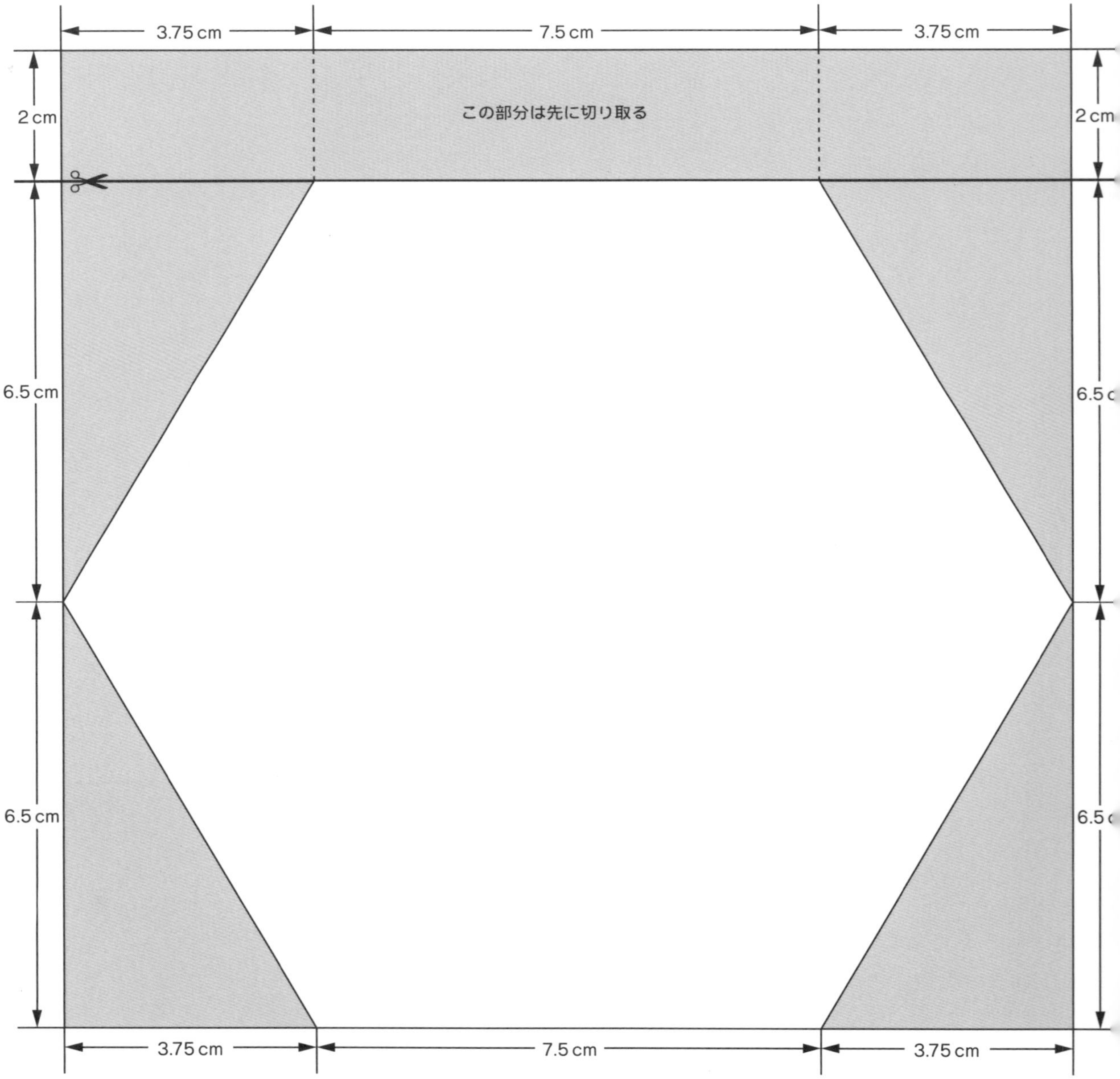

3.75 cm
7.5 cm
3.75 cm
2 cm
この部分は先に切り取る
2 cm
6.5 cm
6.5
6.5 cm
6.5
3.75 cm
7.5 cm
3.75 cm